普通高等教育"十三五"规划教材 "互联网+" 创新系列教材

本书荣获中南地区大学出版社优秀教材奖

互换性与测量技术基础

（机械精度设计与检测）

HUHUANXING YU CELIANG JISHU JICHU

◎ 主　编：李必文

◎ 副主编：姜胜强　邓清方　周　炬　胡华荣　王志永
　　　　　周里群　陈文凯　杨　莹　胡良斌

U0332103

中南大学出版社
www.csupress.com.cn
·长沙·

内容简介

作为高等工科院校机械类和近机械类专业技术基础课教材,本书以精度设计与检测为主线贯穿全书,内容包括概论、测量技术基础、尺寸精度设计、形位精度设计与检测、表面粗糙度及其检测、光滑工件尺寸的检测、典型件结合的精度设计及其检测、渐开线圆柱齿轮精度设计及其检测和尺寸链。全书内容全部按照最新国家标准编写,并遵循国家标准给出的各种术语、定义及相应英文。为方便教学,各章均附有练习题。本书采用"互联网+"的形式出版,读者扫描书中"二维码",即可阅读丰富的工程图片、演示动画、操作视频、三维模型、工程案例。本书配套有电子课件。

本书适用于高等工科院校、独立学院及成人教育机械类和近机械类专业"互换性与测量技术基础"或同类课程的教学,也可供各类工程技术人员参考。

总序 FOREWORD.

　　机械工程学科作为连接自然科学与工程行为的桥梁，是支撑物质社会的重要基础，在国家经济发展与科学技术发展布局中占有重要的地位，21 世纪的机械工程学科面临诸多重大挑战，其突破将催生社会重大经济变革。当前机械工程学科进入了一个全新的发展阶段，总的发展趋势是：以提升人类生活品质为目标，发展新概念产品、高效高功能制造技术、功能极端化装备设计制造理论与技术、制造过程智能化和精准化理论与技术、人造系统与自然世界和谐发展的可持续制造技术等。这对担负机械工程人才培养任务的高等学校提出了新挑战：高校必须突破传统思维束缚，培养能适应国家高速发展需求的具有机械学科新知识结构和创新能力的高素质人才。

　　为了顺应机械工程学科高等教育发展的新形势，湖南省机械工程学会、湖南省机械原理教学研究会、湖南省机械设计教学研究会、湖南省工程图学教学研究会、湖南省金工教学研究会与中南大学出版社一起积极组织了高等学校机械类专业系列教材的建设规划工作，成立了规划教材编委会。编委会由各高等学校机电学院院长及具有较高理论水平和教学经验的教授、学者和专家组成。编委会组织国内近 20 所高等学校长期在教学、教改第一线工作的骨干教师召开了多次教材建设研讨会和提纲讨论会，充分交流教学成果、教改经验、教材建设经验，把教学研究成果与教材建设结合起来，并对教材编写的指导思想、特色、内容等进行了充分的论证，统一认识，明确思路。在此基础上，经编委会推荐和遴选，近百名具有丰富教学实践经验的教师参加了这套教材的编写工作。历经两年多的努力，这套教材终于与读者见面了，它凝结了全体编写者与组织者的心血，是他们集体智慧的结晶，也是他们教学教改成果的总结，体现了编写者对教育部"质量工程"精神的深刻领悟和对本学科教育规律的把握。

　　这套教材包括了高等学校机械类专业的基础课和部分专业基础课教材。整体看来，这套教材具有以下特色。

（1）根据教育部高等学校教学指导委员会相关课程的教学基本要求编写。遵循"重基础、宽口径、强能力、强应用"的原则，注重科学性、系统性、实践性。

（2）注重创新。本套教材不但反映了机械学科新知识、新技术、新方法的发展趋势和研究成果，还反映了其他相关学科在与机械学科的融合与渗透中产生的新前沿，体现了学科交叉对本学科的促进；教材与工程实践联系密切，应用实例丰富，体现了机械学科应用领域在不断扩大。

（3）注重质量。本套教材编写组对教材内容进行了严格的审定与把关，教材力求概念准确、叙述精练、案例典型、深入浅出、用词规范，采用最新国家标准及技术规范，确保了教材的高质量与权威性。

（4）教材体系立体化。为了方便教师教学与学生学习，本套教材还提供了电子课件、教学指导、教学大纲、考试大纲、题库、案例素材等教学资源支持服务平台。大部分教材采用"互联网+"的形式出版，读者扫描书中"二维码"，即可阅读丰富的工程图片、演示动画、操作视频、三维模型、工程案例；部分教材采用了 AR 增强现实技术，扫描二维码可查看360°任意旋转，无限放大、缩小的三维模型。

教材要出精品，而精品不是一蹴而就的，我将这套书推荐给大家，请广大读者对它提出意见与建议，以便进一步提高。也希望教材编委会及出版社能做到与时俱进，根据高等教育改革发展形势、机械工程学科发展趋势和使用中的新体验，不断对教材进行修改、创新、完善，精益求精，使之更好地适应高等教育人才培养的需要。

衷心祝愿这套教材能在我国机械工程学科高等教育中充分发挥它的作用，也期待着这套教材能哺育新一代学子，使其茁壮成长。

中国工程院院士　钟　掘

前言 PREFACE.

　　《互换性与测量技术基础》可作为同名课程或"机械精度设计与检测"课程的教材。该课程是面向高校机械类、材料类和仪器仪表类专业开设的专业基础课，在先修机械制图、金工实习、机械制造技术基础等课程后，从精度与误差的角度研究零件的几何参数，以培养学生几何量精度设计的初步能力和检测操作技能。

　　在校生对学习本课程的普遍感受是：抽象概念多、术语定义多、叙述内容多、重点难点多，课堂上枯燥乏味；囿于实践经验和工程阅历，在课程设计、毕业设计中应用时难以得心应手。而工作了几年的毕业生对本课程的反馈意见是：知识和技能非常有用、天天要用；书会越读越薄，但历时较长；还有"学不资用，用未曾学"的遗憾。

　　通过课程建设和改革，毕业生能够应用相关工程科学原理又好又快地分析机械精度设计与检测方面的问题，正确、简约地表达机械精度设计与检测方面的思想及意图，这是机械工程高等教育工作者义不容辞的责任。中南大学出版社组织编写的《机械精度设计与检测》（第二版）一书，在很大程度上解决了当时同类教材中存在的体例较为紊乱、概念晦涩难懂、新老标准混用、工程内容匮乏、现代资料欠缺等问题，并以"小常识"、"注意"等条目增强了教材的趣味性和实用性，读者能加深对课程内涵及外延的了解，达到解读标准、释疑难点、融会贯通的目的。该版教材得到了同行的一致肯定和赞扬，并荣获中南地区大学出版社 2011—2012 年度优秀教材二等奖，与教材配套的《机械精度设计与检测课程虚实协同实验及工程能力拓展系统》在"第十五届全国多媒体课件大赛"中荣获高教工科组一等奖。受此鼓舞，中南大学出版社提出将教材升级改版为"互联网＋"创新教材。

新版的《互换性与测量技术基础》"互联网＋"创新教材，继承和发扬了《机械精度设计与检测》(第二版)的编撰特色和优势，在进一步精选调整内容、更新案例和标准、有机融入教学经验和教学成果的基础上，着力构建了基于"互联网＋"的教学资源支持服务平台，通过书中二维码提供丰富的工程图片、现场视频、案例素材以及科技文献，力图增强学生的感性认识、拓宽学生的工程视界、拉近学生与学科发展前沿的距离。为此，南华大学李必文教授、湘潭大学姜胜强副教授、湖南文理学院杨莹副教授、邵阳学院邓清方副教授，以及南华大学周炬博士、胡良斌博士等，均付出了巨大的努力和辛勤的劳动，南华大学陈艾华研究员及硕士研究生李杰、周意漾也参与了部分内容的编撰工作。

我们衷心地希望，本书的出版能在一定程度上缓解在校生的学术愿望实现与课程学时限制之间的矛盾，亦能为毕业生复杂工程问题解决能力及专业发展能力的养成提供更多的帮助，同时为立体化教材体系的构建作出一定的贡献。

本教材得到了湖南省普通高校"十三五"专业综合改革试点专项支持。

本书的编写，参考了部分国内外相关教材、著作、论文资料及网络资源，在此谨向有关作者和单位表示衷心的感谢。

本书得到了中南大学出版社的大力支持和帮助，在此表示诚挚的谢意。由于时间及水平有限，书中错误和不足之处恳请读者指正。

李必文

CONTENTS. 目录

第 1 章　概论 ·· (1)

1.1　机械精度设计 ··· (1)

1.2　互换性概述 ·· (2)

1.3　标准与标准化 ··· (5)

1.4　优先数系 ··· (6)

1.5　本学科的发展 ··· (8)

1.6　检测技术及其发展概述 ·· (9)

1.7　本课程的性质、任务及学习方法 ·· (10)

练习题 ··· (11)

第 2 章　测量技术基础 ·· (12)

2.1　测量的基本概念 ··· (12)

2.2　计量单位与量值传递 ··· (12)

2.3　测量方法与测量器具的分类 ·· (16)

2.4　测量器具的基本度量指标 ··· (18)

2.5　测量误差和数据处理 ··· (19)

2.6　测量技术的基本原则 ··· (27)

练习题 ··· (29)

第 3 章　圆柱体公差配合及其标准化 ·· (30)

3.1　概述 ··· (30)

3.2　基本术语与定义 ··· (30)

3.3　公差带大小的标准化 ··· (34)

3.4　公差带位置的标准 ·· (37)

3.5　公差带与配合的优化 ··· (44)

3.6　圆柱结合的精度设计 ··· (47)

3.7　线性尺寸的未注公差 ··· (54)

练习题 ··· (54)

第4章　形位精度设计与检测 ································· (56)

　4.1　概述 ··· (56)

　4.2　基本概念和术语 ······························ (56)

　4.3　形位公差的基本注法 ·························· (60)

　4.4　形位公差及公差带的特点 ······················ (65)

　4.5　公差原则 ····································· (82)

　4.6　形位公差的选择与应用 ························ (93)

　4.7　形位误差的检测原则 ·························· (99)

　练习题 ··· (102)

第5章　表面粗糙度及其检测 ························· (105)

　5.1　概述 ·· (105)

　5.2　表面粗糙度的评定 ···························· (107)

　5.3　表面粗糙度的标注 ···························· (111)

　5.4　表面粗糙度的选用 ···························· (113)

　5.5　表面粗糙度的测量及量具量仪 ·················· (116)

　练习题 ··· (120)

第6章　光滑工件尺寸的检测 ························· (121)

　6.1　概述 ·· (121)

　6.2　用通用计量器具检测 ·························· (122)

　6.3　光滑极限量规 ································ (127)

　练习题 ··· (134)

第7章　典型件结合的精度设计及其检测 ··············· (135)

　7.1　滚动轴承配合的精度设计 ······················ (135)

　7.2　键和花键连接的精度设计及其检测 ·············· (148)

　7.3　螺纹连接的精度设计及其检测 ·················· (160)

　7.4　圆锥结合的精度设计与标注 ···················· (173)

　练习题 ··· (181)

第8章　渐开线圆柱齿轮精度设计及其检测 ············· (182)

　8.1　齿轮传动的使用要求 ·························· (182)

　8.2　渐开线圆柱齿轮的加工误差 ···················· (184)

　8.3　渐开线圆柱齿轮的精度 ························ (189)

　8.4　渐开线圆柱齿轮精度的设计方法 ················ (205)

　8.5　渐开线圆柱齿轮精度的检测 ···················· (223)

　练习题 ··· (237)

第9章　尺寸链 ·· （238）

　9.1　尺寸链的基本概念 ·· （238）

　9.2　尺寸链建立的方法与步骤 ·· （240）

　9.3　尺寸链的计算方法 ·· （241）

　9.4　尺寸链计算示例 ·· （247）

　　练习题 ·· （258）

参考文献 ·· （260）

第 1 章
概论

【概述】

◎目的：了解机械精度设计的概念和原则；理解公差、标准化、检测与互换性的相互关系；了解机械精度检测技术的历史沿革与发展趋势。

◎要求：①了解互换性生产与误差、公差的关系；②了解标准的概念与标准化的意义；③了解优先数系的构成。

◎重点：互换性的实质。

《机械精度设计与检测》主要包括机械精度设计、机械精度检测两方面的内容。通常认为机械设计包括机械运动设计、机械强度和刚度设计以及机械精度设计，本课程只研究机械精度设计。机械精度设计涉及机械设计、机械制造工艺、机械制造计量测试、质量管理与质量控制等诸多方面，与现代机械工业的发展密切相关，与 CAD/CAPP/CAM 技术的发展相辅相成。机械精度设计的工作内容是根据机械的功能要求，正确地对机械产品的尺寸精度、形状精度、位置精度以及表面质量要求进行设计，并将其正确地标注在零件图和装配图上。机械精度检测主要讲授几何量检测的基本知识和常用的检测方法。要使机械产品符合精度设计要求，则必须在制造过程中进行几何量的测量或检验。

1.1 机械精度设计

众所周知，机械产品主要是由具有一定几何形状的零部件安装组成的，其质量的高低与各零部件几何参数的精度(尺寸精度、形状和位置精度、表面粗糙度等)直接相关。换言之，相同材料、相同结构的机械产品，如果几何参数精度不同，它们的质量会相差很大，即精度影响到机械产品的工作精度、耐用性、可靠性和效率等。本课程就是从精度与误差来研究零件的几何参数。

几何参数精度反映的是产品加工后的实际值与设计要求理论值相一致的程度，用加工后误差的大小来反映。机械零件加工误差是客观存在的，加工误差大则精度低，加工误差小则精度高。为了保证产品质量，将各种加工偏差限制在允许的范围内，即科学合理地确定机械产品及其零部件几何参数的精度等级，就是机械精度设计的基本任务之一。

通常认为，机械精度设计应遵循互换性原则、经济性原则、标准化原则、最优化原则及符合工程实际原则。

1. 互换性原则

互换性原则是机械产品开发必须遵循的基本原则。无论是大批量还是中小批量生产，该原则是组织专业化生产、协作生产的重要条件。遵守互换性原则，不仅能显著提高生产率，而且能够有效保证产品质量，获得最佳的技术经济效益及社会效益。

2. 经济性原则

机械产品的开发过程包含多个环节，其总成本为材料成本、加工成本、装配成本、资源消耗成本和管理成本的总和，在每一环节中都必须采用经济性原则。设计产品整机的装配精度、零部件的制造精度，就是在满足使用要求和工作寿命的前提下，使其公差达到经济制造的最小值。

3. 标准化原则

尽量选用标准化的零、部件及相应结构，遵守国家标准以及相关的其他标准。

4. 最优化原则

应用公差优化理论和技术，对公差带、公差数值等进行优化。

5. 符合工程实际原则

机械产品的几何精度设计是否科学合理，最终应由工程实际来决定。

1.2 互换性概述

1.2.1 互换性的定义

在机械产品中，对同一规格的一批零件或部件，按其规定的精度要求分别制造后，任取其中一件，不需要作任何挑选、修配、调整或辅助加工，就能装配合格，并能保证满足机械产品使用性能要求的特性。例如，自行车、钟表、缝纫机上的某个零件损坏后，只要配一个相同规格的新零件，就能使其恢复正常工作，其缘由就是这些合格的零件具有互换性。

广义地说，互换性（Interchangeability）是指一种产品、过程或服务代替另一种产品、过程或服务，并能满足相同要求的特性，不仅包括零件的几何参数，还包括一些其他参数，如材料机械性能参数，化学、光学、电学、流体力学等参数。

狭义地说，互换性是指机器的零部件只满足几何参数方面的要求，如尺寸大小、几何形状、位置和表面粗糙度的要求。本课程只研究狭义互换性。

对于互换性的含义，可联系机械产品"设计—加工—装配"的全过程来理解：装配前，不需要作任何挑选；装配时，不需要进行任何修配、调整或辅助加工；装配后，能满足预定的使用性能要求。

值得注意的是，在单件小批量生产中，有时采用一对一的"配做"方式进行加工制造，在满足使用要求和工作寿命的前提下，该方式的经济性会更好。此时，这些零件是不具有互换性的。

1.2.2 互换性的分类

（1）按技术参数类型的不同，可分为几何参数互换性和功能互换性。

几何参数互换性就是产品或其零部件在几何参数方面具有的互换性，即其实际几何参数符合规定几何参数的极限范围（公差）时所达到的互换性。这是通常所说的"狭义互换性"，着重于保证配合要求或装配要求。

功能互换性就是产品或其零部件在几何参数、理化性能参数和力学性能参数等各类功能参数上都具有互换性。这是通常所说的"广义互换性"，着重于保证除配合要求或装配要求以外的其他使用功能要求。

（2）按互换程度的不同，可分为完全互换与不完全互换。

对同一规格的一批零件或部件，若在装配或更换时，不需要任何挑选、修配、调整或辅助加工，装上即能满足使用性能要求，则称为完全互换；若在装配或更换时，需要挑选、或修配、或调整、或辅助加工，则称为不完全互换。

完全互换的特点：零件或部件在装配或更换时，既不需要选择、分组，又不需要修配、调整或辅助加工，就可保证百分之百的互换，并满足使用要求。

不完全互换可分为分组互换、调整互换、修配互换、概率互换等。

分组互换的特点：在装配前必须对所有零件进行分组检测。通过检测，按实际尺寸大小将零件分为若干组，然后按组进行装配。此时，仅组内零件可以互换，组与组之间不可互换。如某部件的精度要求很高，则该部件各组成零件（例如滚动轴承内、外圈及滚动体的组合）的精度要求就愈高，加工就愈困难，

轴承钢球制作过程

制造成本就愈高。为降低制造成本，生产中往往将各组成零件的精度适当降低，然后再根据实测尺寸的大小，将制成的相配零件分成若干组（每组内的尺寸差别很小），再把相应尺寸组的零件进行装配。这样，尽管将零件的公差值放大了，但通过分组装配，仍能满足部件的高精度要求。显然，分组互换能在满足高精度要求的同时取得显著的经济效益。

调整互换与修配互换的共同特点：在产品或部件进行装配时，为达到总装精度要求，必须改变某一零件的实际大小，以补偿其他零件的累积误差，此零件称为补偿环。调整互换与修配互换的不同之处在于：前者用更换零件或改变零件的位置来改变补偿环的实际大小，如机床、齿轮箱装配时增减或更换垫片、垫圈等；后者用去掉多余材料的修配方法来改变补偿环的实际大小，如装配柴油机曲轴时，采用手工刮削轴瓦的内表面，以保证曲轴主轴颈与轴瓦之间留有适当的间隙，便于贮油及有效地减小摩擦。此时，组成产品或部件的所有零件仍然是按互换性原则制成的，装配过程也遵循互换性原则，但必须对补偿环进行调整或修配才能达到总装精度要求。显然，在进行这样的调整或修配后，装配好的产品或部件的组成零件之间，不能再随意更换。或者说，若要更换的话，则必须对补偿环重新进行调整或修配。

概率互换的特点是：产品的零件（或部件）仅能以接近于 1 的概率（$1-\alpha$）来满足互换性要求，而不能像完全互换那样达到百分之百的互换（概率为 1）。例如：若互换成功的概率 $1-\alpha$ $=0.95$ 或 0.99，此时的风险概率，即不能满足互换性要求的概率 $\alpha=0.05$ 或 0.01。

（3）互换性按其互换范围的不同，可分为内互换与外互换。

内互换是指部件或机构内部组成零件之间的互换性。例如，滚动轴承内、外圈滚道表面与滚动体表面之间装配时的互换性。

外互换是指部件或机构与其相配件之间的互换性。例如，滚动轴承的内圈内径与轴之间以及外圈外径与轴承座孔之间装配时的互换性。

轴承结构及制造装配

可以看出，为了使用方便，滚动轴承的外互换采用了完全互换；而因其组成零件的精度要求高、加工困难，采取分组装配，所以其内互换是不完全互换。

一般说来，对于厂际之间的协作应该采用完全互换，而对于厂内生产的零部件的装配则采用不完全互换。

1.2.3　互换性的作用

互换性在机械产品的设计、加工制造及使用等方面都具有重要的作用。

按互换性原理进行机械产品设计，尽量采用具有互换性的零件、部件、机构或分总成，可简化计算、减少绘图工作量，有利于采用计算机辅助设计，提高设计效率；有利于机械产品的及时和持续改进；有利于机械产品的创新设计。

在机械产品的加工制造中，互换性是提高生产效率、提高生产管理水平和自动化程度、获得显著经济效益的有力手段。加工时，由于遵循互换性的原则，同一产品上的各个零件可以同时分别制造，有利于组织专业化的、具有一定规模的生产方式，有利于采用高效率的专用加工设备或自动生产线，并有利于采用计算机辅助制造、柔性制造等先进制造技术。装配时，由于零部件具有互换性，能显著减轻装配劳动量，缩短装配周期，并且可以使装配工作按流水作业方式进行，乃至采用装配自动线或机器人进行自动装配，从而使装配生产率大大提高。这样，产量和质量必然会显著提高，成本也将大大降低，从而获得显著的经济效益。例如，美国法兰克福兵工厂采用模块化生产望远镜，部件之间互相通用互换，极大地方便了战场环境下望远镜的维护维修。当然，为保证零部件之间的通用，在公差控制上就有极为严苛的要求。因此，互换性原则是组织机械产品现代化生产的极为重要的技术经济原则。

在机械产品的使用中，若零部件具有互换性，则在磨损或损坏后，可用另一新的备件代替，就能使其恢复正常工作，使维修时间和费用显著减少，保证了机械产品工作的连续性和持久性，从而大大提高机械产品的使用价值。

【小常识】我国考古人员通过对秦兵马俑坑中出土的四万多件兵器进行研究发现，秦军使用的弩机制作得十分标准，零部件是可以互换的。互换性生产使得弩机的大规模生产成为可能，不同兵器作坊可以分包生产同一种或不同种的零部件，来自不同兵器作坊的零部件可以组装在一起。互换性给秦军带来的另一个优势是，在战场上士兵可以把损坏的弩机中仍旧完好的零部件重新拼装使用。图1-1即为秦兵马俑坑中出土的弩机及扳机。

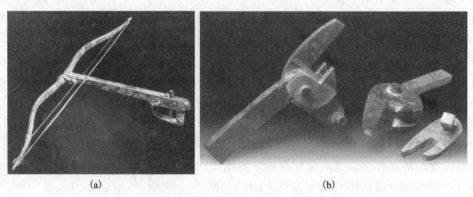

(a)　　　　　　　　　　　　　(b)

图1-1　秦兵马俑坑中出土的弩机(a)及青铜扳机(b)

1.3 标准与标准化

现代制造业的生产对互换性要求越来越高,互换性原则在工业生产中应用极为广泛。互换性原则是保证产品质量,实现专业化、社会化生产的重要手段,在国民经济中有着重要的技术与经济意义。要实现互换性生产,首先必须有对各种技术参数(如尺寸等)及其公差的标准;其次还需要进行产品的系列化、零部件的通用化等标准化工作。标准化是实现互换性生产的前提或基础,它贯穿于互换性生产的全过程。

1.3.1 标准

标准(Standard)是指为获得国民经济的最佳效果,以科学技术和实践经验的综合成果为基础,经有关方面协商一致,有计划地对人类生活和生产活动中重复性的事物或概念,在一定范围内做出的统一规定,并经主管部门批准,以特定的形式颁发的技术法规,作为共同遵守的准则和依据。

标准按性质分为技术标准和管理标准。技术标准又可分为:基础标准、产品标准、方法标准、安全与环境保护标准、卫生标准等。管理标准又可分为:生产组织标准、经济管理标准、服务标准等,如图1-2所示。

从世界范围看,标准可分为六级:国际标准、区域标准、国家标准、专业标准、地方标准和企业(公司)标准,如图1-3所示。在国际上,由国际标准化组织(ISO)和国际电工委员会(IEC)等国际组织负责制定和颁布国际标准。区域标准,是指世界某区域标准化团体颁布的标准形成采用的技术规范,如欧洲标准化委员会(CEN)、经互会标准化常设委员会(CMEA)所颁布的区域标准。

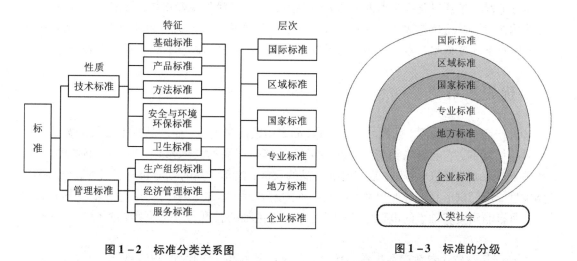

图1-2 标准分类关系图   图1-3 标准的分级

目前,我国标准分为四级:国家标准、专业标准、地方标准和企业标准。

国家标准是指对全国经济、技术发展有重大意义,必须在全国范围内统一执行的标准:国家标准的编号由国家标准的代号、发布的顺序号、发布年代号组成,如 GB 11336—1989,

GB/T 1800.1—2009。GB 表示强制性国家标准，GB/T 表示推荐性国家标准，11336、1800.1 为标准发布的顺序号，1989，2009 为发布时间。

专业标准是指没有国家标准而又需在全国某行业范围内统一执行的标准，又称行业标准。如机械工业标准(代号为 JB)、建设工业机械标准(代号为 JJB)等。

地方标准是针对各省、市、自治区范围内的技术安全、卫生等有重大意义或影响而由地方政府授权机构颁发的标准。

企业标准是指由企业制定的标准，包括：针对某些没有相应国家标准或行业标准的对象制定的标准；为提高产品质量、强化竞争能力，制订出高于专业标准和国家标准的内控标准。

要反映一个国家、地区或一个企业制造技术水平高低，其标准数目的多少是重要指标之一。

1.3.2 标准化

标准化(Standardization)是指为了在一定范围内获得最佳秩序，对实际或潜在的问题制定共同的和重复使用的规则的活动。标准化包括制定标准、修订标准、贯彻和实施标准，以促进经济全面发展的整个过程。

标准化是组织现代化大生产的重要手段，是实现专业化协作生产的必要前提，是科学的组织和生产管理的重要组成部分；标准化也是联系科研、设计、生产、流通和使用等方面的技术纽带，是整个社会经济合理化的技术基础；标准化也是发展贸易，提高产品在国际市场上竞争能力的技术保证。搞好标准化工作，对于提高产品质量、提高劳动生产率、搞好环境保护和安全生产、推进国民经济高速度发展、改善人民生活等都具有重要作用。

【小常识】在现代战争中，军队战斗力的一个重要表现便是军备系统配套、标准化强。以1937 年淞沪抗战为例，当时中国军队的装备制式混乱，件(零件)不配枪、弹不对膛，零配件、弹药受制于军售国是否愿意及能否及时供应；而日军的军备却因实现了标准化、系列化，能保障零配件、弹药的正常及时供应，因而便于组织进攻。故此战后有人总结：交战第一个月，中国四个师可抵挡日军一个师团；到第三个月，六个师也抵挡不住日军一个师团。

1.4 优先数系

各种产品的技术参数(如尺寸、公差等)都要用数值来表达，而产品技术参数的数值是具有扩散传播性的，它会影响到与该产品有关联的其他产品的技术参数。例如，书本的尺寸，会影响到纸张、造纸机、书架、复印机等产品的尺寸；汽车产品的宽度和高度尺寸，会影响到道路宽度、桥梁拱形高度等的尺寸；电机主轴的直径尺寸，会影响到支撑它的轴承的直径尺寸，进而影响到安装轴承的电机座孔的尺寸；电机主轴的长度尺寸又会影响到电机座的长度尺寸。

由于产品的技术参数存在扩散传播性，若某产品的某一个尺寸"很特殊"，经过反复扩散传播后，会造成相关产品的相应参数也需"很特殊"，在加工、检测中也需要采用尺寸"很特殊"的刀具、夹具或量具等，这会给生产组织、协作配套以及使用维修等带来很大的困难和浪费，不利于技术的交流和技术水平的提高。

为解决此问题，GB/T 321—2005《优先数和优先数系》及 GB/T 19763—2005《优先数和优先数系的应用指南》两个国家标准规定了优先数系及其应用,GB/T 2822—2005《标准尺寸》规定了标准尺寸。它们与互换性原则相结合,构成了产品和零部件标准化的主要理论基础。

1.4.1　优先数系及其构成

优先数系是对产品的各种技术参数的数值进行协调、简化和统一的一种科学的数值制度。优先数系是由公比为 $\sqrt[5]{10}$, $\sqrt[10]{10}$, $\sqrt[20]{10}$, $\sqrt[40]{10}$, $\sqrt[80]{10}$,并且项值中含有 10 的整数幂的理论等比数列导出的一组近似等比的数列。各数列分别用符号 $R5$, $R10$, $R20$, $R40$, $R80$ 表示,并分别称为 $R5$ 系列、$R10$ 系列、$R20$ 系列、$R40$ 系列、$R80$ 系列,其中 $R5$, $R10$, $R20$, $R40$ 这 4 个系列是优先数系中的常用系列,也称为基本系列。如表 1 − 1 所示。

优先数系中的每一个数值称为优先数。

1.4.2　优先数系的主要特点

按以上等比级数构成优先数系具有以下基本特点:

(1)简单,易记。

(2)能向大、小数值两端无限延伸。

表 1 − 1　优先数基本系列

$R5$	$R10$	$R20$	$R40$	$R5$	$R10$	$R20$	$R40$	$R5$	$R10$	$R20$	$R40$
1.00	1.00	1.00	1.00			2.24	2.24		5.00	5.00	5.00
			1.06				2.36				5.30
		1.12	1.12	2.50	2.50	2.50	2.50			5.60	5.60
			1.18				2.65				6.00
	1.25	1.25	1.25			2.80	2.80	6.30	6.30	6.30	6.30
			1.32				3.00				6.70
		1.40	1.40		3.15	3.15	3.15			7.10	7.10
			1.50				3.35				7.50
1.60	1.60	1.60	1.60			3.55	3.55		8.00	8.00	8.00
			1.70				3.75				8.50
		1.80	1.80	4.00	4.00	4.00	4.00			9.00	9.00
			1.90				4.25				9.50
	2.00	2.00	2.00			4.50	4.50	10.00	10.00	10.00	10.00
			2.12				4.75				

表 1 − 1 虽然只列出了 1.00 ∼ 10.00 之间的数值,但若将表 1 − 1 中数值同乘以 10,100 可得到 10.00 ∼ 100.00,100.00 ∼ 1000.00 之间的数值,同乘以 0.01,0.1 可得到 0.01 ∼ 0.10,0.10 ∼ 1.00 之间的数值;以此类推,即可向大、小数值的两端无限延伸。

(3)包含任一项值的全部十进倍数和十进分数。

(4)提供了合理的分级方法。

优先数系构成一个具有广泛适应性的唯一数值分级规则。

1.4.3 优先数系的数学特征

由于优先数系是一个等比级数，则其数学特征是：

(1)优先数系中任两项值之积或商，仍是此优先数系中的一个项值。

证明：若设此优先数系的公比为 q，b 与 $c(b>c)$ 为整数，且 q^b 和 q^c 都是此优先数系中的不同项值，则有：$q^b \times q^c = q^{b+c}$，$q^b/q^c = q^{b-c}$；显然 q^{b+c}，q^{b-c} 仍是公比为 q 的优先数系中一个项值，命题得证。同理，可证明下列的特征。

(2)优先数系中任一项的整数次方，仍是此优先数系中的一个项值。

(3)优先数系中任一项的整数次方根，仍是此优先数系中的一个项值。

(4)优先数系中任一两项值之和或差，一般不再是此优先数系中的一个项值。

但是，当优先数系的公比为 $q = (1+\sqrt{5})/2 \approx 1.6$ 时，符合"黄金分割法"；此时，优先数系中的任一项值等于前两个项值之和。

1.4.4 优先数系的应用

在生产实践中，选用优先数的基本原则是：应尽力使用优先数。在编制各种特征数值方案时，如无专门标准，则应选取接近这些特征值的优先数。除有特定理由外，应不偏离优先数。具体选取方法如下：

(1)可取单个优先数。

在选择单个数值时，如不考虑任何分级，则可选取基本系 $R5$，$R10$，$R20$，$R40$ 或补充系列 $R80$ 中的任一与特征值最接近的项值，但应优先采用公比最大的系列中的项值，即 $R5$ 优先 $R10$，$R10$ 优先 $R20$，等等。

(2)可按优先数系取一组分级的优先数。

若需要取一组分级的数值时，应在满足需要的情况下，选用公比较大的系列，依次是：$R5$，$R10$，…。

(3)可移位选取一组优先数。

若需要取一组分级的数值时，且该组数值与某一基本系列有相同分级，但该组数值起始项与该基本系列的起始项不同时，则可将起始项移位到该基本系列中与该组数值起始项最接近的一个项值(优先数)，从而选取一组优先数，得到所需的数值系列。

(4)可隔项选取优先数。

当基本系列无一能满足需要时，可采用派生系列。即按每隔二项、三项、四项、……来选取优先数的项值，从而得到单个数值或数值系列。

优先数系应用广泛，适用于各种技术参数及其系列化和质量指标的分级，对保证各种产品的品种、规格的合理简化、分档和协调配套具有重大意义。

1.5 本学科的发展

在18—19世纪的工业生产中，需要配合的零件，都是按"配制"方式加工的，再一一对应地装配。这种生产方式是无互换性可言的，生产效率也极低。随着生产经验的积累，到19世纪末，人们在生产实践中按孔、轴所允许的最大尺寸和最小尺寸来分别制成两套量规，即称为极限量规。20 世纪初期，互换性生产的发展进入了一个新的时期，由单一尺寸参数互换性已发展到几何参数互换性，零件的检验除了需用极限量规控制尺寸外，还要求用功能量规控制零件的形状和相互位置精度。

20 世纪末期，国际标准化组织提出 GPS 概念。产品几何技术规范（Dimensional Geometrical Product Specification and Verification，GPS）是规范所有符合机械工程规律的几何形体产品的整套几何技术标准，它覆盖了从宏观到微观的产品几何特征，涉及产品开发、设计、制造、检测、装配以及维修、报废等产品生命周期的全过程。它不但是产品的信息传递与交换的基础，也是产品市场流通领域中合格评定的依据。

在国际标准中，GPS 标准体系是影响最广、最重要的基础标准体系之一，与质量管理（ISO 9000）、产品模型数据交换（STEP）等重要标准体系有着密切的联系，是产品质量保证和制造业信息化的重要基础。

中国在 2001 年之前，没有直接参与任何 GPS 研究工作，跟不上国际 GPS 标准的发展步伐，而且差距还在继续扩大，根本谈不上在国内贯彻实施。基于此，科技部已设立了"国家重大技术标准专项基金"，支持新一代 GPS 标准体系的研究和应用。整个体系研究将首先在几何公差定义、标注、测量及评估上展开，给出相应的数据库、数学和计算程序库，并以软件技术为手段，将产品功能、标准与测量信息集成在一起。

1.6 检测技术及其发展概述

为了实现互换性生产，检测（检验和测量）技术是保证机械零部件精度的重要手段，也是贯彻执行几何量公差标准的技术保证。检测技术的水平在一定程度上反映了机械加工精度水平。从机械发展历史来看，几何量检测技术发展是和机械加工精度的提高相互依存，相互促进的。根据国际计量大会的统计，机械零件加工精度大约每十年提高一个数量级，这都是检测技术不断发展的缘故。例如，1940 年由于有了机械式比较仪，使机械加工精度水平从过去的 3 μm 提高到 1.5 μm；到了 1950 年，有了光学比较仪，使加工精度提高到 0.2 μm；到了 1960 年，有了圆度仪，使加工精度提高到 0.1 μm；到了 1969 年，出现了激光干涉仪，使加工精度提高到 0.01 μm 的水平。

近年来，测量技术已从应用机械原理、几何光学原理发展到应用更多的、新的物理原理引用的最新技术成就，例如：①光波干涉技术的应用，特点是激光出现以后，采用激光干涉法，使长度的测量精度提高了 1~2 个数量级。②用微波或亚毫米波，或 γ 射线测量仪。③应用光栅、磁栅、感应同步器等作为测长和测角元件，精度等级从 ±10 μm 到 ±0.1 μm；圆光栅最高精度在 360° 内为 0.1″；磁栅的分辨力达 1 μm，常用精度自 200~600 mm 为 ±10 μm，800~1200 mm 为 ±15 μm；直线式感应同步器每 250 mm 为 ±1 μm，旋转式在 360° 内为 1″。④利用光导纤维传照明光，可避免热辐射对测量结果的影响。⑤应用无线电技术。例如在高精度的圆度上配置无线电传送电信号的检测器，由相距 1 m 的低频无线电发射器和接收器发送和接收测量信号。由于不用导线，适用于圆度测量和机床回转运动测量，使仪器的重复精度达 0.05 μm。⑥利用光电摄像技术和计算技术对复杂零件进行测量。⑦数字显示技术在测量上得到充分的应用，提高了读数精度与可靠性，降低了劳动强度，使一些通用量具实现了电子化，如电子千分尺、电子卡尺、电子指示表等。⑧将计算机与量仪紧密结合。计算机主要用于测量数据的处理，也有用于控制测量操作程序的。例如在多功能的三坐标测量机上，通过对复杂零件的测量之后，可自动编制出操作程序，用此指令操控机床，对零件进行加工，从而使加工、测量以及设计达到一体化。这在航空工业中已经得到了广泛的应用。

新中国成立前，我国是半封建半殖民地经济，生产落后，科学技术未能得到发展，检测技术和计量器具都处于落后状态。新中国成立后，随着社会主义建设事业不断发展，建起了各种机械制造工业。1955年成立了国家计量局，1959年国务院发布了《关于计量制度的命令》，统一了全国计量制度，之后还颁布了多个几何量公差标准。1977年国务院发布了《中华人民共和国计量管理条例》，1984年国务院发布了《关于在我国统一实行法定计量单位的命令》，1985年全国人大常委会通过并由国家主席发布了《中华人民共和国计量法》，使我国国家计量单位的统一有了更好的保证。现在已能自主生产许多品种的精密仪器，如万能工具显微镜、万能渐开线检查仪、半自动齿距检查仪等。此外，还研制出一些达到世界先进水平的测量仪，如坐标测量机、激光光电比较仪、光栅式齿轮整体误差测量仪等。目前机械加工精度已达到纳米级，而相应的检测技术也已向纳米级不断地发展，从而促进了我国社会主义现代化建设和科学技术的发展。

专家们预计，未来检测技术的发展方向大致如下：①测量精度由微米级向纳米级发展，进一步提高测量分辨率；②由长度的精密测量(点测量)扩展至形状的精密测量(面测量)；③图像处理、遥感技术等新技术，将在精密检测中得到推广和应用；④随着新一代GPS标准化体制的确立和测量不确定度的数值化，将有效提高测量的可靠性。

1.7 本课程的性质、任务及学习方法

1.7.1 本课程的性质

本课程是高等学校机械类、金属材料类、仪器仪表类、机电工程类各专业的一门重要的技术基础课。本课程既具有联系设计类与制造工艺类课程之纽带作用，也具有从基础及其他技术基础课程教学过渡到专业课教学的桥梁作用。本课程既是设计工程师、工艺工程师和生产组织管理人员必须熟练掌握的技术基础，又是质量管理工程师的技术核心。

1.7.2 本课程的任务

鉴于本课程的重要性和课程内容的丰富性，在学习本课程前，学生应已掌握机械制图、机械原理、机械设计、机械制造技术基础等基础课程的理论和实践知识；能够读图识图，懂得图样标注法，了解机械加工的一般知识和技能，熟悉常见机构及其零部件的原理和结构。通过本课程的学习，应达到如下要求：

(1)需要掌握互换性、标准化的基本概念及精度设计相关的基本术语和概念；学会选用优先数。

(2)掌握有关国家标准的基本内容和主要规定。学会初步选用尺寸公差与配合、形位公差、表面粗糙度；对常用的公差要求会正确标注、解释和查用有关表格。

(3)初步掌握误差理论和计量检测技术的基础知识，学会正确选择、使用生产现场的常用量具、仪器和三坐标测量机，能对一般几何量进行综合检测，并能正确地进行误差数据的

分析、处理和评定。

（4）掌握机械精度设计的原理与方法，学会公差设计和公差分配，以及尺寸链的解算。

（5）初步了解计算机辅助公差分析软件。在学习了解现代工具的同时，必须做到知其然且知其所以然。

总之，本课程的任务在于使学生获得有关精度设计和几何量检测的基础理论知识及实际操作技能，为学生将来的实际工作需要奠定坚实的基础。

1.7.3 本课程的学习方法

《互换性与测量技术基础》课程属于技术基础课，教材具有以下特点：抽象概念多，术语定义多，符号代号多，叙述性内容多，零件种类多，需要记忆的内容多。对于初学者因为习惯于基础学习的"逻辑性推理"方法，再加上缺乏生产实践知识，往往会感到枯燥乏味。此外，从标准角度讲，原则性强；而从应用角度讲，灵活性大。基于这些特点，建议的学习方法如下：

（1）在学习本课程前，补习机械制图、机械原理、机械设计、机械制造技术基础等基础课程的理论和实践知识；达到能够读图识图，懂得图样标注法，具有机械加工的一般知识和技能，熟悉常见机构及其零部件的原理和结构。

（2）上课认真听课，按老师的方法和要求，并联系产品及其零部件的设计、加工制造、装配、检测等工艺过程来理解每一个概念、术语或定义，梳理各章节之间的逻辑性，达到透彻理解每一个概念、术语或定义，系统地掌握本课程体系和理论知识的目的，不要死记硬背。

（3）认真、独立完成老师所布置的每一次作业。认真做好每一个实验，在实验中，增强实践知识和能力。

练 习 题

1-1 什么叫互换性？为什么说互换性已成为现代机械制造业中一个普遍遵守原则？列举互换性应用实例。

1-2 按互换程度来分，互换性可分为哪两类？它们有何区别？各适用于什么场合？

1-3 什么叫公差、误差、检测和标准化？公差与误差有何区别与联系？公差、检测和标准化与互换性有何关系？

1-4 按标准颁布的级别来分，我国的标准有哪几种？

1-5 什么叫优先数系和优先数？优先数系如何构成？如何选用优先数系、优先数？

1-6 代号"GB 321—1980"" GB/T 1801—2009"和"ISO""IEC""GPS"各表示什么含义？

第2章
测量技术基础

【概述】

◎目的：了解测量的基本概念，长度、角度基准及量值传递系统；掌握量块的术语、分级、分等；了解测量方法及测量技术的分类。

◎要求：①掌握测量技术的基本性能指标；②掌握测量误差的概念、来源、分类及数据处理。

◎重点：测量误差的分类及误差的数据处理。

◎难点：误差合成理论与数据处理方法。

2.1　测量的基本概念

测量：将被测的量与用计量单位表示的标准量进行比较，从而确定两者比值的实验过程。若以 x 表示被测量，以 u 表示测量单位或标准量，以 Q 表示测量值，则有：

$$Q = \frac{x}{u} \tag{2-1}$$

检验：确定被测量是否在规定的验收极限范围内，从而判断其是否合格的实验过程。

检定：查明和确认计量器具是否符合法定要求的程序。包括检查、测试、加标记和(或)出具检定证书。

由测量的定义可知，一个完整的几何量测量过程应包括以下四个要素：

(1)被测对象。零件的几何量，包括长度、角度、形状和位置误差、表面粗糙度以及单键和花键、螺纹和齿轮等典型零件的各个几何参数的测量。长度是线值量，而表面粗糙度、形状和位置误差以及角度误差往往是以线值作为定量指标，所以长度是基本的几何量。

(2)计量单位。我国采用的法定计量单位是：长度的计量单位为米(m)，角度单位为弧度(rad)及度(°)、分(′)、秒(″)。而在机械制造中常用的长度计量单位是毫米(mm)，在几何量精密测量中，常用的长度计量单位是微米(μm)。

(3)测量方法。测量时所采用的测量原理、计量器具和测量条件的总和。实际工作中，指获得测量结果的方式。

(4)测量精度。指测量结果与真值的一致程度，即测量结果的可靠程度。

2.2　计量单位与量值传递

2.2.1　长度的计量单位及其量值传递系统

国际上统一使用的公制长度基准是在 1983 年第 17 届国际计量大会上通过的，以米(m)

作为长度基准。规定米(m)的定义为：米(m)是光在真空中 1/299792458 秒(s)的时间间隔内所行进的路程长度。国际计量大会推荐用稳频激光辐射来复现它。而在实际生产和科学研究中，不可能都直接利用激光辐射的光波长度基准去校对测量器具或进行零件的尺寸测量，通常要经过工作基准——线纹尺和量块，将长度基准的量值准确地逐级传递到生产中应用的计量器具和零件上去，以保证量值的准确一致。长度量值传递系统如图 2 - 1 所示。

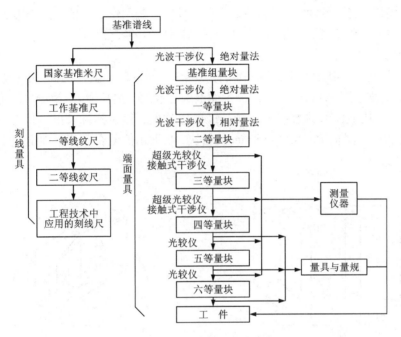

图 2 - 1　长度量值传递系统

2.2.2　角度的计量单位及其量值传递系统

高精度测角仪和多面棱体

角度计量也属于长度计量范畴，弧度可用长度比值求得，一个圆周角定义为 360°，因此角度不必再建立一个自然基准。但在实际应用中，为了稳定和测量的需要，仍然必须建立角度量值基准，以及角度量值的传递系统。以往，常以角度量块作基准，并以它进行角度量值的传递；近年来，随着角度计量要求的不断提高，出现了高精度的测角仪和多面棱体。角度量值传递系统如图 2 - 2 所示。

图 2 - 2　角度量值传递系统

【小常识】我国机械行业习惯上把毫米叫作"米厘"或"公厘"。常用的长度计量单位还有忽米，即 0.01 mm，有上海技术传承的工人称其为"丝"，而北方工人则常称其为"道"，这两种说法行业内都明白。军事上用密位制(Mils System)衡量方向角，华约集团国家和中国采用6000 密位制，即 360° = 6000 mil，而美国等西方国家则采用 6400 密位制，密位制在军用望远镜和指北针上得到广泛应用。

2.2.3 量块及其选用

金属量块与陶瓷量块

量块是一种平面平行长度端面量具，一般用铬锰钢，或用线膨胀系数小、性质稳定、耐磨、不易变形的其他材料如陶瓷、玻璃等制成。主要形状是长方六面体，六个平面中有两个互相平行的极为光滑平整的测量面，两测量面之间具有精确的工作尺寸，如图 2-3 所示。量块主要用作尺寸传递系统中的中间标准量具，或在相对法测量时作为标准件调整仪器的零位。

（1）量块的尺寸。

量块长度是其一个测量面上任意一点（距边缘 0.8 mm 区域除外）到与另一个测量面相研合的平晶表面的垂直距离 L_1, L_2, …。测量面上中心点的量块长度 L，为量块的中心长度，如图 2-4 所示。量块上标出的数字为量块长度的标称值，称为标称长度。尺寸 < 6 mm 的量块，长度示值刻在测量面上；尺寸 ≥ 6 mm 的量块，长度示值刻在非测量面上，且该表面的左右侧面为测量面。

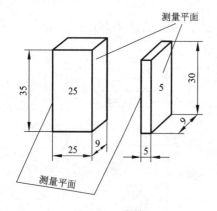

图 2-3 量块

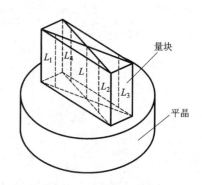

图 2-4 量块长度

由于量块的测量面都是经过超精研制成的，测量面十分光滑和平整。当将一量块的测量面沿着另一量块的测量面而滑动，同时稍加压力，两量块便能黏合在一起。量块的这种通过分子吸力的作用而黏合的特性称为量块的研合性。它使量块可以组合使用，即将几个量块研合在一起组成需要的尺寸，因此量块是成套供应的。常用包含不同标称长度的成套量块尺寸见表 2-1。

表 2-1　成套量块的尺寸（摘自 GB/T 6093—2001）

套别	总块数	级别	尺寸系列/mm	间隔/mm	块数
2	83	00, 0, 1, 2,(3)	0.5	—	1
			1	—	1
			1.005	—	1
			1.01, 1.02, …, 1.49	0.01	49
			1.5, 1.6, …, 1.9	0.1	5
			2.0, 2.5, …, 9.5	0.5	16
			10, 20, …, 100	10	10

14

套别	总块数	级别	尺寸系列/mm	间隔/mm	块数
3	46	0, 1, 2	1	–	1
			1.001, 1.002, …, 1.009	0.001	9
			1.01, 1.02, …, 1.09	0.01	9
			1.1, 1.2, …, 1.9	0.1	9
			2, 3, …, 9	1	8
			10, 20, …, 100	10	10
5	10	00, 0, 1	0.991, 0.992, …, 1	0.001	10
6	10	00, 0, 1	1, 1.001, …, 1.009	0.001	10

　　为了减少量块组合时的误差，应以尽可能少的块数组合成所需的尺寸，一般量块数不多于 4～5 块。组合量块时，按尾数消除法选择量块，即按照所需尺寸的最后一个尾数开始选取具有相应尾数的第一块，然后逐级递减选取。

　　例如，需组成尺寸为 36.745 mm，若使用 83 块一套的量块，参考表 2-1，可按如下步骤选择量块尺寸。

量块研合的方法

$$
\begin{array}{r}
36.745 \quad \cdots\cdots\text{所需尺寸} \\
-\quad 1.005 \quad \cdots\cdots\text{第一块量块尺寸} \\
\hline
35.74 \\
-\quad 1.24 \quad \cdots\cdots\text{第二块量块尺寸} \\
\hline
34.5 \\
-\quad 4.5 \quad \cdots\cdots\text{第三块量块尺寸} \\
\hline
30.0 \quad \cdots\cdots\text{第四块量块尺寸}
\end{array}
$$

　　（2）量块的精度及使用。

　　GB/T 6093—2001 将量块的制造精度分为 0，1，2，3，K 共五个级别。其中 0 级精度最高，3 级精度最低，K 级为校准级，2 级精度量块使用最多。量块的分"级"主要是按量块长度极限偏差和量块长度变动量允许值来划分的。量块按级使用时，以量块的标称长度作为工作尺寸。该尺寸包含了量块的制造误差，不需要加修正值，使用较方便，但不如按"等"使用的测量精度高。各级量块长度的极限偏差和长度变动量最大允许值见表 2-2。

量块的等级说明

　　JJG 146—2003 将量块按检定精度由高到低分为 1～5 共五等。其中 1 等精度最高，5 等精度最低。量块按"等"使用时，是以量块检定书列出的实测中心长度作为工作尺寸，该尺寸排除了量块的制造误差，只包含检定时较小的测量误差。因此，量块按"等"使用比按"级"使用的测量精度高。各等量块的长度测量不确定度及长度变动量允许值见表 2-3。

　　量块主要用作尺寸传递系统中的中间标准量具，或在相对法测量时作为标准件调整仪器的零件，或可以用作直接测量零件。量块与正弦规组合，可用来测量带有锥度或角度的零件。

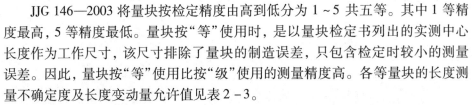

正弦规的结构及使用

表 2-2　各级量块的精度指标（摘自 GB/T 6093—2001）

标称长度/mm	K级		0级		1级		2级		3级	
	①	②	①	②	①	②	①	②	①	②
	μm									
~10	0.20	0.05	0.12	0.10	0.20	0.16	0.45	0.30	1.0	0.50
>10~25	0.30	0.05	0.14	0.10	0.30	0.16	0.30	1.2	0.50	0.50
>25~50	0.40	0.06	0.20	0.10	0.40	0.18	0.80	0.30	1.6	0.55
>50~75	0.50	0.06	0.25	0.12	0.50	0.18	1.00	0.35	2.0	0.55
>75~100	0.60	0.07	0.30	0.12	0.60	0.20	1.20	0.35	2.5	0.60
>100~150	0.80	0.08	0.40	0.14	0.80	0.20	1.60	0.4	3.0	0.65
>150~200	1.00	0.09	0.50	0.16	1.00	0.25	2.00	0.4	4.0	0.70
>200~250	1.20	0.10	0.60	0.16	1.20	0.25	2.40	0.45	3.0	0.75

注：①量块长度的极限偏差（±）；②量块长度变动量最大允许值

表 2-3　各等量块的精度指标（摘自 JJG 146—2003）

标称长度/mm	1等		2等		3等		4等		5等	
	①	②	①	②	①	②	①	②	①	②
	μm									
~10	0.022	0.05	0.06	0.10	0.11	0.16	0.22	0.30	0.6	0.5
>10~25	0.025	0.05	0.07	0.10	0.12	0.16	0.25	0.30	0.6	0.5
>25~50	0.030	0.06	0.08	0.10	0.15	0.18	0.30	0.30	0.8	0.55
>50~75	0.035	0.06	0.09	0.12	0.18	0.18	0.35	0.35	0.9	0.5
>75~100	0.040	0.07	0.10	0.12	0.20	0.20	0.40	0.35	1.0	0.6
>100~150	0.05	0.08	0.12	0.14	0.25	0.20	0.50	0.40	1.2	0.65
>150~200	0.06	0.09	0.15	0.16	0.30	0.25	0.60	0.40	1.5	0.7
>200~250	0.07	0.10	0.18	0.16	0.35	0.25	0.70	0.45	1.8	0.75

注：①量块长度测量的不确定度允许值（±）；②量块长度变动量允许值

2.3　测量方法与测量器具的分类

2.3.1　测量方法分类

测量方法可按不同特征进行分类：

1. 直接测量和间接测量

这是按被测量是否是要测量来分类的。

直接测量：用计量器具直接测量被测量的整个数值或相对于标准量的偏差。例如，用游标卡尺测量轴的直径，就能直接从卡尺读出轴径的尺寸。

间接测量：测量与被测量有函数关系的其他量，再通过函数关系式求出被测量。如图 2-5 所示，如欲测量工件直径 D，可通过测量弦长 L 和其相应的弦高 H，按下式即可计算

出直径 D。

$$D = H + \frac{L^2}{4H}$$

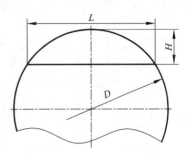

图 2 - 5　间接测量

2. 绝对测量和相对测量

这是按读数值是否为被测量的整个数值来分类的。

绝对测量：被测量的整个数值可以直接从测量器具的读数装置上获得。如用游标卡尺、外径千分尺测量轴的直径。

相对测量(又称比较测量)：在测量器具的读数装置上读得的是被测量相对于标准量的偏差值。因而被测量的整个数值等于量仪所示偏差值与标准量值的代数和，例如用量块(或标准件)调整比较仪的零位，然后再换上被测件，则比较仪所指示的是被测件相对于标准件的偏差值。

3. 接触测量和非接触测量

这是按被测表面与测量器具的测量头是否接触来分类的，即是否有机械作用的测量力。

接触测量：是测量器具的测量头与被测工件表面发生机械接触并有测量力的一种测量方法。例如用立式光学比较仪测量轴径。

非接触测量：测量器具与被测工件不直接接触，即没有测量力存在的一种测量方法。例如，用光切显微镜测量表面粗糙度，用气动量仪测量孔径。

4. 单项测量和综合测量

这是按工件上同时被测的参数多少来分类的。

单项测量：单独测量工件的各个参数。例如，用公法线千分尺测量齿轮的公法线长度变动，用跳动检查仪测量齿轮的齿圈径向跳动等。此类方法测量效率较低，一般用于刀具与量具的测量、废品分析以及工序检验等。

综合测量：同时检测工件上的几个有关参数，综合地判断工件是否合格。例如，用螺纹量规检查螺纹的作用中径，用花键塞规检查花键孔等。综合测量一般效率较高，对保证零件互换性更为可靠，常用于完工零件的检验，适用于成批和大量生产。

5. 被动测量和主动测量

这是按测量在加工过程中所起的作用来分类的。

被动测量：在零件加工的一道工序或全部工序完成后进行的测量。其作用仅在于发现并剔除废品，又称为消极测量。

主动测量：在零件加工过程中进行的测量，其测量结果可直接用来控制零件的加工过程，能预防废品的出现，积极保证产品合格，故又称为积极测量。

此外，按照被测的量或零件在测量过程中所处的状态，测量方法可分为静态测量与动态测量；按照在测量过程中，决定测量精度的因素或条件是否相对稳定，测量方法可分为等精度测量与不等精度测量。

2.3.2　测量器具分类

测量器具可按其测量原理、结构特点及用途，分为以下四类：

(1)基准量具。测量中体现标准量的量具。其中体现固定量值的标准量者为定值基准量具，如量块、直角尺等；体现一定范围内各种量值的标准量者为变值基准量具，如刻线尺、量角器等。

（2）通用测量器具。有刻度，可测量一定范围内的各种参数并得出具体数值的测量工具，按其工作原理可分类如下：

①游标类量具，如游标卡尺、游标高度尺等。

②螺旋类量具，如千分尺、公法线千分尺等。

③机械式量仪，如百分表、千分表、齿轮－杠杆比较仪、扭簧比较仪等。

④光学量仪，如光学比较仪、光学测角仪、光栅测长仪、投影仪、激光干涉仪等。

⑤电动量仪，如电感比较仪、轮廓仪、电容式比较仪等。

⑥气动量仪，如水柱式气动量仪、浮标式气动量仪等。

（3）极限量规类。一种用以检验零件尺寸、形状或相互位置的没有刻度的专用检验工具。如塞规、卡规、螺纹量规、功能量规等。它只能判断零件是否合格，而不能得到具体数值的测量结果。

（4）检验夹具。它是一种专用的检验工具，也是测量时的辅助用具。它在和相应的计量器具配套使用时，可方便地检验出被测件的各项参数，如检验滚动轴承用的各种检验夹具，可同时测出轴承套圈的尺寸及径向或轴向跳动等。

2.4 测量器具的基本度量指标

1. 刻度间距(scale spacing)C

是指测量器具标尺或圆刻度盘上，相邻两刻线中心之间的距离或圆弧长度。为了便于人眼观察的方便，一般测量器具的刻度间距取 $1 \sim 2.5$ mm。

2. 分度值(value of a scale division)i

测量器具上每一刻度间距所代表的量值。例如，百分表上相邻两刻线的间距所代表的量值为 0.01 mm，故分度值 $i = 0.01$ mm。游标卡尺的分度值为 0.1 mm，0.05 mm 或 0.02 mm 等。在长度测量中，常用分度值有 0.1 mm，0.01 mm，0.002 mm 以及 0.001 mm 等几种。一般地说，分度值越小，测量器具的精度越高。

3. 示值范围(indication range)

测量器具上标尺上指示或显示的起始值到终止值的范围。

4. 测量范围(measuring range)

测量器具所能测出的最大到最小的量值范围。需注意的是，测量范围和示值范围的含义是不同的。例如，某光学比较仪的示值范围为 ±0.1 mm，而其测量范围为 0 ~ 180 mm，也有的测量器具的测量范围等于其示值范围，如某些千分尺，游标尺等。

5. 灵敏度(sensitivity)

测量器具对被测量变化的反应能力。它等于计量器具的示值增量 ΔL 与其相应的被测量的增量 ΔX 之比。对于一般等分刻度量仪的灵敏度亦称放大比，它等于刻度间距 C 与分度值 i 之比。用公式表示为

$$K = \frac{\Delta L}{\Delta X} = \frac{C}{i} \qquad (2-2)$$

6. 灵敏限(迟钝度 discrimination threshold)

引起测量器具示值可察觉变化的被测量的最小变化值。它表示测量器具对被测量数值微小变动的敏感程度。这是由测量系统中存在摩擦或其他阻尼因素等造成的,为了能测出精密零件尺寸的微小变化,应采用灵敏限较小的仪器。

7. 示值误差(error of indication)

测量器具示值与被测量真值之间的差值。

8. 校正值(correction)

为消除系统误差用代数法加到测量结果上的值,它与示值误差的绝对值相等而符号相反。例如,示值误差为 +0.003 mm,校正值为 -0.003 mm。

9. 示值变动性(variation of indication)

在相同的测量条件下,对同一被测量进行连续多次测量时,测量器具所指示的最大值与最小值之差。

10. 回程误差(hysterisis error)

当被测量不变时,在相同条件下,测量器具沿正、反行程在同一测量点上测量结果之差的绝对值。回程误差是由测量器具中传动元件之间的间隙、弹性变形和摩擦等原因引起的。

11. 测量力(measuring force)

指测量过程中,测量头与被测工件表面接触时所产生的力。测量力的大小应合适,太小则影响接触的可靠性,太大则引起弹性变形增大。太大和太小都会使测量误差增大。

12. 不确定度(uncertainty)

在规定条件下测量时,由于测量误差的存在,对测量值不能肯定的程度。计量器具的不确定度是一项综合精度指标,它包括测量仪的示值误差、示值变动性、回程误差、灵敏限以及调整标准件误差等的综合影响。

2.5　测量误差和数据处理

2.5.1　测量误差的来源

1. 测量误差的概念

从长度测量实践中知道,任何一次测量,不管采用的测量器具如何精密,测量得如何仔细,总是不可避免地或大或小地存在着测量误差。每一个测得值往往只是在一定程度上近似于真值。这种近似程度在数值上则表现为测量误差。测量结果与被测量真值之差称为测量误差。用公式表示为:

$$\delta = x - x_0 \tag{2-3}$$

式中:δ——测量误差;

$\quad x$——被测量的测量结果;

$\quad x_0$——被测量真值。

上式表达的测量误差 δ 也称绝对误差。由于 x 可大于、小于或等于 x_0,所以绝对误差 δ 可为正值、负值或零,即绝对误差是代数值。

绝对误差 δ 愈小,测得值 x 与真值 x_0 愈接近,测量准确度愈高。因此,对于基本尺寸相同的被测零件,用绝对误差可评定其测量精度的高低。绝对误差值大,则测量精度低;绝对误差值小,则测量精度高。但对于基本尺寸不同的被测零件,就要用相对误差来评定其测量精度的高低。

被测量的绝对误差与被测量的真值之比称为相对误差,通常以百分数(%)来表示。

$$\varepsilon = \frac{\delta}{x_0} \times 100\% \approx \frac{\delta}{x} \times 100\% \qquad (2-4)$$

式中:ε——相对误差。

量的真值是一个理想的概念,一般是不知道的。在实际测量中,常用被测量的实际值或已修正过的算术平均值代替真值。例如,用量块检定千分尺时,对千分尺的读数来说,量块的大小就可视为实际值。在多次重复测量时,一般就用测得值的算术平均值来代替真值。

通常说的测量误差,一般是指绝对误差。

2. 测量误差产生的原因

由于测量误差的存在,测得值只能近似地反映几何量的真值。为了减小测量误差,就必须分析产生测量误差的原因,以便提高测量准确度。在实际测量中,产生测量误差的因素很多,归纳起来主要有以下四个方面:

(1)测量器具误差。是指测量器具内在因素所造成的误差。它是由测量器具的设计、制造、装配和使用调整等不准确而引起的误差。例如,用标尺的等分刻度代替其理论上的不等分刻度,校正零位用的基准件误差等。测量器具误差可用更高精度的量具或量仪来定期检定。

(2)方法误差。由于测量方法不完善(包括计算公式不精确,测量方法选择不当,测量时定位装夹不合理)所产生的误差。同一参数可用不同方法测量,测量结果也往往不一样。此外,若测量基准和测量头形状选择不当,测量力大小不合适等,也会造成测量误差。

(3)环境误差。是指由环境因素的影响而产生的误差。环境因素包括温度、湿度、气压、振动以及灰尘等,其中温度引起的误差是主要误差来源。在长度计量中,检验标准规定的标准温度为20℃。但在测量中,室温通常偏离标准温度,由于被测工件、量仪和基准件的材料不同,其线膨胀系数也不同,这样就产生了测量误差。因此,高精度测量应在恒温、恒湿、无尘的条件下进行。

(4)人为误差。是指由人为的原因所引起的测量误差。如由测量者的估读判断能力、眼睛的分辨力、测量技术熟练程度、测量习惯等因素所引起的测量误差。

总之,造成测量误差的因素很多。测量者应了解产生测量误差的原因,并进行分析,掌握其影响规律,设法消除或减小其对测量结果的影响,从而保证测量的精度。

2.5.2 测量误差的分类

测量误差按其特性可分为三种类型:系统误差、随机误差和粗大误差。

1. 系统误差

系统误差是在相同的条件下,多次重复测量同一量值时,误差的大小和符号保持不变或者按一定的规律变化的误差。它分为定值系统误差和变值系统误差两种

定值系统误差,在测量过程的任何时刻,误差的大小和符号恒定不变。例如量块的误差,千分尺未校准零位的误差。

变值系统误差，在测量过程中，误差的大小和符号按一定规律变化的误差。一般将变值系统误差分为线性变化系统误差、非线性变化系统误差、周期性变化系统误差及复杂规律变化系统误差等四类，如图 2-6 曲线 b ~ 曲线 e 所示。例如，测量过程中由温度呈线性变化引起的系统误差，通常归为线性变化系统误差。

2. 随机误差

随机误差是指在实际测量条件下，多次测量同一量值时，误差的绝对值和符号以不可预定的方式变化的误差。例如，测量时，温度的波动或测量力不恒定引起的误差。就某一次具体测量而言，随机误差的大小和符号是没有规律的，但若用同一测量器具对同一量值进行多次重复测量，则可发现随机误差的分布遵循统计规律。

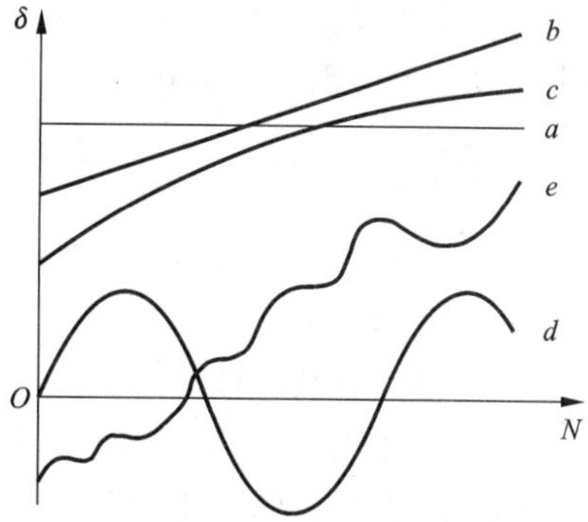

3. 粗大误差

粗大误差是指超出规定条件下预计的误差。这种误差是由测量时测量条件的突变或疏忽大意等因素造成的，它对测量结果有明显歪曲，应予发现和剔除。

图 2-6 各类特征系统误差图示

2.5.3 测量精度的分类

精度与误差是相对的概念，由于误差有系统误差和随机误差，因此笼统的精度无法反映上述误差的差异，引入精密度、正确度和精确度的概念则能更好地表述。

1. 精密度

精密度表示测量结果中随机误差大小的程度，是用于评定随机误差的精度指标。随机误差小，则精密度高。

2. 正确度

正确度表示测量结果中系统误差大小的程度，是用于评定系统误差的精度指标。系统误差小，则正确度高。

3. 精确度（准确度）

精确度表示测量结果中随机误差和系统误差综合影响的程度。随机误差和系统误差都小，则精确度高。

图 2-7 以打靶为例，对测量精度的分类进行了形象的说明。

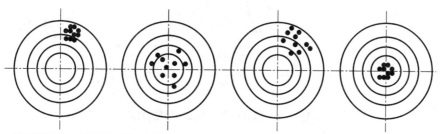

(a)精密度高，正确度低 (b)精密度低，正确度高 (c)精密度低，正确度低 (d)精密度高，正确度高

图 2-7 测量精度的分类

2.5.4 随机误差

1. 随机误差的分布规律及特点

实践证明，大多数情况下随机误差是遵循正态分布规律的。正态分布曲线如图 2-8 所示。

正态分布曲线的数学表达式为

$$y = f(\delta) = \frac{1}{\sigma\sqrt{2\pi}}e^{-\frac{\delta^2}{(2\sigma^2)}} \qquad (2-5)$$

式中：y——随机误差 δ 所出现的概率密度；

$\quad\quad\sigma$——标准偏差；

$\quad\quad$e——自然对数底数。

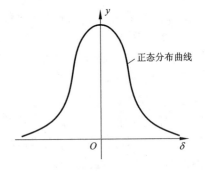

图 2-8　正态分布曲线（高斯曲线）

由此可归纳出随机误差具有以下几个分布特性：

(1)单峰性。绝对值小的误差出现的概率比绝对值大的误差出现的概率大。

(2)对称性。绝对值相等的正、负误差出现的概率相等。

(3)有界性。在一定的测量条件下，随机误差的绝对值不会超过一定界限。

(4)抵偿性。随着测量次数的增加，随机误差的算术平均值趋于零。

2. 随机误差的评定和处理

(1)随机误差的标准偏差 σ。

由式(2-5)可见，当 $\delta = 0$ 时，概率密度最大，且有 $y_{\max} = \dfrac{1}{\sigma\sqrt{2\pi}}$，概率密度的最大值 $y_{\max}$ 与标准偏差 σ 成反比，即 σ 越小，$y_{\max}$ 越大，曲线愈陡，说明随机误差分布集中，测量的精密度高；反之，σ 越大，$y_{\max}$ 越小，曲线愈平坦，说明随机误差分布愈分散，测量的精密度低，如图 2-9 所示，可见 σ 是表征随机误差分散程度的参数，故可以作为随机误差分布特性的评定指标。

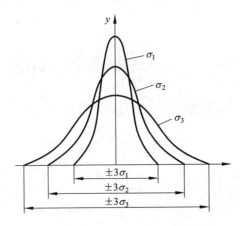

图 2-9　标准偏差对概率密度的影响

随机误差的标准偏差可用下式计算得到：

$$\sigma = \sqrt{\frac{\sum_{i=1}^{N}(x_i - \bar{x})^2}{N-1}} \tag{2-6}$$

$$\bar{x} = \frac{\sum_{i=1}^{N}x_i}{N} \tag{2-7}$$

式中：x_i——第 i 次测量值；

　　　$\bar{x}$——N 次测量的算术平均值；

　　　N——测量次数。

（2）随机误差的极限值 $\delta_{\lim}$。

由于极限误差具有有界性，因此随机误差的大小不会超过一定的范围，随机误差的极限值就是测量极限误差。由概率论可知，全部随机误差的概率之和为 1，即

$$P = \int_{-\infty}^{+\infty} y\mathrm{d}\delta = \frac{1}{\sigma\sqrt{2\pi}} \int_{-\infty}^{+\infty} \mathrm{e}^{-\frac{\delta^2}{2\sigma^2}} \mathrm{d}\delta = 1$$

随机误差出现在区间 $(-|\delta|, +|\delta|)$ 内的概率为

$$P = \frac{1}{\sigma\sqrt{2\pi}} \int_{-|\delta|}^{|\delta|} \mathrm{e}^{\frac{\delta^2}{2\sigma^2}} \mathrm{d}\delta$$

引入 $t = \frac{\delta}{\sigma}$，则 $\mathrm{d}t = \frac{\mathrm{d}\delta}{\sigma}$，则有

$$P = \frac{1}{\sqrt{2\pi}} \int_{-|t|}^{|t|} \mathrm{e}^{\frac{-t^2}{2}} \mathrm{d}t = \frac{2}{\sqrt{2\pi}} \int_{0}^{|t|} \mathrm{e}^{\frac{-t^2}{2}} \mathrm{d}t = 2\Phi(t)$$

$$\Phi(t) = \frac{1}{\sqrt{2\pi}} \int_{0}^{|t|} \mathrm{e}^{\frac{-t^2}{2}} \mathrm{d}t$$

式中：$\Phi(t)$——拉普拉斯函数；

　　　P——置信概率；

　　　t——置信因子。

在几何量测量中，通常取置信因子 $t=3$，则置信概率为 $P=99.73\%$。也就是说 δ 超出 $\pm 3\sigma$ 的概率为 0.27%。在实际测量中，随机误差超出 3σ 的情况很少出现，所以取测量极限误差为 $\delta_{\lim} = \pm 3\sigma$。

（3）随机误差的处理步骤。

由于被测量的真值无法得到，在实际测量时，可用多次重复测得值的算术平均值代替真值，计算出标准偏差，进而确定测量结果。

贝塞尔公式的推导
及其物理意义

假定测量列中不存在系统误差和粗大误差，则随机误差的处理可按下列步骤进行：

● 计算测量列中各个测得值的算术平均值 $\bar{x}$。

● 计算残余误差。残余误差 v_i 即测得值 χ_i 与算术平均值 $\bar{x}$ 之差。

$$v_i = \chi_i - \bar{x} \tag{2-8}$$

● 计算标准偏差 σ。在实际中常用贝塞尔公式计算标准偏差，公式如下

$$\sigma = \sqrt{\frac{\sum_{i=1}^{N}v_i^2}{N-1}} \tag{2-9}$$

则单次测量结果可表示为

$$x = x_i \pm 3\sigma \tag{2-10}$$

● 计算测量列的算术平均值的标准偏差 $\sigma_{\bar{x}}$。为了减小随机误差的影响,可以采用多次测量并取其算术平均值表示测量结果,显然,算术平均值比单次测量值 χ_i 更加接近被测量真值 χ,但也具有分散性,不过它的分散程度比 χ_i 的分散程度小,用 $\sigma_{\bar{x}}$ 表示算术平均值的标准偏差,其数值与测量次数 N 有关,即

$$\sigma_{\bar{x}} = \frac{\sigma}{\sqrt{N}} \tag{2-11}$$

显然,多次测量结果的精度比单次测量的精度高,但也不是测量次数越多越好,通常取 15 次左右即可达到一般精密测量所要求的精度。

● 计算测量列算术平均值的测量极限误差 $\delta_{\lim\bar{x}}$:

$$\delta_{\lim\bar{x}} = \pm 3\sigma_{\bar{x}} \tag{2-12}$$

● 写出多次测量所得结果的表达式 x:

$$x = \bar{x} \pm 3\sigma_{\bar{x}} \tag{2-13}$$

2.5.5　系统误差的处理

系统误差的处理,主要指发现系统误差和消除系统误差。

(1)定值系统误差的发现与消除。定值系统误差只能通过实验对比法去发现,即对于要判断的某一测量方法是否有定值系统误差,可改用更好的测量方法或精度更高的计量器具进行检定性测量,确定误差值。然后取与误差值相同而符号相反的值作为修正值,将测得值加上相应的修正值,可消除定值系统误差。

在测量过程中,如能控制定值系统误差的符号,则可使定值系统误差的出现一次为正,一次为负,然后取这两次读数的算术平均值作为测量结果。

(2)变值系统误差的发现与消除。变值系统误差可以从系列测得值的处理和分析观察中揭示。

● 残差观察法。即根据测量的先后顺序所得测得值的残差,通过列表或作图观察,若残差大体上正负相间而无显著变化规律时,则可认为不存在变值系统误差;若残差有规律地递增或递减时,则存在线性系统误差;若残差有规律地由负(正)变正(负)时,则存在周期系统误差。

● 残差核算法。将测得值按测量先后顺序排列,前后各半分为两组,若前后两半组之差相对 v_i 来说明显不接近于零,则可判断测量列中含有变值系统误差。

无论是残差观察法还是残差核算法,只有当测量次数 N 足够多时,判断才可靠。

2.5.6　粗大误差的判别与剔除

由于粗大误差一般数值较大,它会显著地歪曲测量结果,是不允许存在的,为此人们建立了一些判别粗大误差的准则,下面介绍其中的用得较多的两种:

(1)3σ 准则:在测量列中,当残余误差 v_i 的绝对值大于标准偏差 σ 的 3 倍时,则认为测得值 x_i 中含有粗大误差,应从测量列中将其删除。此准则仅适用于大量重复测量的实验统计。而当 $N \leqslant 10$,又用估计值代替时,此准则不适用。

(2)肖维纳准则：肖维纳准则也是以正态分布为前提的，若多次重复测量 N 个测得值中，有某测得值的残余误差 $|v_i| \geqslant Z_C \sigma$，则剔除此数据。$Z_C$ 可由表 2 - 3 查出。

表 2 - 3　肖维纳准则中的 Z_C 值

N	3	4	5	6	7	8	9	10	11	12
Z_C	1.38	1.54	1.65	1.73	1.80	1.86	1.92	1.96	2.00	2.03
N	13	14	15	16	18	20	25	30	40	50
Z_C	2.07	2.10	2.13	2.15	2.20	2.24	2.33	2.39	2.49	2.58

2.5.7　测量误差的合成及数据处理

一些较重要的测量，不但要给出正确的测量结果，而且还应给出该测量结果的极限误差（ $\pm \delta_{\lim}$ ）。一般的简单的测量，可从仪器的使用说明书或检定规程中查得仪器的测量不确定度，以此作为测量极限误差。而一些较复杂的测量，或专门设计的测量装置，没有现成的资料可查，只好分析测量误差的组成项并计算其数值，然后按一定方法综合成测量方法极限误差，这个过程就叫作测量误差的合成。测量误差的合成包括两类：直接测量法测量误差的合成和间接测量法测量误差的合成。

1. 直接测量法测量误差的合成

直接测量法测量误差主要来源于仪器误差、测量方法误差、基准件误差等，这些误差都称为测量总误差的误差分量。

对于定值系统误差按代数和法合成，即

$$\delta_x = \delta_{x1} + \delta_{x2} + \cdots + \delta_{xn} = \sum_{i=1}^{n} \delta_{xi} \tag{2 - 14}$$

式中：δ_{xi} ——各误差分量的系统误差。

对于符合正态分布、彼此独立的随机误差，按方根法合成，即

$$\pm \delta_{\lim} = \pm \sqrt{\delta_{\lim1}^2 + \delta_{\lim2}^2 + \cdots + \delta_{\lim n}^2} = \pm \sqrt{\sum_{i=1}^{n} \delta_{\lim i}} \tag{2 - 15}$$

式中：$\pm \delta_{\lim i}$ ——第 i 个误差分量的随机误差。

例 2 - 1　用立式光学比较仪测量轴径，用 2 级量块作基准，重复测量轴径 10 次，得到表 2 - 4 所示测量值 x_i，已知量块长度极限偏差 $\delta_{\lim 量} = \pm 0.8 \ \mu m$，由温度引起的测量误差 $\delta_{\lim t} = \pm 0.12 \ \mu m$，试求总的测量极限误差 $\delta_{\lim 总}$，并写出测量结果。

解：（1）计算算术平均值。

$$\bar{x} = \frac{\sum_{i=1}^{N} x_i}{N} = 24.998 \ mm$$

（2）计算残差。各残差的数值经计算后列于表 2 - 4 中，按残差核算法，$\sum_{i=1}^{5} v_i - \sum_{i=6}^{10} v_i = 0$，可认为测量列中不存在变值系统误差。

表 2 - 4　测量数据计算表

测量序号 i	测量值 x_i/mm	$v_i/\mu\text{m}$	$v_i^2/\mu\text{m}^2$
1	24.998	0	0
2	24.996	-2	4
3	24.999	+1	1
4	25.000	+2	4
5	24.997	-1	1
6	24.993	-5	25
7	25.001	+3	9
8	24.995	-3	9
9	24.999	+1	1
10	25.002	+4	16
	$\bar{x} = \dfrac{\sum\limits_{i=1}^{10} x_i}{10} = 24.998$	$\sum\limits_{i=1}^{10} v_i = 0$	$\sum\limits_{i=1}^{10} v_i^2 = 70$

（3）求单次测量的标准差。

$$\sigma = \sqrt{\frac{\sum\limits_{i=1}^{N} v_i^2}{N-1}} \approx 2.8$$

（4）判断粗大误差。按肖维纳准则，从表 2-3 查得 $Z_C = 1.96$，则 $Z_C\sigma = 1.96 \times 2.8 \approx 5.49\ \mu\text{m}$，显然测量列中残差都小于 $5.49\ \mu\text{m}$，所以不存在粗大误差。

（5）计算算术平均值的标准差 $\sigma_{\bar{x}} = \dfrac{\sigma}{\sqrt{N}} \approx 0.89\ \mu\text{m}$。

（6）计算算术平均值的测量极限误差 $\delta_{\lim\bar{x}} = \pm 3\sigma_{\bar{x}} = \pm 2.67\ \mu\text{m}$。

（7）计算总的测量极限误差 $\delta_{\lim总} = \pm\sqrt{\delta_{\lim\bar{x}}^2 + \delta_{\lim量}^2 + \delta_{\lim t}^2} = \pm\sqrt{2.67^2 + 0.8^2 + 0.12^2} \approx \pm 2.79\ \mu\text{m}$

（8）测量结果 $x = \bar{x} \pm \delta_{\lim总} = 24.998 \pm 0.00279 \approx 24.998 \pm 0.003\ \text{mm}$

2. 间接测量法测量误差的合成

间接测量中，被测几何量 y 与实测几何量 x_1，x_2，…，x_n 有一定的函数关系：

$$y = f(x_1, x_2, \cdots, x_n)$$

当测量值 x_1，x_2，…，x_n 分别有系统误差 δ_{x1}，δ_{x2}，…，δ_{xn} 时，则函数 y 有系统误差 δ_y。且

$$\delta_y = \frac{\partial f}{\partial x_1}\delta_{x1} + \frac{\partial f}{\partial x_2}\delta_{x2} + \cdots + \frac{\partial f}{\partial x_n}\delta_{xn} \tag{2-16}$$

当测量值 x_1，x_2，…，x_n 分别有极限误差 $\pm\delta_{\lim x1}$，$\pm\delta_{\lim x2}$，…，$\pm\delta_{\lim xn}$，时，则函数也必然存在极限误差 $\pm\delta_{\lim y}$。且

$$\pm\delta_{\lim y} = \pm\sqrt{\sum_{i=1}^{n}\left(\frac{\partial f}{\partial x_i}\right)^2 \delta_{\lim xi}^2} \tag{2-17}$$

若在测量中,既有系统误差又存在随机误差,则测量结果为

$$x = (\bar{x} - \delta_y) \pm \delta_{\text{limy}} \tag{2-18}$$

例2-2　用弓高弦长法测量大型工件的直径 D(如图2-5),若测得弦长 $L = 500$ mm,弦高 $H = 50$ mm,其系统误差分别为 $\delta_L = 10$ μm,$\delta_H = 4$ μm,测量极限误差分别为 $\delta_{\text{lim}L} = \pm 5$ μm,$\delta_{\text{lim}H} = \pm 1$ μm,求工件的直径 D 及其极限误差 $\delta_{\text{lim}D}$。

解:由图2-5知,直径 D 的函数关系为

$$D = H + \frac{L^2}{4H}$$

则工件直径为

$$D = H + \frac{L^2}{4H} = 50 + \frac{500^2}{4 \times 50} = 1300 \text{ mm}$$

直径 D 的系统误差为

$$\delta_D = \frac{\partial f}{\partial L}\delta_L + \frac{\partial f}{\partial H}\delta_H = \frac{L}{2H}\delta_L - \left(\frac{L^2}{4H^2} - 1\right)\delta_H$$

$$= \frac{500}{2 \times 50} \times 0.01 - \left(\frac{500^2}{4 \times 50^2} - 1\right) \times 0.004$$

$$= -0.046 \text{ mm}$$

直径 D 的极限误差为

$$\delta_{\text{lim}D} = \pm\sqrt{\left(\frac{\partial f}{\partial L}\right)^2 \delta_{\text{lim}L}^2 + \left(\frac{\partial f}{\partial H}\right)^2 \delta_{\text{lim}H}^2}$$

$$= \pm\sqrt{\left(\frac{L}{2H}\delta_{\text{lim}L}\right)^2 + \left[-\left(\frac{L^2}{4H^2} - 1\right)\delta_{\text{lim}H}\right]^2}$$

$$= \pm 0.035 \text{ mm}$$

则直径 D 的测量结果为

$$D = 1300 - \delta_D \pm \delta_{\text{lim}D} = 1300.046 \pm 0.035 \text{ mm}$$

2.6　测量技术的基本原则

1. 基准统一原则

基准统一原则系指:装配基准、设计基准、工艺基准及测量基准等各种基准原则上应该一致。具体说来,就是设计时,应选择装配基准为设计基准;加工时,应选择设计基准为工艺基准;测量时,测量基准应按测量目的选定:对中间(工艺)测量,应选择工艺基准为测量基准;对终结(验收)测量,应选择装配基准为测量基准。

测量时遵循基准统一原则,能以较高的测量精度保证零件的公差要求,或在保证达到公差要求的前提下,不致对测量精度要求过高。

2. 最小变形原则

测量系统中,被测工件、测量器具都会因热变形与弹性变形而发生尺寸变化,这在很大程度上会影响测量结果的精确度。最小变形原则的含义为:在测量过程中,要求被测工件与测量器具之间的相对变形最小。

生产实际中，在手握量具上设置隔热手柄以减少热传导的影响，在高精度测量仪器如绝对光波干涉仪、超级光较仪上设置防止和减少热辐射影响的隔离装置，增加测量系统的刚性和减小测量力等，都是为了遵循最小变形原则。

3. 最短测量链原则

测量系统的传动链由测量链、指示链及辅助链组成。在长度、角度等几何量的测量中，测量链的作用是感受位移量。由于测量链的最终测量误差是各组成环节误差之累积值，因此，应尽量减少测量链的组成环节，并减小各环节的误差，此即最短测量链原则。

生产实际中，用量块组合尺寸时，尽可能减少量块数；用指示表测量时，在测头—被测工件—工作台之间不垫或尽量少垫量块；表架的悬伸支臂与立柱尽量缩短等，都是为了遵循最短测量链原则。

4. 阿贝测长原则

阿贝测长原则又称布线原则、串联原则。进行长度测量时，需要计量器具的测量头或量臂移动，其移动方向的正确性通常靠导轨保证，而导轨的制造与安装误差（如直线度误差及配合间隙）会造成移动方向的偏斜。为了减小这种方向偏斜对测量结果的影响，德国人艾恩斯特·阿贝提出了以下指导性原则：在长度测量中，应将标准长度量（标准线）安放在被测长度量（被测线）的延长线上，意即量具或仪器的标准量系统应与被测尺寸成串联形式。这就是阿贝测长原则，它是长度精密测量中非常重要的原则，在评定量仪或拟定长度测量方案时必须首先予以考虑。

按阿贝测长原则设计的典型仪器是阿贝比长仪、立式光学计、测长仪等。千分尺的结构，若忽略读数装置的直径，也符合阿贝测长原则。有时，基于结构上的原因，某些计量器具不得不违反阿贝测长原则而采用并联布置的方式，如游标卡尺、万能工具显微镜等，此时，为减少测量误差，一方面要提高导轨的加工精度，另一方面在测量时应尽量缩短标准尺与被测件的距离。

5. 闭合原则

在用"节距法"测量直线度或平面度误差的过程中，所得一系列数据是互有联系的；在测量齿轮齿距累积误差过程中，所得的一系列齿距相对差数据也是互有联系的；在测量 n 边棱体角度时，其内角之和为 $(n-2) \times 180°$。这类测量过程原理上可称为"封闭性连锁测量"，应遵守闭合原则，即最后累积误差应为零。

遵循闭合原则，可检查封闭性连锁测量过程的正确性，发现并消除仪器调整的系统误差。

6. 重复原则

在测量过程中，由于许多未知的、不明显的因素的影响，使每次观察结果都有误差，有时甚至出现粗大误差。为保证测量结果的可靠性，可对同一被测参数进行重复测量，若测量结果相同或变化不大，则一般表明测量结果的可靠性较高，这就是重复原则。若用精度相近的不同方法测量同一参数而能获得相同或相近测量结果，则表明测量结果的可靠性更高。反之，若某一测量结果在以后的重复测量中不能再获得或者相差甚远，则这个测量结果的可靠性显然很低。

重复原则是测量实践中判断测量结果可靠性的常用准则，它还可用以判断测量条件是否稳定。

7. 随机原则

要确定每一因素对测量结果影响的确切数值往往很困难，甚至不可能。因此，在测量实践中，通常主要对那些影响较大的因素进行分析计算，若其属于系统误差，则可设法予以消除。而对其他大多数因素造成的测量误差，包括不予修正的微小系统误差，可按随机误差处理。对于随机误差，如前所述，可应用概率与数理统计原理对一系列测量结果进行处理，以减小其对测量结果的影响，并加以评定，此即随机原则。

例如，仪器零位的调整误差，在仪器一次调整后，通过一系列测量，测得误差的大小与符号是一定的，即是系统误差。若不借用其他方法鉴定，这个误差的数值往往不一定知道。此时，按随机误差，可对仪器零位进行多次调整，每次调整后再进行测量。这样，仪器的部分调整误差即转化为随机误差，可按随机误差处理，取一系列测量数据的算术平均值作为最终测量结果，达到减小仪器调整误差影响的目的。

8. 测量的公差原则

当测量目的是用以判别被测参数是否符合图样所规定的公差要求时，则测量方法及其精度应适合公差的规定，此即测量的公差原则。

测量的公差原则有：测量方法或检验方法应符合公差规定；测量精度应与公差要求相适应；测量界限应按公差规定，并综合考虑测量误差、经济性等因素；有关测量误差及测量界限等应由专门的检验标准规定。

练 习 题

2-1　如何从 83 块一套的量块中选取尺寸为 28.935 mm 的量块组？

2-2　某仪器已知其标准偏差为 $\sigma = \pm0.002$ mm，用以对某零件进行 4 次等精度测量，测量值为 67.020，67.019，67.018，67.015 mm，试求测量结果。

2-3　对某一轴径 d 等精度测量 15 次，各次测量值分别为：24.959，24.955，24.958，24.957，24.958，24.956，24.957，24.958，24.955，24.957，24.959，24.955，24.956，24.957，24.958（单位为 mm），判断有无变值系统误差、过失误差，写出最后测量结果。

2-4　用游标卡尺测量箱体孔的中心距 L（图 2-8），测量方案是：测量孔径 D_1，D_2 和孔边距 L_2。若已知各分量的测量极限误差 $\Delta\lim D_1 = \Delta\lim D_2 = \pm40$ μm，$\Delta\lim L_2 = \pm60$ μm，试计算该方案的测量极限误差 $\Delta\lim L$（精确至 0.01 μm）。

2-5　$\phi30f8\left(^{-0.020}_{-0.053}\right)$ 用立式光学比较仪测量基本尺寸为 $\phi30$ 的轴颈，用标称尺为 30 mm 的量块校零后，比较测量轴颈的示值为 +10 μm，若量块实际尺寸为 30.005 mm，试求被测轴颈的实际尺寸。

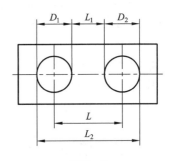

图 2-8

第3章
圆柱体公差配合及其标准化

【概述】

◎目的：了解我国有关圆柱体公差与配合的标准体系，具备圆柱体精度设计的基础理论知识。

◎要求：①掌握圆柱体公差与配合标准中的术语、定义与作用；②掌握公差带的概念、公差带图的画法；③掌握配合选用原则，能熟练查取标准公差和基本偏差。

◎重点：掌握基准制原理；掌握不同配合性质的精度设计。

◎难点：基准制、公差等级与基本偏差的合理选用。

3.1 概述

圆柱结合，包括平行平面的结合，在机械产品中使用十分广泛。圆柱结合的精度，影响机械产品的使用性能和寿命。研究圆柱结合精度设计的方法，对机械产品的设计、制造、使用具有十分重要的意义。

从使用的角度出发，可将圆柱结合分为作相对运动的结合、作固定连接的结合和作定位可拆连接三种。作相对运动的结合，如滑动轴承与轴颈的结合、导轨与滑块的结合等，这种结合要求两结合件间具有一定间隙；作固定连接的结合，如齿轮与轴的结合，用来传递力或扭矩，其结合件间应具有一定过盈；作定位可拆连接，如定位销与销孔的结合，主要是满足定心的需要，结合件间具有较小的间隙或过盈。

我国国家标准对圆柱结合的设计和使用进行了规范，现行的圆柱结合的国家标准主要有：GB/T 1800.1—2009（产品几何技术规范（GPS）极限与配合 第1部分：公差、偏差和配合的基础），GB/T 1800.2—2009（极限与配合 第2部分：标准公差等级和孔、轴极限偏差表），GB/T 1801—2009（极限与配合 公差带和配合的选择），GB/T 1804—2000（一般公差未注公差的线性和角度尺寸的公差）等。

3.2 基本术语与定义

3.2.1 有关孔、轴的定义

（1）孔（hole）：通常指圆柱形内表面，也包括非圆柱形内表面（由二平行平面或切面形成的包容面）。

（2）轴(axle)：通常指圆柱形外表面，也包括非圆柱形外表面（由二平行平面或切面形成的被包容面）。

3.2.2　有关尺寸的术语和定义

（1）尺寸(size)：以特定单位表示线性尺寸的数值。广义地，也包括以角度单位表示角度尺寸的数值。

（2）基本尺寸(basic size)：由设计给定的尺寸，在极限配合中，它也是计算尺寸偏差的起始尺寸。孔和轴的基本尺寸分别以 D 和 d 表示。

（3）实际尺寸(actual size)：零件加工后实际测得的某一尺寸。孔和轴的实际尺寸分别以 D_a 和 d_a 表示。

（4）极限尺寸(limiting size)：是孔或轴允许变化的两个极端尺寸。孔或轴允许的最大尺寸称为最大极限尺寸，分别记为 D_{max} 和 d_{max}；孔或轴允许的最小尺寸称为最小极限尺寸，分别记为 D_{min} 和 d_{min}。

（5）最大实体状态(Maximum Material Condition，简称 MMC)：孔或轴具有允许的材料量为最大时的状态，即孔最小或轴最大时的状态。

（6）最大实体尺寸(Maximum Material Size，简称 MMS)：最大实体状态下的极限尺寸称为最大实体尺寸。

（7）最小实体状态(Least Material Condition，简称 LMC)：孔或轴具有允许的材料量为最少时的状态，即孔最大或轴最小时的状态。

（8）最小实体尺寸(Least Material Size，简称 LMS)：最小实体状态下的极限尺寸称为最小实体尺寸。

3.2.3　有关尺寸偏差和尺寸公差的术语和意义

（1）偏差(deviation)：某一尺寸减其基本尺寸所得的代数差。偏差可以是正值、负值或零。

最大极限尺寸减其基本尺寸所得的代数差，称为上偏差。孔和轴的上偏差分别用 ES 和 es 表示；最小极限尺寸减其基本尺寸所得的代数差，称为下偏差。孔和轴的下偏差分别用 EI 和 ei 表示。

实际尺寸减其基本尺寸所得的代数差，称为实际偏差。

由此，孔和轴上、下偏差分别用以下代数式表示：

$$ES = D_{max} - D, \quad es = d_{max} - d \tag{3-1}$$
$$EI = D_{min} - D, \quad ei = d_{min} - d \tag{3-2}$$

（2）公差(tolerance)：允许尺寸的变化范围。公差等于最大极限尺寸减最小极限尺寸之差，也等于上偏差减下偏差。孔、轴的公差代号分别为 T_D 和 T_d。

根据公差定义，孔、轴公差可分别用下式表示：

$$T_D = D_{max} - D_{min}, \quad T_d = d_{max} - d_{min} \tag{3-3}$$
或
$$T_D = ES - EI, \quad T_d = es - ei \tag{3-4}$$

显然，公差大于零，没有正负之分，计算时绝不能加正负号，而且不能为零。

(3)尺寸公差带(size tolerance range):由于公差与偏差的数值与基本尺寸数据相差很大,不便用同比例表示,所以常用公差带图来表示,如图3-1所示,它由零线和公差带组成。零线是基本尺寸所在的线,在绘制公差带图时,应标注零线的基本尺寸线、基本尺寸和符号"±0"。公差带是由代表上、下偏差的两条直线所限定的区域,它由公差大小和其相对零线的位置确定。在绘制公差带图时应注意区分孔、轴公差带,其大小和相互位置用协调比例画出。孔和轴的基本尺寸的量纲单位为 mm,孔和轴的偏差和公差单位量纲可以是 mm,也可以是 μm。

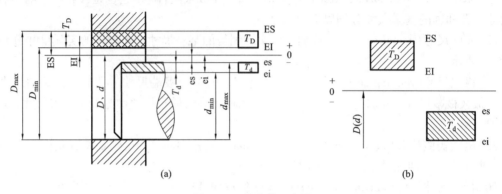

图 3-1 公差带示意图

例 3-1 已知孔、轴基本尺寸为 $\phi25$ mm, $D_{max} = \phi25.021$ mm, $D_{min} = \phi25.000$ mm, $d_{max} = \phi24.980$ mm, $d_{min} = \phi24.967$ mm,求孔和轴的极限偏差和公差,并指出孔与轴的尺寸在零件图上如何标注,画出它们的尺寸公差带图。

解:根据定义及式(3-1)~式(3-4)可得:

孔的上偏差 $ES = D_{max} - D = 25.021 - 25 = +0.021$ mm

孔的下偏差 $EI = D_{min} - D = 25 - 25 = 0$ mm

轴的上偏差 $es = d_{max} - d = 24.980 - 25 = -0.020$ mm

轴的下偏差 $ei = d_{min} - d = 24.967 - 25 = -0.033$ mm

孔的公差 $T_D = ES - EI = +0.021 - 0 = 0.021$ mm

轴的公差 $T_d = es - ei = -0.020 - (-0.033) = 0.013$ mm

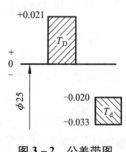

图 3-2 公差带图

在零件图上孔和轴的尺寸分别标注为:$\phi25^{+0.021}_{0}$ 和 $\phi25^{-0.020}_{-0.033}$,图3-2是孔、轴尺寸公差带图。

3.2.4 有关配合的术语和定义

(1)间隙(clearance)和过盈(surplus):孔的尺寸减去相配合的轴的尺寸所得的代数差。差值为零或正值时是间隙;为零或负值时是过盈。间隙的代数量用 X 表示,过盈的代数量用 Y 表示。

(2)配合(fit):指基本尺寸相同、相互结合的孔和轴公差带之间的关系。形成配合有两个基本条件:一是孔和轴的基本尺寸相同;二是孔和轴具有包容和被包容的特征,即孔和轴的结合。反映配合性质差异的因素:一是孔和轴公差带的相对位置,它反映配合的松紧程度;二是孔和轴公差带的大小,它反映配合松紧的一致性,即配合精度的高低。

32

根据孔和轴公差带之间的相互关系的不同,配合可分为:

①间隙配合(clearance fit):保证具有间隙的配合。

在间隙配合中,孔的最大极限尺寸减去轴的最小极限尺寸所得的代数差为最大间隙,用 X_{max} 表示,即:

$$X_{max} = D_{max} - d_{min} = ES - ei \tag{3-5}$$

孔的最小极限尺寸减去轴的最大极限尺寸所得的代数差为最小间隙,用 X_{min} 表示,即:

$$X_{min} = D_{min} - d_{max} = EI - es \tag{3-6}$$

在实际中,有时也用平均间隙,用 X_{av} 表示,即:

$$X_{av} = (X_{max} + X_{min})/2 \tag{3-7}$$

图 3-3 为间隙配合的尺寸公差带,可见,间隙配合的孔的公差带在轴的公差带之上(包括相接)。

由定义可知,间隙配合的最小间隙大于或等于零。

②过盈配合(surplus fit):保证具有过盈(无间隙)的配合。

在过盈配合中,孔的最小极限尺寸减去轴的最大极限尺寸所得的代数

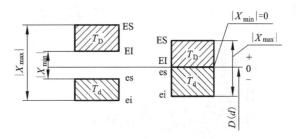

图 3-3　间隙配合的尺寸公差带

差为最大过盈(在这里的"-"仅表示过盈),用 Y_{max} 表示,即:

$$Y_{max} = D_{min} - d_{max} = EI - es \tag{3-8}$$

孔的最大极限尺寸减去轴的最小极限尺寸所得的代数差为最小过盈,用 Y_{min} 表示,即:

$$Y_{min} = D_{max} - d_{min} = ES - ei \tag{3-9}$$

在实际中,有时也用平均过盈,用 Y_{av} 表示,即:

$$Y_{av} = (Y_{max} + Y_{min})/2 \tag{3-10}$$

图 3-4 为过盈配合的公差带,可见,过盈配合的孔的公差带在轴的公差带之下(包括相接)。

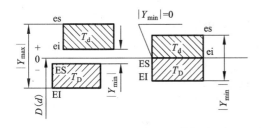

图 3-4　过盈配合的公差带

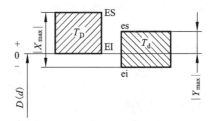

图 3-5　过渡配合的公差带

由定义可知,过盈配合的最小过盈的绝对值大于或等于零。

③过渡配合(transition fit):可能具有间隙,也可能具有过盈的配合。

图 3-5 为过渡配合的公差带,可见,过渡配合的孔的公差带与轴的公差带相互交叠。由定义可知,过渡配合计算出的最大间隙应为正值,最大过盈应为负值。如机床挂轮内孔与轴结合面较长,为保证传动精度及装卸方便,

过渡配合应用于机床挂轮

孔、轴配合即采用了过渡配合。

④配合公差(fit tolerance)：允许间隙或过盈的变动量，以 T_f 表示。它是反映配合松紧程度一致性要求的特征值。用公式表示如下：

间隙配合 $\qquad\qquad T_f = |X_{max} - X_{min}| = T_D + T_d \qquad\qquad\qquad\qquad (3-11)$

过盈配合 $\qquad\qquad T_f = |Y_{max} - Y_{min}| = T_D + T_d \qquad\qquad\qquad\qquad (3-12)$

过渡配合 $\qquad\qquad T_f = |X_{max} - Y_{max}| = T_D + T_d \qquad\qquad\qquad\qquad (3-13)$

可见，无论哪一类配合，配合公差都等于孔、轴公差之和，即：

$$T_f = T_D + T_d \qquad\qquad\qquad\qquad (3-14)$$

⑤配合公差带(fit tolerance range)：与尺寸公差带相似，由代表极限间隙与极限过盈的两条直线所限定的区域，称为配合公差带。绘制配合公差带图时，应注意用双体"工"字图表示（见图3-6），而不使用代表尺寸公差带的矩形图表示。

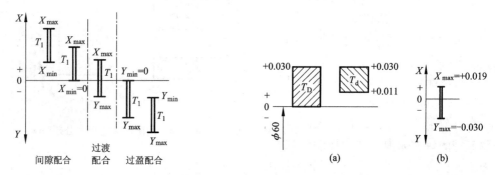

图3-6　配合公差带　　　　　　　　　　图3-7　尺寸公差带与配合公差带

例3-2　已知某配合的基本尺寸为 $\phi60$ mm，配合公差为 49 μm，最大间隙为 19 μm，孔的公差为 30 μm，轴的下偏差为 +11 μm，试画出该配合的尺寸公差带图和配合公差带图。

解：(1)求孔和轴的极限偏差：

由 $T_f = T_D + T_d$ 和 $T_D = 30$，$T_f = 49$ 得：

$$T_d = T_f - T_D = 49 - 30 = 19 \text{ μm}$$

由 $T_d = es - ei$ 和 $ei = +11$ μm

$$es = T_d + ei = 19 + 11 = +30 \text{ μm}$$

又由 $X_{max} = ES - ei$，$X_{max} = 19$ μm，$T_D = 30$ μm

$$ES = X_{max} + ei = 19 + 11 = +30 \text{ μm}$$

$$EI = ES - T_D = +30 - 30 = 0$$

(2)求最大过盈：

由 $ES > ei$，且 $EI < es$ 知，此配合为过渡配合。则由 $T_f = X_{max} - Y_{max}$

$$Y_{max} = X_{max} - T_f = 19 - 49 = -30 \text{ μm}$$

(3)画尺寸公差带图和配合公差带图（见图3-7）。

3.3　公差带大小的标准化

为互换性需要，国家标准中的标准公差系列规定了不同公差等级和不同基本尺寸的标准公差值，用以确定公差带的大小。

34

3.3.1　标准公差值的确定方法

由于公差主要是用于控制加工误差的,所以制定公差的基础,就是从加工误差产生的规律出发,由试验统计得到的公差计算表达式为:

$$T = ai \quad 或 \quad T = aI$$

式中:a——公差等级系数,不同公差等级、不同尺寸段 a 值不同;

i、I——标准公差因子(其中 i 用于 500 mm 以下,I 用于大于 500 mm 时)。

尺寸≤3150 mm 标准公差系列的各级公差值的计算公式列于表 3–1。

表 3–1　标准公差的计算公式(摘自 GB/T 1800.1—2009)

公差等级	标准公差	基本尺寸/mm		公差等级	标准公差	基本尺寸/mm	
		$D \leqslant 500$	$D > 500 \sim 3150$			$D \leqslant 500$	$D > 500 \sim 3150$
01	IT01	$0.3 + 0.008D$	$1I$	8	IT8	$25i$	$25I$
0	IT0	$0.5 + 0.012D$	$\sqrt{2}I$	9	IT9	$40i$	$40I$
1	IT1	$0.8 + 0.020D$	$2I$	10	IT10	$64i$	$64I$
2	IT2	$(\text{IT1})\left(\dfrac{\text{IT5}}{\text{IT1}}\right)^{\frac{1}{4}}$		11	IT11	$100i$	$100I$
				12	IT12	$160i$	$160I$
3	IT3	$(\text{IT1})\left(\dfrac{\text{IT5}}{\text{IT1}}\right)^{\frac{1}{2}}$		13	IT13	$250i$	$250I$
4	IT4	$(\text{IT1})\left(\dfrac{\text{IT5}}{\text{IT1}}\right)^{\frac{1}{4}}$		14	IT14	$400i$	$400I$
				15	IT15	$640i$	$640I$
5	IT5	$7i$	$7I$	16	IT16	$1000i$	$1000I$
6	IT6	$10i$	$10I$	17	IT17	$1600i$	$1600I$
7	IT7	$16i$	$16I$	18	IT18	$2500i$	$2500I$

(1)标准公差因子 i 及计算式的确定。

标准公差因子 i 是计算标准公差值的基本单位,也是制定标准公差系列表的基础。经过大量的加工切削试验和统计分析,在相同的条件下,加工误差与被加工零件的直径成立方抛物线的关系,尤其在常用尺寸段内,这种关系更加明显,所以当 $D \leqslant 500$ mm 时,标准公差因子的计算式为:

$$i = 0.45 \sqrt[3]{D} + 0.001D \tag{3–15}$$

式中:$D = \sqrt{D_1 D_2}$,单位 mm;

D_1、D_2 分别为同一尺寸段落的首端尺寸与尾端尺寸;

i 的单位为 μm。

式(3–15)等号右边第一项反映加工误差随尺寸变化的关系,即符合立方抛物线的关系;第二项反映测量误差随尺寸变化的关系,即符合线性关系,它主要考虑温度变化引起的测量误差。

当尺寸较大时,由温度的变化而使材料产生的线性变化是引起误差的主要原因,所以,当零件尺寸大于 500 ~ 3150 mm 时，其标准公差因子 I 的计算式为：

$$I = 0.004D + 2.1 \qquad (3-16)$$

式中：D 的单位为 mm；

I 的单位为 μm。

（2）公差等级及 a 值的确定。

公差等级是指确定尺寸精度的等级。规定和划分公差等级的目的，是为了简化和统一对公差的要求，使规定的等级既满足广泛的、不同的使用要求，又能大致代表各种加工方法的精度。

GB/T 1800.3—1998 规定了 20 个公差等级，由于我国的公差等级沿用了 ISO 标准，即国际公差 IT（International Tolerance），所以按公差增大的顺序分别为 IT01，IT0，IT1，IT2，…，IT18 级。

从表 3-1 中可见，公差等级系数 a 是按优先数系或其派生系产生的，具有很强的规律性。

3.3.2 标准公差数值

根据表 3-1 给出的标准公差计算公式计算和尾数修约后 ≤500 mm 的各尺寸的标准公差值为表 3-2，在工程应用时以此表列数值为准。可见，同一尺寸段内的所有基本尺寸，在相同公差等级的情况下，规定了相同的标准公差值。

表 3-2 标准公差数值（摘自 GB/T 1800.1—2009）

基本尺寸 /mm		标　准　公　差　等　级																
		IT1	IT2	IT3	IT4	IT5	IT6	IT7	IT8	IT9	IT10	IT11	IT12	IT13	IT14	IT15	IT16	IT17	IT18
大于	至	标准公差/μm											标准公差/mm						
—	3	0.8	1.2	2	3	4	6	10	14	25	40	60	0.1	0.14	0.25	0.4	0.6	1	1.4
3	6	1	1.5	2.5	4	5	8	12	18	30	48	75	0.12	0.18	0.3	0.48	0.75	1.2	1.8
6	10	1	1.5	2.5	4	6	9	15	22	36	58	90	0.15	0.22	0.36	0.58	0.9	1.5	2.2
10	18	1.2	2	3	5	8	11	18	27	43	70	110	0.18	0.27	0.43	0.7	1.1	1.8	2.7
18	30	1.5	2.5	4	6	9	13	21	33	52	84	130	0.21	0.33	0.52	0.84	1.3	2.1	3.3
30	50	1.5	2.5	4	7	11	16	25	39	62	100	160	0.25	0.39	0.62	1	1.6	2.5	3.9
50	80	2	3	5	8	13	19	30	46	74	120	190	0.3	0.46	0.74	1.2	1.9	3	4.6
80	120	2.5	4	6	10	15	22	35	54	87	140	220	0.35	0.54	0.87	1.4	2.2	3.5	5.4
120	180	3.5	5	8	12	18	25	40	63	100	160	250	0.4	0.63	1	1.6	2.5	4	6.3
180	250	4.5	7	10	14	20	29	46	72	115	185	290	0.46	0.72	1.15	1.85	2.9	4.6	7.2
250	315	6	8	12	16	23	32	52	81	130	210	320	0.52	0.81	1.3	2.1	3.2	5.2	8.1
315	400	7	9	13	18	25	36	57	89	140	230	360	0.57	0.89	1.4	2.3	3.6	5.7	8.9
400	500	8	10	15	20	27	40	63	97	155	250	400	0.63	0.97	1.55	2.5	4	6.3	9.7

3.4　公差带位置的标准

如前所述，要确定配合的性质与配合的精度，除公差带的大小外，还需确定公差带的位置。国家标准用公差等级确定公差的大小，用基本偏差确定公差带的位置。

3.4.1　基本偏差系列

1. 基本偏差代号及其特点

基本偏差是用以确定公差带相对于零线位置的上偏差或下偏差，一般为靠近零线的那个偏差。国家标准规定了孔和轴各有的 28 种基本偏差，如图 3 - 8 所示。这些不同的基本偏差便构成了基本偏差系列。

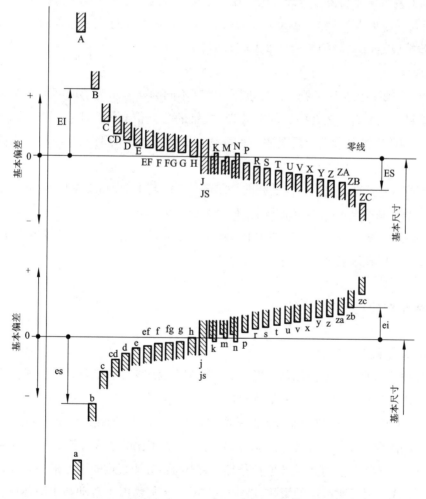

图 3 - 8　基本偏差系列(摘自 GB/T 1800.1—2009)

由图 3 - 8 可见，基本偏差代号是用拉丁字母表示的，孔的基本偏差用 A ~ ZC 表示，轴的基本偏差用 a ~ zc 表示。其中几个与阿拉伯数值易产生混淆的字母，如 I，L，O，Q，W（i，l，o，q，w）没有使用。基本偏差有如下规律：

①a ~ h 的基本偏差为上偏差 es，其中 h 的上偏差为零。j ~ zc 的基本偏差为下偏差 ei；A ~ H 的基本偏差为下偏差 EI，其中 H 的下偏差为零。J ~ ZC 的基本偏差为上偏差 ES。

②JS 和 js 在各个公差等级中，公差带完全对称于零线，因此，它们的基本偏差可以是上偏差（ + IT/2），也可以是下偏差（ – IT/2）。当公差等级为 7 ~ 11 级且公差值为奇数时，上、下偏差为 ±（IT – 1）/2。而 J 和 j 为近似对称，但在国标中，孔仅保留 J6，J7，J8，轴仅保留 j5，j6，j7，j8，而且将逐渐用 JS 和 js 代替 J 和 j，因此，在基本偏差系列图中将 J 和 j 放在 JS 和 js 的位置上。

③基本偏差是公差带位置标准化的唯一参数，除去上述的 JS 和 js，及 j，J，k，K，M，N 以外，原则上基本偏差与公差等级无关。在采用特殊规则确定 K ~ ZC 孔的基本偏差时，要注意加上一个 Δ 值（见表 3 – 5）。Δ 是基本尺寸段内给定的某一标准公差等级 ITn 与更精一级的标准公差等级 IT(n – 1)的差值，即 Δ = IT_IT(n – 1)。

2. 配合制

工程上，需要各种不同的孔、轴公差带来实现不同的配合。为了以尽可能少的标准公差带形成最多种类的配合，把其中孔的公差带（或轴的公差带）位置固定，用改变轴的公差带（或孔的公差带）位置来形成所需的各种配合。即国标规定的两种配合制——基孔制配合与基轴制配合。

基孔制配合：基本偏差为一定的孔的公差带与不同基本偏差的轴的公差带所形成各种配合的制度。基孔制配合的孔称为基准孔，代号为 H，其 EI = 0。

基轴制配合：基本偏差为一定的轴的公差带与不同基本偏差的孔的公差带所形成的各种配合的制度。基轴制配合的轴称为基准轴，代号为 h，其 es = 0。

3.4.2 基本偏差的计算

1. 轴的基本偏差的计算

轴的各种基本偏差应根据轴与基准孔的各种配合要求来确定，其计算公式由实验和统计分析得到，见表 3 – 3。它是以基孔制配合确定的。

由表 3 – 3 可见，基孔制的配合轴的基本偏差为 a ~ h，用于间隙配合。其中 a，b，c 用于大间隙或热动配合，考虑热膨胀的影响，采用与直径成正比的公式计算。d，e，f 主要用于旋转运动的配合。为保证良好的液体摩擦条件，最小间隙应按直径的平方根关系或近似平方根关系确定，考虑到表面粗糙度的影响，间隙应减小。g 主要用于滑动和半液体摩擦配合，或用于定位配合。

j ~ n，主要用于过渡配合。

38

p～zc，主要用于过盈配合，按保证配合的主要特征——最小过盈考虑。

按计算公式算得经圆整的轴的基本偏差值列于表 3－4。使用时应按表中的数值选用。

表 3－3　基本尺寸≤500 mm 轴的基本偏差计算公式（摘自 GB/T 1800.1—2009）

基本偏差代　号	适用范围	上偏差es/μm	基本偏差代　号	适用范围	下偏差ei/μm
a	$D>1\sim120$ mm	$-(265+1.3D)$	j	IT5～IT8	没有公式
	$D>120\sim500$ mm	$-3.5D$	k	≤IT3	0
b	$D>1\sim160$ mm	$\approx-(140+0.85D)$		IT4～IT7	$+0.6\sqrt{D}$
	$D>160\sim500$ mm	$\approx-1.8D$		≥IT8	0
c	$D>0\sim40$ mm	$-52D^{0.2}$	m		$+(IT7-IT6)$
	$D>40\sim500$ mm	$-(95+0.8D)$	n		$+5D^{0.34}$
cd		$-\sqrt{c\cdot d}$	p		$+IT7+(0\sim5)$
d		$-16D^{0.44}$	r		$+\sqrt{p\cdot s}$
e		$-11D^{0.41}$	s	$D>0\sim50$ mm	$+IT8+(1\sim4)$
				$D>50\sim500$ mm	$+IT7+0.4D$
ef		$-\sqrt{e\cdot f}$	t	$D>24\sim500$ mm	$+IT7+0.63D$
f		$-5.5D^{0.41}$	u		$+IT7+D$
fg		$-\sqrt{f\cdot g}$	v	$D>14\sim500$ mm	$+IT7+1.25D$
g		$-2.5D^{0.34}$	x		$+IT7+1.6D$
			y	$D>18\sim500$ mm	$+IT7+2D$
h		0	z		$+IT7+2.5D$
			za		$+IT8+3.15D$
			zb		$+IT9+4D$
			zc		$+IT10+5D$
		js：$\pm\dfrac{IT}{2}$			

注：(1)式中 D 为基本尺寸的分段计算值，单位mm；(2)除j和js外，表中所列公式与公差等级无关

2. 孔的基本偏差的计算

孔的基本偏差按表 3－4 所列的轴的基本偏差值，通过一定规则换算得出。一般对同一字母的孔的基本偏差与轴的基本偏差相对于零线是完全对称的。即孔与轴的基本偏差对应（例如 A 对应 a）时，两者的基本偏差的绝对值相同，而符号相反，即：

$$EI = -es \quad 或 \quad ES = -ei$$

以上换算规则对于所有孔的基本偏差适用，称为通用规则。但对于以下特殊情况例外：

对于标准公差等级≤IT8 的 K，M，N 和≤IT7 的 P～ZC，孔的基本偏差 ES 与同一字母的轴的偏差 ei 的符号相反，而绝对值差一个 Δ 值。即：

$$ES = -ei + \Delta$$

式中：$\Delta = ITn - IT(n-1)$

依此换算得到的孔的基本偏差值列于表 3－5。

表 3 – 4　轴的基本偏差值/μm(摘自GB/T 1800.1—2009)

基本尺寸 /mm 大于	至	上偏差 es 所有标准公差等级 a	b	c	cd	d	e	ef	f	fg	g	h	js 偏差=±ITn/2,式中ITn是IT值数	基本 IT5和IT6 j	IT7 j	IT8 j	IT4至IT7
—	3	-270	-140	-60	-34	-20	-14	-10	-6	-4	-2	0		-2	-4	-6	0
3	6	-270	-140	-70	-46	-30	-20	-14	-10	-6	-4	0		-2	-4		+1
6	10	-280	-150	-80	-56	-40	-25	-18	-13	-8	-5	0		-2	-5		+1
10	14	-290	-150	-95		-50	-32		-16		-6	0		-3	-6		+1
14	18																
18	24	-300	-160	-110		-65	-40		-20		-7	0		-4	-8		+2
24	30																
30	40	-310	-170	-120		-80	-50		-25		-9	0		-5	-10		+2
40	50	-320	-180	-130													
50	65	-340	-190	-140		-100	-60		-30		-10	0		-7	-12		+2
65	80	-360	-200	-150													
80	100	-380	-220	-170		-120	-72		-36		-12	0		-9	-15		+3
100	120	-410	-240	-180													
120	140	-460	-260	-200		-145	-85		-43		-14	0		-11	-18		+3
140	160	-520	-280	-210													
160	180	-580	-310	-230													
180	200	-660	-340	-240		-170	-100		-50		-15	0		-13	-21		+4
200	225	-740	-380	-260													
225	250	-820	-420	-280													
250	280	-920	-480	-300		-190	-110		-56		-17	0		-16	-26		+4
280	315	-1050	-540	-330													
315	355	-1200	-600	-360		-210	-125		-62		-18	0		-18	-28		+4
355	400	-1350	-680	-400													
400	450	-1500	-760	-440		-230	-135		-68		-20	0		-20	-32		+5
450	500	-1650	-840	-480													

偏　差　数　值

	下　偏　差　ei													
≤IT3 >IT7	所　有　标　准　公　差　等　级													
k	m	n	p	r	s	t	u	v	x	y	z	za	zb	zc
0	+2	+4	+6	+10	+14		+18		+20		+26	+32	+40	+60
0	+4	+8	+12	+15	+19		+23		+28		+35	+42	+50	+80
0	+6	+10	+15	+19	+23		+28		+34		+42	+52	+67	+97
0	+7	+12	+18	+23	+28		+33		+40		+50	+64	+90	+130
							+39		+45		+60	+77	+108	+150
0	+8	+15	+22	+28	+35		+41	+47	+54	+63	+73	+98	+136	+188
						+41	+48	+55	+64	+75	+88	+118	+160	+218
0	+9	+17	+26	+34	+43	+48	+60	+68	+80	+94	+112	+148	+200	+274
						+54	+70	+81	+97	+114	+136	+180	+242	+325
0	+11	+20	+32	+41	+53	+66	+87	+102	+122	+144	+172	+226	+300	+405
				+43	+59	+75	+102	+120	+146	+174	+210	+274	+360	+480
0	+13	+23	+37	+51	+71	+91	+124	+146	+178	+214	+258	+335	+445	+585
				+54	+79	+104	+144	+172	+210	+254	+310	+400	+525	+690
0	+15	+27	+43	+63	+92	+122	+170	+202	+248	+300	+365	+470	+620	+800
				+65	+100	+134	+190	+228	+280	+340	+415	+535	+700	+900
				+68	+108	+146	+210	+252	+310	+380	+465	+600	+780	+1000
0	+17	+31	+50	+77	+122	+166	+236	+284	+350	+425	+520	+670	+880	+1150
				+80	+130	+180	+258	+310	+385	+470	+575	+740	+960	+1250
				+84	+140	+196	+284	+340	+425	+520	+640	+820	+1050	+1350
0	+20	+34	+56	+94	+158	+218	+315	+385	+475	+580	+710	+920	+1200	+1550
				+98	+170	+240	+350	+425	+525	+650	+790	+1000	+1300	+1700
0	+21	+37	+62	+108	+190	+268	+390	+475	+590	+730	+900	+1150	+1500	+1900
				+114	+208	+294	+435	+530	+660	+820	+1000	+1300	+1650	+2100
0	+23	+40	+68	+126	+232	+330	+490	+595	+740	+920	+1100	+1450	+1850	+2400
				+132	+252	+360	+540	+660	+820	+1000	+1250	+1600	+2100	+2600

注：①基本尺寸小于或等于1 mm时，基本偏差a和b均不采用。

②公差带js7至js11，若IT值数是奇数，则取偏差$=\pm\dfrac{ITn-1}{2}$。

表3-5 基本尺寸≤500 mm的孔基本偏差/μm(摘自GB/T 1800.1—2009)

基本偏差		下 偏 差 EI											JS	上 偏 差 ES								
		A[①]	B[①]	C	CD	D	E	EF	F	FG	G	H		J			K		M		N	
基本尺寸/mm		公 差 等 级																				
大于	至	所 有 等 级											偏差=±IT/2	6	7	8	≤8	>8	≤8	>8	≤8	>8
—	3	+270	+140	+60	+34	+20	+14	+10	+6	+4	+2	0		+2	+4	+6	0	0	-2	-2	-4	-4
3	6	+270	+140	+70	+46	+30	+20	+14	+10	+6	+4	0		+5	+6	+10	-1+Δ	—	-4+Δ	-4	-8+Δ	0
6	10	+280	+150	+80	+56	+40	+25	+18	+13	+8	+5	0		+5	+8	+12	-1+Δ	—	-6+Δ	-6	-10+Δ	0
10	14	+290	+150	+95	—	+50	+32	—	+16	—	+6	0		+6	+10	+15	-1+Δ	—	-7+Δ	-7	-12+Δ	0
14	18	+290	+150	+95	—	+50	+32	—	+16	—	+6	0		+6	+10	+15	-1+Δ	—	-7+Δ	-7	-12+Δ	0
18	24	+300	+160	+110	—	+65	+40	—	+20	—	+7	0		+8	+12	+20	-2+Δ	—	-8+Δ	-8	-15+Δ	0
24	30	+300	+160	+110	—	+65	+40	—	+20	—	+7	0		+8	+12	+20	-2+Δ	—	-8+Δ	-8	-15+Δ	0
30	40	+310	+170	+120	—	+80	+50	—	+25	—	+9	0		+10	+14	+24	-2+Δ	—	-9+Δ	-9	-17+Δ	0
40	50	+320	+180	+130	—	+80	+50	—	+25	—	+9	0		+10	+14	+24	-2+Δ	—	-9+Δ	-9	-17+Δ	0
50	65	+340	+190	+140	—	+100	+60	—	+30	—	+10	0		+13	+18	+28	-2+Δ	—	-11+Δ	-11	-20+Δ	0
65	80	+360	+200	+150	—	+100	+60	—	+30	—	+10	0		+13	+18	+28	-2+Δ	—	-11+Δ	-11	-20+Δ	0
80	100	+380	+220	+170	—	+120	+72	—	+36	—	+12	0		+16	+22	+34	-3+Δ	—	-13+Δ	-13	-23+Δ	0
100	120	+410	+240	+180	—	+120	+72	—	+36	—	+12	0		+16	+22	+34	-3+Δ	—	-13+Δ	-13	-23+Δ	0
120	140	+460	+260	+200	—	+145	+85	—	+43	—	+14	0		+18	+26	+41	-3+Δ	—	-15+Δ	-15	-27+Δ	0
140	160	+520	+280	+210	—	+145	+85	—	+43	—	+14	0		+18	+26	+41	-3+Δ	—	-15+Δ	-15	-27+Δ	0
160	180	+580	+310	+230	—	+145	+85	—	+43	—	+14	0		+18	+26	+41	-3+Δ	—	-15+Δ	-15	-27+Δ	0
180	200	+660	+340	+240	—	+170	+100	—	+50	—	+15	0		+22	+30	+47	-4+Δ	—	-17+Δ	-17	-31+Δ	0
200	225	+740	+380	+260	—	+170	+100	—	+50	—	+15	0		+22	+30	+47	-4+Δ	—	-17+Δ	-17	-31+Δ	0
225	250	+820	+420	+280	—	+170	+100	—	+50	—	+15	0		+22	+30	+47	-4+Δ	—	-17+Δ	-17	-31+Δ	0
250	280	+920	+480	+300	—	+190	+110	—	+56	—	+17	0		+25	+36	+55	-4+Δ	—	-20+Δ	-20	-34+Δ	0
280	315	+1050	+540	+330	—	+190	+110	—	+56	—	+17	0		+25	+36	+55	-4+Δ	—	-20+Δ	-20	-34+Δ	0
315	355	+1200	+600	+360	—	+210	+125	—	+62	—	+18	0		+29	+39	+60	-4+Δ	—	-21+Δ	-21	-37+Δ	0
355	400	+1350	+680	+400	—	+210	+125	—	+62	—	+18	0		+29	+39	+60	-4+Δ	—	-21+Δ	-21	-37+Δ	0
400	450	+1500	+760	+440	—	+230	+135	—	+68	—	+20	0		+33	+43	+66	-5+Δ	—	-23+Δ	-23	-40+Δ	0
450	500	+1650	+840	+480	—	+230	+135	—	+68	—	+20	0		+33	+43	+66	-5+Δ	—	-23+Δ	-23	-40+Δ	0

基本偏差		上 偏 差 ES													② Δ/μm					
	P到ZC	P	R	S	T	U	V	X	Y	Z	ZA	ZB	ZC						
基本尺寸/mm						公　差　等　级														
大于　至	≤7					>7级									3	4	5	6	7	8
— ~ 3	在>7级的相应数值上增加一个Δ值	-6	-10	-14	—	-18	—	-20	—	-26	-32	-40	-60		0				
3 ~ 6		-12	-15	-19	—	-23	—	-28	—	-35	-42	-50	-80	1	1.5	1	3	4	6
6 ~ 10		-15	-19	-23	—	-28	—	-34	—	-42	-52	-67	-97	1	1.5	2	3	6	7
10 ~ 14		-18	-23	-28	—	-33	—	-40	—	-50	-64	-90	-130	1	2	3	3	7	9
14 ~ 18		-18	-23	-28	—	-33	-39	-45	—	-60	-77	-108	-150						
18 ~ 24		-22	-28	-35	—	-41	-47	-54	-63	-73	-98	-136	-188	1.5	2	3	4	8	12
24 ~ 30		-22	-28	-35	-41	-48	-55	-64	-75	-88	-118	-160	-218						
30 ~ 40		-26	-34	-43	-48	-60	-68	-80	-94	-112	-148	-200	-274	1.5	3	4	5	9	14
40 ~ 50		-26	-34	-43	-54	-70	-81	-97	-114	-136	-180	-242	-325						
50 ~ 65		-32	-41	-53	-66	-87	-102	-122	-144	-172	-226	-300	-405	2	3	5	6	11	16
65 ~ 80		-32	-43	-59	-75	-102	-120	-146	-174	-210	-274	-360	-480						
80 ~ 100		-37	-51	-71	-91	-124	-146	-178	-214	-258	-335	-445	-585	2	4	5	7	13	19
100 ~ 120		-37	-54	-79	-104	-144	-172	-210	-254	-310	-400	-525	-690						
120 ~ 140		-43	-63	-92	-122	-170	-202	-248	-300	-365	-470	-620	-800	3	4	6	7	15	23
140 ~ 160		-43	-65	-100	-134	-190	-228	-280	-340	-415	-535	-700	-900						
160 ~ 180		-43	-68	-108	-146	-210	-252	-310	-380	-465	-600	-780	-1000						
180 ~ 200		-50	-77	-122	-166	-236	-284	-350	-425	-520	-670	-880	-1150	3	4	6	9	17	26
200 ~ 225		-50	-80	-130	-180	-258	-310	-385	-470	-575	-740	-960	-1250						
225 ~ 250		-50	-84	-140	-196	-284	-340	-425	-520	-640	-820	-1050	-1350						
250 ~ 280		-56	-94	-158	-218	-315	-385	-475	-580	-710	-920	-1200	-1550	4	4	7	9	20	29
280 ~ 315		-56	-98	-170	-240	-350	-425	-525	-650	-790	-1000	-1300	-1700						
315 ~ 355		-62	-108	-190	-268	-390	-475	-590	-730	-900	-1150	-1500	-1900	4	5	7	11	21	32
355 ~ 400		-62	-114	-208	-294	-435	-530	-660	-820	-1000	-1300	-1650	-2100						
400 ~ 450		-68	-126	-232	-330	-490	-595	-740	-920	-1100	-1450	-1850	-2400	5	5	7	13	23	34
450 ~ 500		-68	-132	-252	-360	-540	-660	-820	-1000	-1250	-1600	-2100	-2600						

注：①1 mm以下，各级的A和B及大于8级的N均不采用；

②标准公差≤IT8级的K，M，N及≤IT7的P到ZC从续表的右侧选取Δ值；

例：大于18~30 mm的P7，Δ=8，因此ES=-14

3. 孔、轴另一偏差的计算

孔、轴另一偏差的计算，根据孔、轴的基本偏差和选用的标准公差进行。

对于孔：A 至 H 为 ES = EI + IT

J 至 ZC 为 EI = ES − IT

对于轴：a 至 h 为 ei = es − IT

i 至 zc 为 es = ei + IT

例 3 − 3　查表确定 $\phi30H8/f7$ 和 $\phi30F8/h7$ 配合中孔、轴的极限偏差，计算两对配合的极限间隙。

解：(1)查表确定 $\phi30H8/f7$ 配合中孔与配的极限偏差，基本尺寸 $\phi30$ 属于大于 18 ~ 30 mm 尺寸段，由表 3 − 2 得 IT7 = 21 μm，IT8 = 33 μm。

对于基准孔 H8 的 EI = 0，其 ES 为：

$$ES = EI + IT8 = +33 \text{ μm}$$

对于轴 f7，由表 3 − 4 得 es = − 20 μm，其 ei 为：

$$ei = es − IT7 = −20 − 21 = −41 \text{ μm}$$

由此：

$$\phi30H8 = \phi30^{+0.033}_{0},$$

$$\phi30f7 = \phi30^{-0.020}_{-0.041}。$$

(2)查表确定 $\phi30F8/h7$ 配合中孔与轴的极限偏差，同理可得：

$$\phi30F8 = \phi30^{+0.053}_{+0.020},$$

$$\phi30h7 = \phi30^{0}_{-0.021}。$$

(3)计算极限间隙：

对于 $\phi30H8/f7$：

$$X_{\max} = ES − ei = +33 − (−41) = +74 \text{ μm}$$

$$X_{\min} = EI − es = 0 − (−20) = +20 \text{ μm}$$

对于 $\phi30F8/h7$：

$$X'_{\max} = ES − ei = +53 − (−21) = +74 \text{ μm}$$

$$X'_{\min} = EI − es = +20 − 0 = +20 \text{ μm}$$

由本例可知：同一基本尺寸时，H8/f7 和 F8/h7 具有相同的配合性质，即配合制的选择与配合性质无关。

3.5　公差带与配合的优化

基本尺寸确定以后，由任一公差等级和任一种基本偏差都可组成公差带。可以计算，这样可组成 544 种轴公差带和 543 种孔公差带。这些孔、轴公差带组成的配合公差带的数量更大。如果这些孔、轴公差带和配合都投入使用，将造成公差表格庞大、定值刀具、量具的规格众多，这不仅不利于极限与配合的标准化，而且将给生产管理带来不便。因此，国家标准对尺寸 500 mm 以下的孔、轴公差带和基孔制、基轴制配合提供了一般、常用和优先采用的方案。

表 3 – 6 所列轴的一般公差带 119 种，常用公差带（方框内）59 种，优先公差带（带△号）13 种。

表 3 – 6　轴的一般、常用和优先公差带（摘自 GB/T 1801—2009）

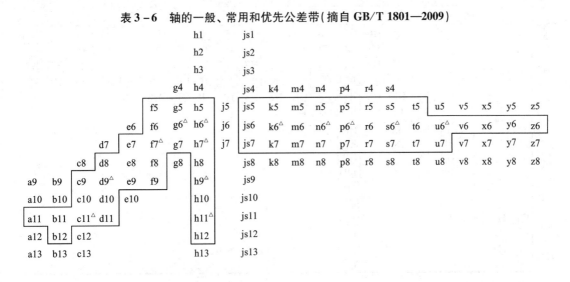

表 3 – 7 所列孔的一般公差带 105 种，常用公差带（方框内）44 种，优先公差带（带△号）13 种。

表 3 – 7　孔的一般、常用和优先公差带（摘自 GB/T 1801—2009）

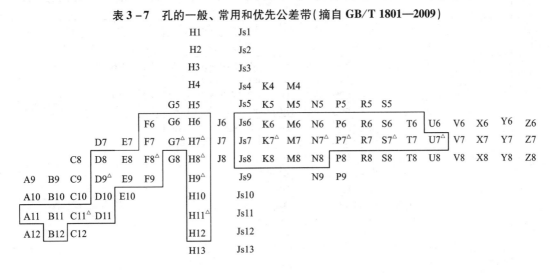

表 3 – 8 和表 3 – 9 所列基孔制和基轴制的常用配合分别有 59 种和 47 种，优先配合（方框内）各 12 种。

表 3-8　基孔制常用、优先配合(摘自 GB/T 1801—2009)

基准孔	轴																				
	a	b	c	d	e	f	g	h	js	k	m	n	p	r	s	t	u	v	x	y	z
	间 隙 配 合								过 渡 配 合				过 盈 配 合								
H6						H6/f5	H6/g5	H6/h5	H6/js5	H6/k5	H6/m5	H6/n5	H6/p5	H6/r5	H6/s5	H6/t5					
H7						H7/f6	**H7/g6**	**H7/h6**	H7/js6	**H7/k6**	H7/m6	**H7/n6**	**H7/p6**	H7/r6	**H7/s6**	H7/t6	**H7/u6**	H7/v6	H7/x6	H7/y6	H7/z6
H8					H8/e7	**H8/f7**	H8/g7	**H8/h7**	H8/js7	H8/k7	H8/m7	H8/n7	H8/p7	H8/r7	H8/s7	H8/t7	H8/u7				
				H8/d8	H8/e8	H8/f8		H8/h8													
H9			H9/c9	**H9/d9**	H9/e9	H9/f9		**H9/h9**													
H10			H10/c10	H10/d10				H10/h10													
H11	H11/a11	H11/b11	**H11/c11**	H11/d11				H11/h11													
H12		H12/b12						H12/h12													

注：带方框者为优先配合

表 3-9　基轴制常用、优先配合(摘自 GB/T 1801—2009)

基准轴	孔																
	A	B	C	D	E	F	G	H	Js	K	M	N	P	R	S	T	U
	间 隙 配 合								过 渡 配 合				过 盈 配 合				
h5						F6/h5	G6/h5	H6/h5	Js6/h5	K6/h5	M6/h5	N6/h5	P6/h5	R6/h5	S6/h5	T6/h5	
h6						F7/h6	**G7/h6**	**H7/h6**	Js7/h6	**K7/h6**	M7/h6	**N7/h6**	**P7/h6**	R7/h6	**S7/h6**	T7/h6	**U7/h6**
h7					E8/h7	**F8/h7**		**H8/h7**	Js8/h7	K8/h7	M8/h7	N8/h7					
h8				D8/h8	E8/h8	F8/h8		H8/h8									
h9				**D9/h9**	E9/h9	F9/h9		**H9/h9**									
h10				D10/h10				H10/h10									
h11	A11/h11	B11/h11	**C11/h11**	D11/h11				H11/h11									
h12		B12/h12						H12/h12									

注：带方框者为优先配合

　　机械设计时，应首先采用优先配合，不能满足要求时，再从常用配合中选取。还可依次从优先、常用和一般用途的公差带中，选择孔、轴公差带组成要求的配合。

　　标注说明：例 3-3 中，φ30H8/f7 的配合，H8/f7 为 φ30 孔、轴的配合代号；H8 为 φ30

孔的公差代号，f7 为 φ30 轴的公差代号；零件图通常只标注基本尺寸的上下偏差，而不标注公差代号，以方便工人使用；装配图通常只标注配合代号，无须加注上下偏差，以方便技术人员使用；与标准件配合时，配合代号一般不含标准件的公差代号。

3.6　圆柱结合的精度设计

圆柱结合的精度设计实际上就是圆柱结合的公差与配合的选用，它是机械设计与制造中至关重要的一环，公差与配合的选用是否恰当，对机械的使用性能和制造成本有着很大的影响。包括配合制、标准公差等级和基本偏差的选用或计算。

3.6.1　配合制的选用

基孔制和基轴制是两种平行的配合制度，基孔制配合能满足要求的，用同一偏差代号按基轴制形成的配合，也能满足使用要求。如 H7/k6 与 K7/h6 的配合性质基本相同，称为"同名配合"。所以，配合制的选择与功能要求无关，主要考虑加工的经济性和结构的合理性，一般应遵循下列原则：

（1）优先选用基孔制配合：从制造加工方面考虑，两种基准制适用的场合不同；从加工工艺的角度来看，对应用最广泛的中小直径尺寸的孔，通常采用定尺寸刀具（如钻头、铰刀、拉刀等）加工和定尺寸量具（如塞规、心轴等）检验。而一种规格的定尺寸刀具和量具，只能满足一种孔公差带的需要。对于轴的加工和检验，一般通用的外尺寸量具，也能方便地对多种轴的公差带进行检验。因此，改变轴的极限尺寸在工艺上所产生的困难和增加的费用，同改变孔的极限尺寸相比要小得多。优先采用基孔制配合，可以减少定值刀具和定值量具的规格和数量，可以获得较好的经济效益。由此可见，对于中小尺寸的配合，应尽量采用基孔制配合。

（2）与标准件配合时应以标准件作为基准件。例如，滚动轴承内圈与轴的配合应采用基孔制配合，滚动轴承外圈与外壳孔的配合应采用基轴制配合。如图 3－9 所示，轴颈应按 φ40k6 制造，外壳孔应按 φ90J7 制造。

（3）下列情况下应选用基轴制配合：

①同一轴与基本尺寸相同的几个孔相配合，且配合性质不同的情况下，应考虑用基轴制配合。如图 3－10（a）所示全浮式活塞销与活塞、连杆小头的配合，活塞销与连杆小头孔需有相对运动，应采用间隙配合；活塞销与活塞两孔无相对运动，宜采用较紧的过渡配合。如设计为采用

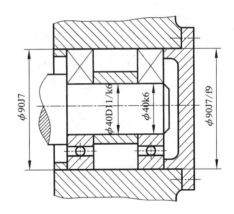

图 3－9　轴、壳体孔与滚动轴承的配合

基孔制配合［如图 3－10（b）］，则结构上，活塞销呈哑铃状，两轴端需做出中心孔；在外圆磨床上进行磨削加工时要采用鸡心夹，一端外圆需调头加工，中间部位需采用定宽砂轮；装配时，活塞销还会挤伤连杆小头孔表面。而设计为采用基轴制配合［如图 3－10（c）］，则活塞销为无中心孔的光轴，可方便地用无心磨床进行加工。

②加工尺寸小于 1 mm 的精密轴比加工同级孔的工艺性差，因此小尺寸配合采用基轴制较经济。

③精度要求不高的配合，常用冷拉钢材直接做轴，采用基轴制配合可避免冷拉钢材的尺寸规格过多，节省加工费用。

④其他特殊要求的场合。

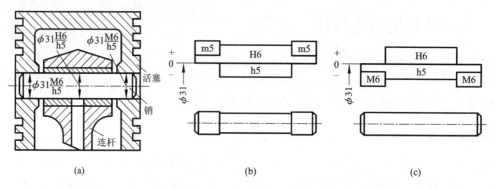

图 3 – 10　基轴制配合的应用示例

（4）非基准制的应用。

在实际生产中，由于结构或某些特殊的需要，允许采用非配合制配合。即非基准孔和非基准轴配合，如：当机构中出现一个非基准孔（轴）和两个以上的轴（孔）配合时，其中肯定会有一个非配合制配合。如图 3 – 11 所示，箱体孔与滚动轴承和轴承端盖的配合。由于滚动轴承是标准件，它与箱体孔的配合选用基轴制配合，箱体孔的公差带代号为 J7，箱体孔与端盖止口位的配合可选低精度的间隙配合 J7/f9，既便于拆卸又能保证轴承的轴向定位，还有利于降低成本。

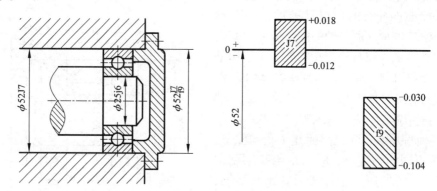

图 3 – 11　非基准制的应用

相对成本、废品率
与公差的关系

3.6.2　标准公差等级的选用

公差等级的高低直接影响产品使用性能和制造成本。公差等级太低，产品质量得不到保证；公差等级过高，又增加制造成本。因此，选择标准公差等级的原则是：在保证满足使用要求的前提下，考虑工艺的可能性，尽可能采用精度较低的公差等级。表 3 – 10 为 20 个公差等级的应用范围，表 3 – 11 为各种加工方法可能达到的公差等级范围，可供选择时参考。具体地：

表 3–10　标准公差等级的应用范围

应　用	公　差　等　级　(IT)																		
	01	0	1	2	3	4	5	6	7	8	9	10	11	12	13	14	15	16	17	18
块　规	━	━	━																	
量　规			━	━	━	━	━	━	━											
配合尺寸							━	━	━	━	━	━	━	━						
特别精密零件的配合				━	━	━	━													
非配合尺寸(大制造公差)														━	━	━	━	━	━	━
原材料公差										━	━	━	━	━	━	━				

表 3–11　各种加工方法可能达到的标准公差等级范围

加　工　方　法	公　差　等　级　(IT)																
	01	0	1	2	3	4	5	6	7	8	9	10	11	12	13	14	15	16
研　磨	━	━	━	━	━	━	━											
珩　磨						━	━	━	━									
圆　磨							━	━	━	━								
平　磨							━	━	━	━								
金刚石车							━	━	━									
金刚石镗							━	━	━									
拉　削							━	━	━	━								
铰　孔								━	━	━	━							
车									━	━	━	━	━					
镗									━	━	━	━	━					
铣										━	━	━	━					
刨、插												━	━					
钻　孔												━	━	━				
滚压、挤压												━	━					
冲　压												━	━	━	━	━		
压　铸													━	━	━	━		
粉末冶金成型								━	━	━								
粉末冶金烧结									━	━	━							
砂型铸造、气割															━	━	━	
锻　造														━	━	━	━	━

（1）相配合的孔和轴的公差等级应符合工艺等价原则。所谓工艺等价原则是指使相配合的孔和轴加工难易程度相当。一般而言，对精度要求较高的中小尺寸，孔比轴难加工，取孔比轴低一级精度；对精度要求较低和大尺寸，孔、轴加工难度相当，取同一级精度；对小尺寸，轴比孔难加工，可取轴比孔低一级。具体地，对于基本尺寸≤500 mm 的，当公差等级在 IT8 以上时，标准推荐孔比轴低一级，如 H8/m7，K7/h6；当公差等级在 IT8 以下时，标准推

荐孔与轴同级，如 H9/h9，D9/h9；IT8 属于临界值，IT8 级的孔可与同级的轴配合，也可以与高一级的轴配合，如 H8/f8，H8/k7。对于基本尺寸 >500 mm 的，一般采用孔、轴同级配合。

（2）与相配合的零件精度相适应。与齿轮孔配合的轴的公差等级要与齿轮精度相适应；与滚动轴承配合的轴、壳体孔的公差等级要与滚动轴承的精度相适应。

（3）与配合性质相适应。孔和轴的公差的大小影响间隙或过盈的变动量，所以配合要求包含有公差要求。过渡配合或过盈配合、较紧的间隙配合，一般要求间隙或过盈的变动量较小，因此应选较高的公差等级。一般孔的公差等级应不低于 IT8 级，轴的不低于 IT7 级。这是因为公差等级过低，使过盈配合的最大过盈过大，材料容易受到损坏；使过渡配合不能保证相配的孔、轴既装卸方便又能实现定心的要求；使间隙配合产生较大的间隙，不能满足较紧配合的要求。

大间隙配合对间隙变动要求不高，可选较低公差等级。

（4）在非配合制的配合中，当配合精度要求不高，为降低成本，允许相配合零件的公差等级相差 2~3 级，如图 3-11 所示的箱体孔与轴承端盖的配合。

3.6.3　基本偏差的选择

配合性质的一致性（即配合和精度）由配合的孔、轴公差带大小即配合公差的大小决定；配合松紧程度则由配合的孔、轴公差带位置即基本偏差决定。公差带的大小前面在公差等级的选择中已提到，这里讨论基本偏差的选择与计算。选择基本偏差的方法有计算法、试验法和类比法三种。

1. 计算法

（1）过盈配合的设计计算。

过盈配合的孔比轴小，将轴装入孔后，由于材料的弹性变形或弹—塑性变形，在配合面产生压力。工作时，由于这种压力而产生的配合件间的摩擦力可以传递一定的轴向力、扭矩或两者的复合载荷，因此广泛地应用于机械的固定连接。这种过盈连接不需要任何紧固件，且配合的定心性能好，承载能力强，承受交变载荷和冲击的性能也好，但配合精度要求较高，装配不便。

过盈配合传递力或扭矩的大小，取决于配合面间的摩擦力，即与零件变形情况相关，过盈量的大小是决定零件变形量的关键因素。因此，过盈配合的设计主要是计算合理的过盈量。过盈量太小，不足以传递必要的力和扭矩，过盈量太大，除装配更加困难外，可能使零件产生塑性变形甚至发生破坏。过盈配合的计算，一是计算承受和传递外载所必需的最小允许过盈量 δ_{min}，即结合强度计算。二是计算最大允许过盈量 δ_{max}，即零件强度计算。在此过盈量下，配合材料不发生塑性变形。

对于弹性范围的过盈配合，其计算方法较成熟并编入了国家标准，对于弹—塑性变形的过盈配合，国内外尚未形成完整和公认的体系，不能成熟地用于生产。具体方法可参阅《公差与配合过盈配合的计算和选用》（GB 5371—1985）。

（2）间隙配合的设计计算。

间隙配合要求孔、轴之间有间隙存在。工程上应用最广泛的间隙配合是圆柱表面单油楔液体摩擦径向滑动轴承。设计间隙配合关键在于正确计算和选择间隙。这种间隙，必须保证轴承工作时保持给定的润滑状态（液体摩擦），能补偿工件的受力变形与热变形，补偿表面的工艺误差(形位误差、坡度、表面粗糙度),保证结合的可靠性。具体方法可参阅机械设计方面的书籍。

2. 试验法

对机器影响很大又特别重要的配合,通过实验得出最大间隙或过盈。试验法的结果比较准确、可靠。但试验工作量大,费用较高,时间周期长。

3. 类比法

类比法是目前广泛采用的方法,它是将同类型机器或机构中,经过生产实践验证的已用配合的实例,再考虑所设计机器的使用情况,进行分析比较确定所需配合的方法。应用类比法选择时,要考虑以下因素:

(1)配合件的工作情况。

选择配合的类型时,应考虑配合件间有无相对运动、定心精度高低、配合件受力情况、装配情况等。配合类型的选择可依据下表 3 – 12 来对比选择。表 3 – 13 是各种基本偏差的应用情况。

表 3 – 12　配合的应用

无相对运动	要传递力矩	要精确同轴	永久结合	过盈配合
			可拆结合	过渡配合或偏差代号为H(h)的间隙配合加紧固件
		不要精确同轴		间隙配合加紧固件
	不需要传递力矩			过渡配合或轻的过盈配合
有相对运动	只有移动			基本偏差为H(h),G(g)等间隙配合
	转动或移动复合运动			基本偏差A~F(a~f)等间隙配合

表 3 – 13　轴的基本偏差选用说明

配合	基本偏差	特　性　及　应　用
间隙配合	a, b	可得到特别大的间隙,应用很少
	c	可得到很大的间隙,一般适用于缓慢、松弛的动配合。用于工作条件较差(如农业机械),受力变形,或为了便于装配,而必须保证有较大的间隙时,推荐配合为H11/c11。其较高等级的 H8/c7 配合,适用于轴在高温工作的紧密配合,例如内燃机排气阀和导管
	d	一般用于 IT7 ~ IT11 级,适用于松的转动配合,如密封盖、滑轮、空转皮带轮等与轴的配合。也适用于对大直径滑动轴承配合,如透平机、球磨机、轧滚成型和重型弯曲机以及其他重型机构中的一些滑动轴承
	e	多用于 IT7 ~ IT9 级,通常用于要求有明显间隙,易于转动的轴承配合,如大跨距轴承、多支点轴承等配合。高等级的e轴适用于大的、高速、重载支承,如涡轮发电机、大型电动机及内燃机主要轴承、凸轮轴轴承等配合
	f	多用于 IT6 ~ IT8 级的一般转动配合。当温度影响不大时,被广泛用于普通润滑油(或润滑脂)润滑的支承,如齿轮箱、小电动机、泵等的转轴与滑动轴承的配合

配合	基本偏差	特 性 及 应 用
间隙配合	g	配合间隙很小，制造成本高，除很轻负荷的精密装置外，不推荐用于转动配合。多用于 IT5～IT7 级，最合适不回转的精密滑动配合，也用于插销等定位配合，如精密连杆轴承、活塞及滑阀、连杆销等
	h	多用于 IT4～IT11 级。广泛用于无相对转动的零件，作为一般的定位配合。若没有温度、变形影响，也用于精密滑动配合
过渡配合	js	偏差完全对称(±IT/2)，平均间隙较小的配合，多用于 IT4～IT7 级，要求间隙比 h 轴小，并允许略有过盈的定位配合。如联轴节、齿圈与钢制轮毂，可用木锤装配
	k	平均间隙接近于零的配合，适用于 IT4～IT7 级，推荐用于稍有过盈的定位配合，例如为了消除振动用的定位配合，一般用木锤装配
	m	平均过盈较小的配合，适用于 IT4～IT7 级，一般可用木锤装配，但在最大过盈时，要求相当的压入力
	n	平均过盈比 m 轴稍大，很少得到间隙，适用于 IT4～IT7 级，用锤或压入机装配，通常推荐用于紧密的组件配合。H6/n5 配合时为过盈配合
过盈配合	p	与 H6 或 H7 孔配合时是过盈配合，与 H8 孔配合时则为过渡配合。对非铁类零件，为较轻的压入配合，当需要时易于拆卸。对钢、铸铁或铜、钢组件装配是标准压入配合
	r	对铁类零件为中等打入配合，对非铁类零件，为轻打入的配合，当需要时可以拆卸。与 H8 孔配合，直径在 100 mm 以上时为过盈配合，直径小时为过渡配合
	s	用于钢和铁制零件的永久性和半永久性装配，可产生相当大的结合力。当用弹性材料，如轻合金时，配合性质与铁类零件的 p 轴相当。例如套环压装在轴上、阀座等的配合，尺寸较大时，为了避免损伤配合表面，需用热胀或冷缩法装配
	t	过盈较大的配合。对钢和铸铁零件适用于作永久性结合，不用键可传递力矩，需用热胀或冷缩法装配。例如联轴节与轴的配合
	u	这种配合过盈大，一般应验算在最大过盈时，工件材料是否损坏，要用热胀或冷缩法装配。例如火车轮毂和轴的配合
	v,x,y,z	这些基本偏差所组成配合的过盈量更大，目前使用的经验和资料还很少，须经试验后才应用，一般不推荐

表 3 – 14 优先配合选用说明

优先配合	说 明
$\dfrac{H11}{c11}$, $\dfrac{C11}{h11}$	间隙极大。用于转速很高，轴、孔温差很大的滑动轴承；要求大公差、大间隙的外露部分；要求装配极方便的配合
$\dfrac{H9}{d9}$, $\dfrac{D9}{h9}$	间隙很大。用于转速较高、轴颈压力较大、精度要求不高的滑动轴承
$\dfrac{H8}{f7}$, $\dfrac{F8}{h7}$	间隙不大。用于中等转速、中等轴颈压力、有一定精度要求的一般滑动轴承；要求装配方便的中等定位精度的配合
$\dfrac{H7}{g6}$, $\dfrac{G7}{h6}$	间隙很小。用于低速转动或轴向移动的精密定位的配合；需要精确定位又经常装拆的不动配合
$\dfrac{H7}{h6}$, $\dfrac{H8}{h7}$, $\dfrac{H9}{h9}$, $\dfrac{H11}{h11}$	最小间隙为零。用于间隙定位配合，工作时一般无相对运动；也用于高精度低速轴向移动的配合。公差等级由定位精度决定

优 先 配 合	说　　　明
$\dfrac{H7}{k6}$, $\dfrac{K7}{h6}$	平均间隙接近于零。用于要求装拆的精密定位的配合
$\dfrac{H7}{n6}$, $\dfrac{N7}{h6}$	较紧的过渡配合。用于一般不拆卸的更精密定位的配合
$\dfrac{H7}{p6}$, $\dfrac{P7}{h6}$	过盈很小。用于要求定位精度高、配合刚性好的配合；不能只靠过盈传递载荷
$\dfrac{H7}{s6}$, $\dfrac{S7}{h6}$	过盈适中。用于靠过盈传递中等载荷的配合
$\dfrac{H7}{u6}$, $\dfrac{U6}{h6}$	过盈较大。用于靠过盈传递较大载荷的配合。装配时需加热孔或冷却轴

（2）各种基本偏差形成配合的特点。

间隙配合有 A ~ H(a ~ h)共 11 种，其特点是利用间隙贮存润滑油及补偿温度变形、安装误差、弹性变形等所引起的误差。生产中应用广泛，不仅用于运动配合，加紧固件后也可用于传递力矩。不同基本偏差代号与基准孔（或基准轴）分别形成不同间隙的配合。主要依据变形、误差需要补偿间隙的大小、相对运动速度、是否要求定心或拆卸来选定。

过渡配合有 JS ~ N(js ~ n)4 种基本偏差，其主要特点是定心精度高且可拆卸。也可加键、销紧固件后用于传递力矩，主要根据机构受力情况、定心精度和要求装拆次数来考虑基本偏差的选择。定心要求高、受冲击负荷、不常拆卸的，可选较紧的基本偏差，如 N（n），反之应选较松的配合，如 K（k）或 JS（js）。

过盈配合有 P ~ ZC（p ~ zc）13 种基本偏差，其特点是由于有过盈，装配后孔的尺寸被胀大而轴的尺寸被压小，产生弹性变形，在结合面上产生一定的正压力和摩擦力，用以传递力矩和紧固零件。选择过盈配合时，如不加键、销等紧固件，则最小过盈应能保证传递所需的力矩，最大过盈应不使材料破坏，故配合公差不能太大，所以公差等级一般为 IT5 ~ IT7。基本偏差根据最小过盈量及结合件的标准来选取。表 3 – 14 说明了基孔制和基轴制优先配合的使用情况，供参考。

（3）配合件的生产情况。

按大批量生产时，加工后所得的尺寸通常呈正态分布；而单件小批量生产时，加工所得的孔的尺寸多偏向最小极限尺寸，轴的尺寸多偏向最大极限尺寸，即呈偏态分布。所以，对于同一使用要求，单件小批量生产时采用的配合应比大批量生产时要松一些。如大批量生产时的 $\phi50H7/js6$ 的要求，在单件小批量生产时应选择 $\phi50H7/h6$。同样，受其他工作条件的影响，配合的间隙或过盈也应随之变化。

在选择配合时必须结合实际工作情况，对类比配合进行适当修正，以更好地满足设计和使用要求。表 3 – 15 列举了间隙或过盈的修正原则。

表 3-15 按具体情况考虑间隙或过盈的修正

具体工作情况	间隙应增或减	过盈应增或减
材料许用应力小	—	减
经常拆卸	—	减
有冲击负荷	减	增
工作时孔的温度高于轴的温度	减	增
工作时孔的温度低于轴的温度	增	减
配合长度较大	增	减
零件形状误差较大	增	减
装配中可能歪斜	增	减
转速高	增	增
有轴向运动	增	—
润滑油黏度大	增	—
表面粗糙度值大	减	增
装配精度高	减	减

3.7 线性尺寸的未注公差

线性尺寸的未注公差(一般公差)是指在普通工艺条件下,机床设备一般加工能力即可达到的公差。它主要用于精度较低的非配合尺寸和功能上允许公差等于或大于一般公差的尺寸。按 GB/T 1804—2000 规定,采用一般公差的线性尺寸后不单独注出极限偏差,但当要素的功能要求比一般公差更小的公差或允许更大的公差,而该公差更为经济时,应在尺寸后直接注出极限偏差。

工程实际中,对于线性尺寸的未注公差,一般按入体原则取 IT11 或 IT13,即对于孔,取 H11 或 H13;对于轴,取 h11 或 h13。行业不同,所取的精度等级不同。

练 习 题

3-1 有一基轴制配合,孔、轴的基本尺寸为 50 mm,最大间隙为 $X_{max} = 0.023$ mm,最大过盈 $Y_{max} = -0.018$ mm,轴公差 $T_s = 0.016$ mm,试计算孔的上、下偏差 ES、EI,轴的上、下偏差 es、ei;计算配合公差 T_f 并指出配合性质;画出孔、轴公差带图。

3-2 有一基孔制配合,已知其基本尺寸为 30 mm,最大间隙为 $X_{max} = 0.041$ mm,最小间隙 $X_{min} = 0.007$ mm,轴公差 $T_s = 0.013$ mm,试计算孔的上、下偏差 ES、EI,轴的上、下偏差 es、ei,配合公差 T_f;画出孔、轴公差带图。

3-3 绘出孔 $\phi 35^{+0.007}_{-0.018}$、轴 $\phi 35^{0}_{-0.016}$ 这对孔、轴配合的公差带图,指出配合性质并计算出它们的极限间隙(X_{max},X_{min})或极限过盈(Y_{max},Y_{min})。

3-4 有一孔、轴配合的基本尺寸为 $\phi 30$ mm,要求配合间隙在 +0.020 ~ +0.055 mm 之

间，试确定孔和轴的精度等级和配合
种类。

3 – 5　图 3 – 12 是卧式车床主轴箱
中 I 轴的局部结构示意图，轴上装有同一
基本尺寸的滚动轴承内圈、挡圈和齿轮。
根据标准件滚动轴承要求，轴的公差带确
定为 φ30k6。分析挡圈孔和轴配合的合
理性。

3 – 6　图 3 – 13 为一齿轮减速器局
部装配图，图中①处轴承内圈与轴颈的
配合为 φ50j6；②处齿轮与轴头的配合为
φ54H7/g6；③处箱体孔与轴承外圈的配

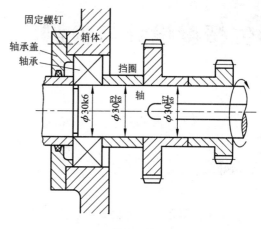

图 3 – 12

合为 φ110J7，则该处箱体孔与轴承盖的配合应是方案_____（从图 3 – 13 中选择）。

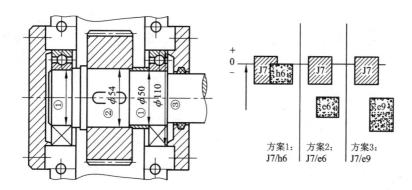

图 3 – 13

第4章 形位精度设计与检测

【概述】

◎目的：了解形位公差的意义、基本内容及形位误差的检测，具备形位精度设计的基础理论知识。

◎要求：①了解形位公差的特征；②了解形位公差的基本原则；③了解形位公差的选用及标注方法；④了解形位公差的检测原则。

◎重点：形位公差的定义、特点和标注方法。

◎难点：公差带的理解及公差原则。

4.1 概述

在加工过程中，由于机床—夹具—刀具系统中几何误差的存在，以及受力变形、热变形、振动和磨损的综合影响，被加工零件的几何要素不可避免地会产生误差。除了前述的尺寸误差，完工零件各几何要素的误差还包括形状误差、波度、表面粗糙度（参见第5章图5-1）和位置误差。形状和位置误差（以下简称形位误差）对机器、仪器零件的使用功能有很大的影响，主要表现在以下三个方面：第一，工作精度。例如，导轨的直线度误差会影响运动部件的运动精度；角尺的垂直度误差会影响测量精度；轴颈和轴承的圆度误差会降低轴的旋转精度；齿轮副轴线的平行度误差会降低轮齿的接触精度；凸轮的廓形误差会影响其工作精度；冲模、锻模工作表面的形状误差会影响被加工零件的几何形状精度。第二，工作寿命。例如，圆柱表面的形状误差在间隙配合中会使间隙大小分布不均，加快局部磨损，以致降低零件的使用寿命；摩擦片的平面度误差会降低其工作的可靠性和工作寿命；连杆大、小头孔轴线的平行度误差会加速活塞环的磨损。第三，可装配性。例如，连接件法兰的螺栓孔位置误差会影响可装配性。此外，零件的形位误差对机器、仪器的连接强度、接触刚度、运动平稳性以及噪声等都有直接的影响，而对高速、重载、高温、高压等条件下工作的机器或精密机械仪器的影响则更为突出。为满足零件装配后的使用要求，保证零件的互换性和制造的经济性，设计时应对零件的形位误差给以必要而合理的限制，即对零件规定形位公差。

4.2 基本概念和术语

1. 要素（feature）

要素亦称作形体，即构成零件几何特征的点、线、面，它是考虑对零件规定形位公差的具体对象，如：①平面；②圆柱面；③球面；④二平行平面；⑤圆锥面；⑥轴线；⑦球心等（见图4-1）。

要素可根据不同的特征进行分类。

（1）按存在的状态可分为理想要素和实际要素。

理想要素是具有几何学意义的要素，其特征是不存在误差。图样上组成零件图形的点、线、面都是理想要素，是评定实际要素形位误差的依据。

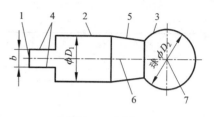

图4-1 要素

实际要素是零件上实际存在的要素，其特征是在加工过程中形成的，有误差，通常以测得要素来代替。由于测量误差的影响，测得要素并非实际要素的真实状况。

（2）按几何特征可分为轮廓要素和中心要素。

轮廓要素是指构成零件外形的点、线、面，是看得见、摸得着的具体要素。

中心要素是指构成零件轮廓对称中心的点、线、面，如轴线、中心线、中心平面等，是假想存在的抽象要素，它伴随着轮廓要素的存在而存在。

（3）按位置关系可分为单一要素和关联要素。

单一要素是指仅对其本身给出了形状公差要求的要素，是规定形状公差的具体对象。

关联要素是指对其他要素有位置要求的要素，是规定位置公差的具体对象。

（4）按所处地位可分为被测要素和基准要素。

被测要素是指在图样上给出了形状或（和）位置公差的要求，从而成为检测对象的要素。单一要素和关联要素都是被测要素。

基准要素是指用来确定被测要素方向或（和）位置的要素。理想的基准要素简称基准。

2. 形状公差（form tolerance）

指单一实际要素的形状所允许的变动全量。根据零件不同的几何特征，形状公差可分为六项，其特征项目及符号如表4-1所示。

表4-1 形位公差的特征项目及符号（摘自 GB/T 1182—2008）

公差类型		特征项目	符号	有无基准
形状公差		直线度	—	无
		平面度	▱	无
		圆度	○	无
		圆柱度	⌭	无
		线轮廓度	⌒	无
		面轮廓度	⌓	无
位置公差	定向公差	平行度	∥	有
		垂直度	⊥	有
		倾斜度	∠	有
		线轮廓度	⌒	有
		面轮廓度	⌓	有

公差类型		特征项目	符号	有无基准
位置公差	定位公差	位置度	⊕	有或无
		同心度(用于中心点)	◎	有
		同轴度(用于轴线)	◎	有
		对称度	═	有
		线轮廓度	⌒	有
		面轮廓度	⌓	有
	跳动公差	圆跳动	↗	有
		全跳动	↗↗	有

3. 位置公差(position tolerance)

广义的位置公差包括定向公差、定位公差及跳动公差。

(1)定向公差(orientation tolerance) 关联实际要素对基准在规定方向上所允许的变动全量。

(2)定位公差(location tolerance) 关联实际要素对基准在位置上所允许的变动全量。

(3)跳动公差(run – out tolerance) 关联实际要素绕基准轴线旋转时所允许的最大跳动量,用于综合限制被测要素的形状误差和位置误差。

位置公差的特征项目及符号如表4 –1 所示。

4. 附加符号

形位公差标注所使用的附加符号见表4 –2。附加符号赋予了形位公差更深层次的含义和作用。

表4 –2　形位公差的附加符号(摘自 GB/T 1182—2008)

说　明	符　号	参见标准
被测要素	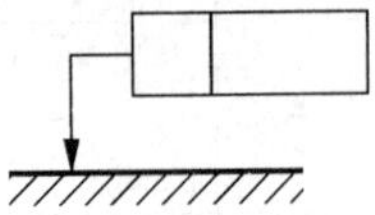	GB/T 1182—2008
基准要素	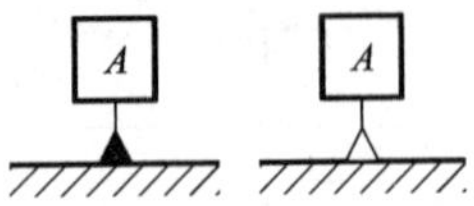 A　　A	GB/T 1182—2008 GB/T 17851
基准目标	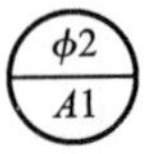 φ2/A1	GB/T 17851
理论正确尺寸	50	GB/T 1182—2008

说　明	符　号	参见标准
延伸公差带	Ⓟ	GB/T 1182—2008 GB/T 17773
最大实体要求	Ⓜ	GB/T 1182—2008 GB/T 16671
最小实体要求	Ⓛ	GB/T 1182—2008 GB/T 16671
自由状态条件(非刚性零件)	Ⓕ	GB/T 1182—2008 GB/T 16892
全周(轮廓)	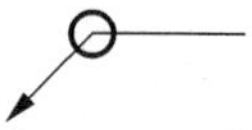 ⟲	GB/T 1182—2008
包容要求	Ⓔ	GB/T 4249
公共公差带	CZ	GB/T 1182—2008
小径	LD	
大径	MD	
中径、节径	PD	
线素	LE	
不凸起	NC	
任意横截面	ACS	

5. 形位公差带

　　形位公差带是由一个或几个理想的几何线或面所限定的、由线性公差值表示其大小的区域,用于限制实际要素形状与位置的变动量。形位公差带的形状由要素的特征及对形位公差的要求确定,可以是平面区域(表现为两等距曲线或两平行直线之间、正方形内或矩形内、圆内、两同心圆之间的区域)或空间区域(表现为两等距曲面或两平行平面之间、四棱柱体内、圆柱体内、两同轴圆柱面之间、球面内的区域),参见图 4 - 2。

　　有别于尺寸公差带,形位公差带由形状、大小、方向和位置四个因素构成,这些因素是正确选择检测方法的依据,相关知识将在后续内容介绍。

6. 基准(datum)

　　基准是具有正确形状的理想要素,如点、直线、平面等,是确定要素间几何关系的依据。实际运用时,基准则由零件上的实际要素来确定。由于形位误差的存在,因此,由实际要素建立基准时,应以该基准实际要素的理想要素为基准,理想要素的位置应符合最小条件。所谓最小条件,是指实际要素相对于理想要素的最大变动量为最小。

　　【注意】相对于基准给定的几何公差并不限定基准要素本身的几何误差。基准要素本身的几何误差可另行规定。

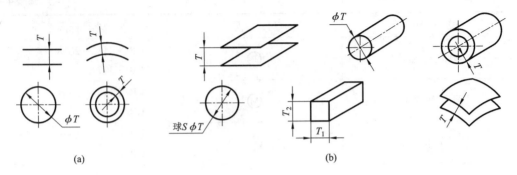

(a)   (b)

图 4 - 2   形位公差带的主要形状

7. 理论正确尺寸(theoretical exact size)

当给出一个或一组要素的位置、方向或轮廓度公差时，分别用来确定其理论正确位置、方向或轮廓的尺寸称为理论正确尺寸。理论正确尺寸也用于确定基准体系中各基准之间的方向、位置关系，它不附带公差，标注在方框中，以区别于未注公差。

4.3   形位公差的基本注法

国家标准规定在技术图样上标注形位公差要求一般采用代号(公差框格)标注。当无法采用代号标注(用代号标注过于复杂或表达不清楚)时，才允许在技术要求中用简短的文字说明。

1. 公差框格

用公差框格标注几何公差时，公差要求注写在划分成两格(形状公差)或多格(位置公差)的矩形框格内。公差框格一般水平绘制，必要时也允许垂直绘制。各格以自左至右顺序标注以下内容(见图 4 - 3)：

第一格——特征项目符号，即形位公差项目符号(见表 4 - 1、表 4 - 2)；

第二格——公差值及与被测要素有关的符号。公差值用线性值，如果公差带为圆形或圆柱形，公差值前应加注符号"ϕ"，球形则加注"$S\phi$"。与被测要素有关的符号有 Ⓜ、Ⓛ、Ⓡ、Ⓟ、Ⓕ、(+)、(−)、(▷)、(◁)。

第三、四、五格——按顺序排列的基准代号及与基准要素有关的符号。用一个字母表示单个基准或用几个字母表示基准体系或公共基准。与基准要素有关的符号有 Ⓜ、Ⓔ、Ⓛ。

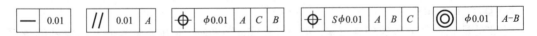

图 4 - 3   公差框格

2. 被测要素的标注方法

标注被测要素时，用引自框格的任意一侧的指引线连接被测要素和公差框格，指引线终端带一箭头。

（1）当公差涉及轮廓线或轮廓面时，箭头指向该要素的轮廓线或其延长线（通常与尺寸线错开 4 mm 以上），见图 4-4(a)(b)；

（2）箭头也可指向引出线的水平线，引出线引自被测面，见图 4-4(c)。

（3）当公差涉及要素的中心线、中心面或中心点时，箭头应位于相应尺寸线的延长线上，见图 4-4(d) ~ (f)。

（4）需要指明被测要素的形式（是线而不是面）时，应在公差框格附近注明。当被测要素是线素时，可能需要规定被测线素所在截面的方向，见图 4-4(g)。

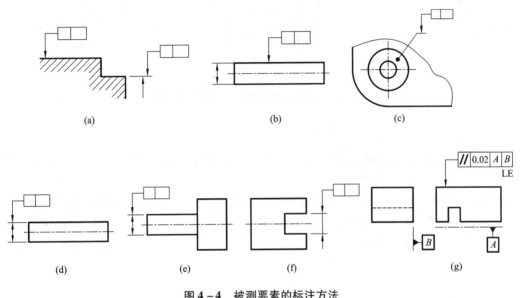

图 4-4　被测要素的标注方法

3. 基准的标注方法

（1）基准符号。

与被测要素相关的基准用一个大写字母表示。字母标注在基准方格内，与一个涂黑的或空白的三角形（二者含义相同）相连以表示基准；表示基准的字母还应标注在公差框格内。参见表 4-2。

（2）带基准字母的基准三角形的放置规定。

①当基准要素是轮廓线或轮廓面时，基准三角形放置在要素的轮廓线或其延长线上（与尺寸线明显错开），见图 4-5(a)；也可放置在轮廓面引出线的水平线上，见图 4-5(b)。

②当基准是尺寸要素确定的轴线、中心平面或中心点时，基准三角形应放置在该尺寸线的延长线上，见图 4-5(c) ~ (e)；如果没有足够的位置标注基准要素尺寸的两个尺寸箭头，则其中一个箭头可用基准三角形代替，见图 4-5(d)(e)。

（3）基准的建立。

基准按几何特征可分为基准点、基准直线和基准平面，精度设计时通常建立的基准有以下几种形式：

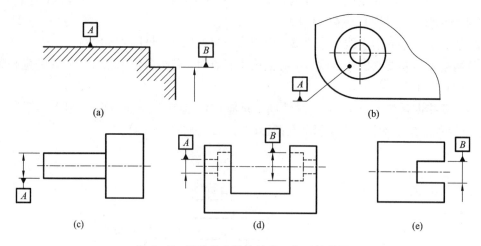

图4-5 带基准字母的基准三角形的放置

①单一基准。

由一个要素建立的基准称为单一基准。如以一个平面、一个圆柱面的轴线、某表面的一条素线、一个球心等建立的基准。

例如,由图4-6中孔的实际轴线C建立基准轴线时,基准轴线为穿过基准实际轴线,且符合最小条件的理想轴线,如图4-7所示。而由图4-5(a)中的实际表面A建立基准平面时,基准平面为处于材料之外,与基准实际表面接触,且符合最小条件的理想平面,如图4-8所示。

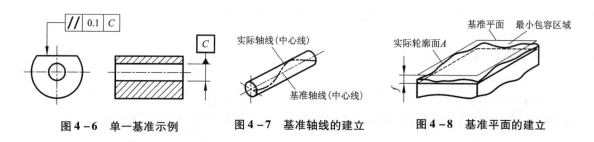

图4-6 单一基准示例　　图4-7 基准轴线的建立　　图4-8 基准平面的建立

②组合基准(公共基准)。

由两个或两个以上要素共同建立而作为一个独立基准使用的基准,称为组合基准或公共基准。一般用于两孔或两轴颈作为支承的零件上。例如,由图4-9两段轴线A、B建立的公共基准轴线A-B,公共基准轴线为这些实际轴线所共有的理想轴线,如图4-10所示。

③基准体系(三基面体系)。

当单一基准或组合基准不能确立关联要素完整的空间方位(定向或定位)时,就有必要采用基准体系。为了与空间直角坐标系取得一致,规定以三个互相垂直的理论平面构成一个基准体系,称三基面体系。图4-11中,A、B、C分别为第一基准、第二基准和第三基准。由实际表面建立三基面体系时,第一基准平面与第一基准实际表面至少有三点接触,它是该实际表面符合最小条件的理想平面;第二基准平面与第二基准实际表面至少有两点接触,为该实

62

际表面垂直于第一基准平面的理想平面；第三基准平面与第三基准实际表面至少有一点接
触，为该实际表面垂直于第一和第二基准平面的理想平面，如图 4 - 12 所示。

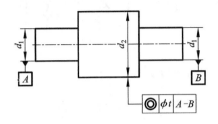

图 4 - 9　组合基准示例

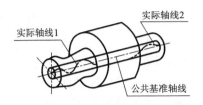

图 4 - 10　公共基准轴线的建立

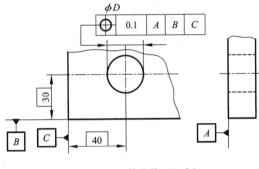

图 4 - 11　基准体系示例

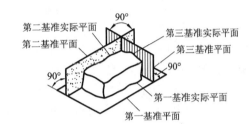

图 4 - 12　三基面体系

　　由于基准要素有形位误差，基准要素按不同的先后顺序建立基准时会产生不同的结果。
设计时应选择对被测要素使用要求影响最大或定位最稳的平面作为第一基准；影响次之或窄
而长的平面作为第二基准；影响小的平面作为第三基准。在加工和检验时，不得随意更换基
准顺序。

　　④成组基准。

　　由一组要素所建立的基准称为成组基准，其基准代号可标注在公差框格的下方，或该组
要素的尺寸引出线的下方。如图 4 - 13 所示，基准 B 为以三孔组所建立的成组基准，表示以
三孔组的分布中心线为基准轴线。

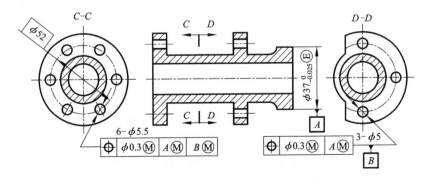

图 4 - 13　成组基准示例

⑤任选基准。

指有相对位置要求的两要素中,基准可以任意选定。主要用于两要素的形状、尺寸和技术要求完全相同的零件,或在设计要求中,各要素之间的基准有可以互换的条件,如图4－14所示。

⑥基准目标。

对于铸件、锻件、焊接件表面以及不规则的曲面等,由于基准要素的面积较大、形状精度较低,如以整个要素作为基准面,则很难保证加工、检测中的重复定位精度。此时,可采用基准目标法来确定基准或基准体系,即在基准要素上选定若干点、线或局部表面作为基准。如图4－15所示,基准目标代号的圆圈用细实线绘制,并分为上下两个部分:上半部填写给定的局部表面的尺寸(面目标的直径或边长×边长),对于点目标则不填;下半部填写基准字母和基准目标序号。基准目标的指引线应自圆圈的径向引出,必要时允许曲折一次。

图4－15中,采用基准目标对矩形铸造零件建立了三基面体系,基准要素的数量及其顺序的确定原则与一般情况相同。基准平面A由基准表面A上的三个点目标$A1$、$A2$及$A3$确定;基准平面B则由基准表面B上的两个点目标$B1$及$B2$建立;基准平面C则由基准要素C上的点目标$C1$建立。

在加工、检测中具体体现时,点目标基准可用球面支承;面目标可用相同直径或边长的平面支承,并按图示尺寸定位。

⑦局部基准。

当只需以局部表面作为基准已能满足功能要求时,为节省加工余量,可采用局部基准,如图4－16所示。对于局部表面应用粗点划线示出并加注尺寸。

（4）基准的选择。

选择基准时,主要应根据设计要求,并兼顾基准统一原则和结构特征。通常可从以下几方面考虑:

①根据要素的功能要求及要素间的几何关系来设计基准。例如,对旋转轴,通常都以与轴承配合的轴颈表面作为基准。

②从装配关系考虑。应选择零件相互配合、相互接触的表面作为各自的基准,以保证零

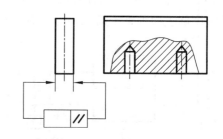

图4－14　任选基准示例

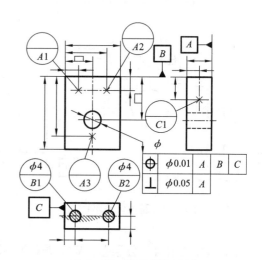

图4－15　基准目标示例

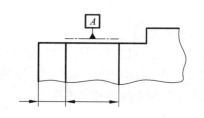

图4－16　局部基准的标注

件的正确装配。

③从加工、检测角度考虑。应选择在夹具、量具中定位的相应要素作为基准，并考虑以这些要素作基准时要便于夹具和量具的设计，还应尽量使测量基准与设计基准统一。

④当必须以铸造、锻造或焊接等未经切削加工的毛坯面作基准时，应选择最稳定的表面作为基准；或采用基准目标，或增加工艺凸台来建立基准。

⑤采用多个基准时，应从被测要素的使用要求考虑基准要素的顺序。通常选择对被测要素使用要求影响最大或者定位最稳定的表面作为第一基准。

⑥由于检测时一般以理想要素而不是以实际要素本身为测量起点，故应据使用要求对基准要素规定较严的形位公差。

4.4　形位公差及公差带的特点

4.4.1　形状公差及其公差带的特点

1. 形状误差及其评定原则

形状误差为被测实际要素对其理想要素的变动量。

圆度误差几种评定
方法的精度比较

如图 4-17(a)所示，评定轮廓要素 $A-B-C$ 的直线度误差时，由于理想要素有处于不同位置的直线 A_1-B_1、A_2-B_2 及 A_3-B_3，于是可以得到大小不同的最大变动量 h_1，h_2，h_3，其中 h_1 值最小，我们说 A_1-B_1 符合最小条件。所谓最小条件，是指被测实际要素相对于理想要素的最大变动量为最小，此时，对被测实际要素评定的误差值为最小。对于轮廓要素，符合最小条件的理想要素是处于实体之外与被测实际要素相接触，使被测实际要素对它的最大变动量为最小；对于中心要素，符合最小条件的理想要素是穿过实际中心要素，使实际要素对它的最大变动量为最小[如图 4-17(b) 所示，符合最小条件的理想轴线为 L_1，最大变动量为最小的是 ϕd_1]。

显然，理想要素符合最小条件，则包容被测要素时可以得到具有最小宽度 f 或最小直径 ϕf 的包容区，形状误差数值的大小可用最小包容区域的宽度或直径表示。由于符合最小条件的理想要素是唯一的，按此评定的形状误差值也将是唯一的。所以最小条件不仅是确定理想要素位置的原则，也是评定形状误差的基本原则。

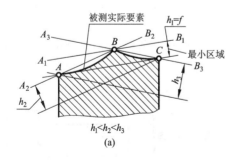

(a)

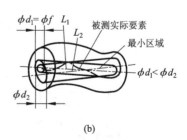

(b)

图 4-17　最小条件

2. 各项形状公差及其公差带

尽管零件的形状种类不胜枚举,但构成零件几何形状的要素不外乎直线、曲线、平面、曲面及回转体。形状公差公差带的定义、标注和解释见表4-3。

表4-3 形状公差公差带(参照 GB/T 1182—2008)

符号	公差带的定义	标注和解释
一、直线度公差		
一	在给定平面内,公差带是距离为公差值 t 的两平行直线之间的区域 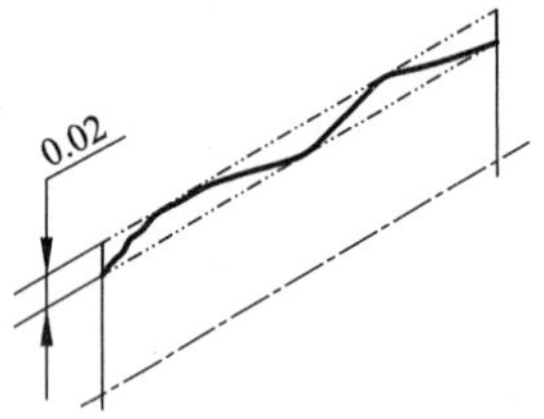 	实际圆柱面上任一素线必须位于轴向平面内,距离为公差值0.02的两平行直线之间 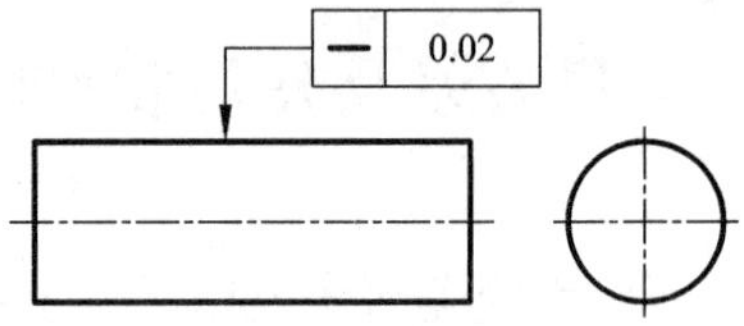
	在给定一个方向上,公差带是距离为公差值 t 的两平行平面之间的区域 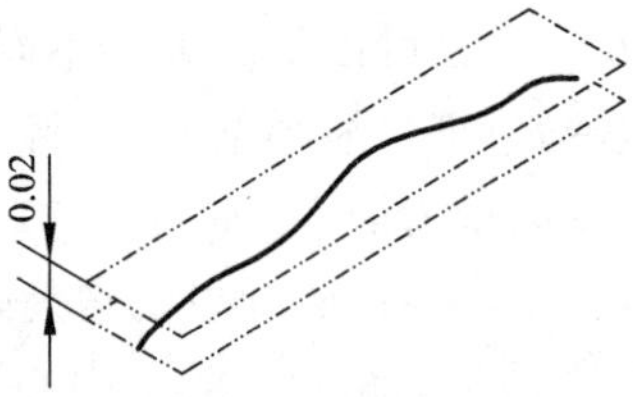 	实际棱线必须位于箭头所示方向距离为公差值0.02的两平行平面内 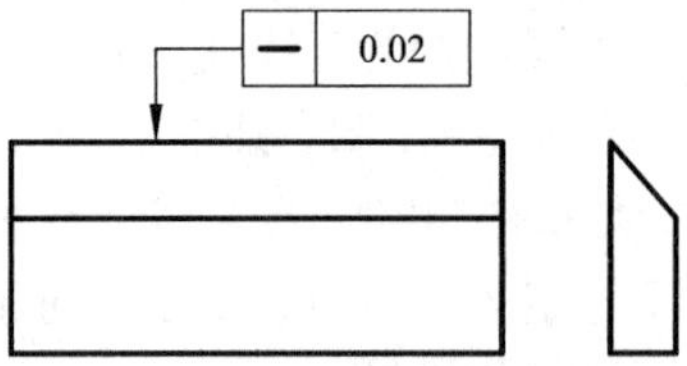
	在给定两个互相垂直方向上,公差带是正截面尺寸为公差值 $t_1 \times t_2$ 的四棱柱内的区域 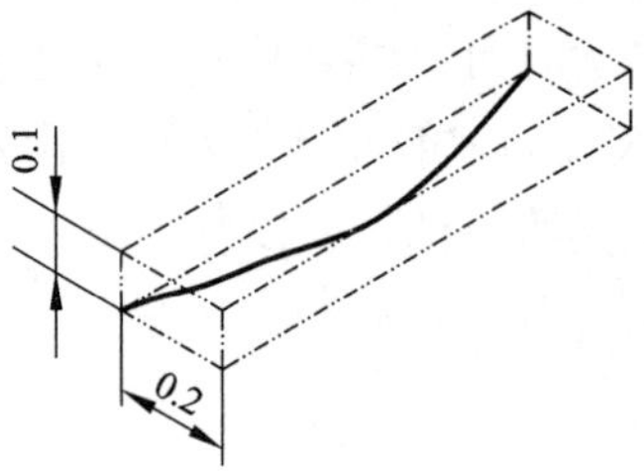 	实际棱线必须位于水平方向距离为公差值0.2,垂直方向距离为公差值0.1的四棱柱内 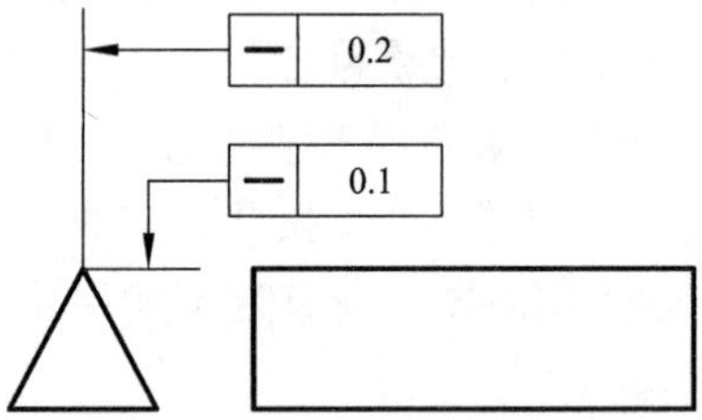
	在任意方向上,公差带是直径为公差值 ϕt 的圆柱面内的区域 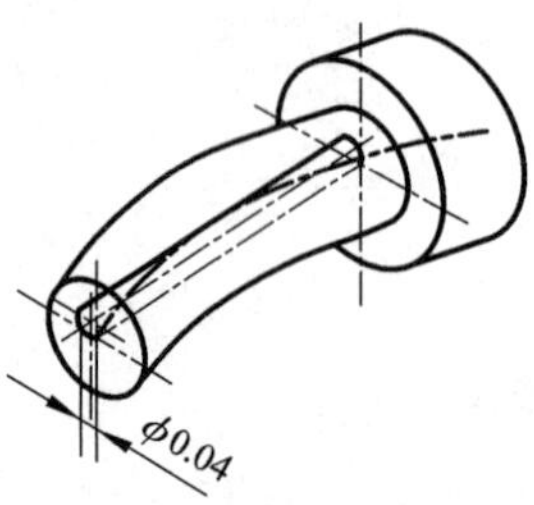 	ϕd 圆柱体的实际轴线必须位于直径为公差值 $\phi 0.04$ 的圆柱面内 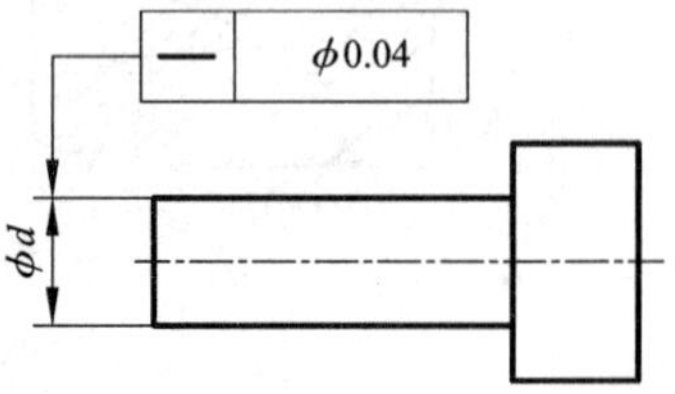

符号	公差带的定义	标注和解释
二、平面度公差		
▱	公差带是距离为公差值 t 的两平行平面之间的区域 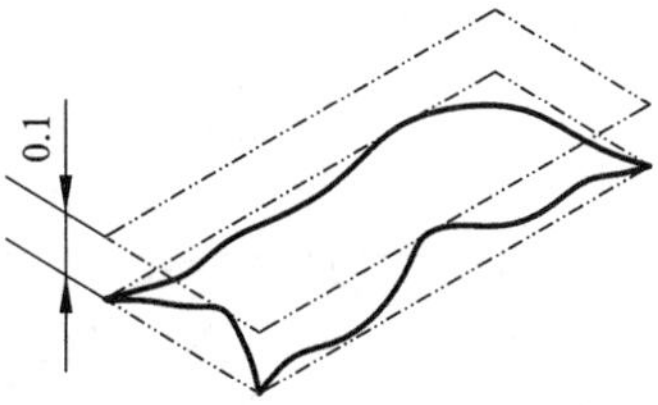	被测实际表面必须位于距离为公差值 0.1 的两平行平面之间的区域内 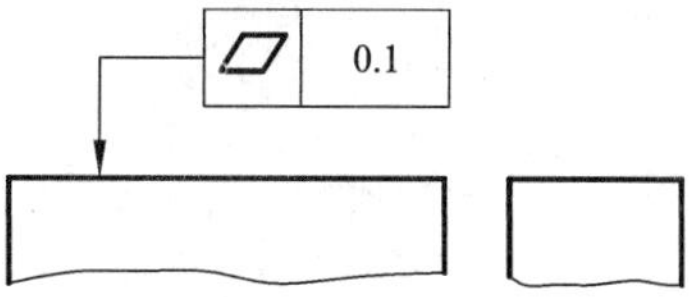
三、圆度公差		
○	公差带是在同一正截面上，半径差为公差值 t 的两同心圆之间的区域 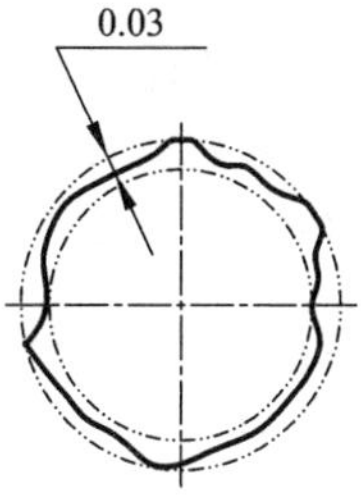	在垂直于轴线的圆柱面和圆锥面的任一正截面上，所截的实际圆必须位于半径差为公差值 0.03 的两同心圆之间 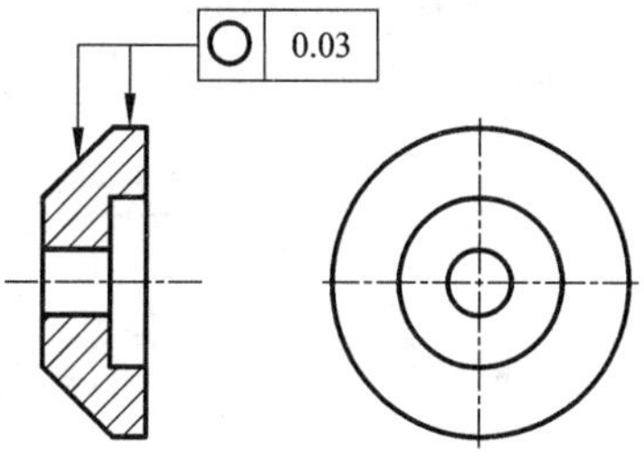
四、圆柱度公差		
⌭	公差带是半径差为公差值 t 的两同轴圆柱面之间的区域 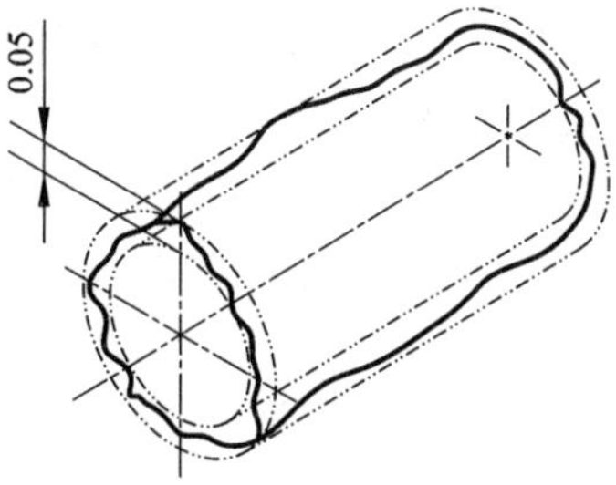	被测实际圆柱面必须位于半径差为公差值 0.05 的两同轴圆柱面之间 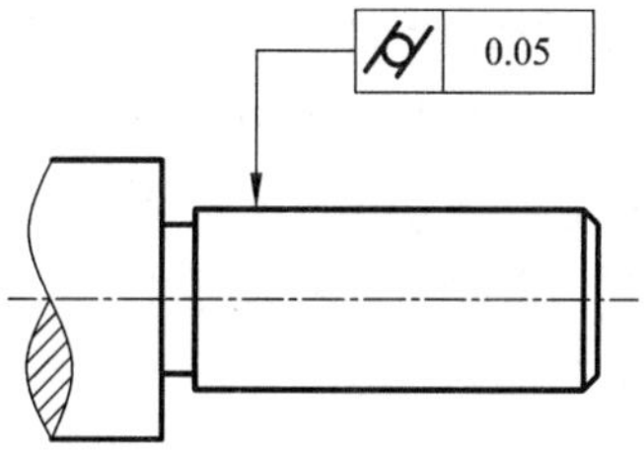

67

符号	公差带的定义	标注和解释
五、无基准的线轮廓度公差		
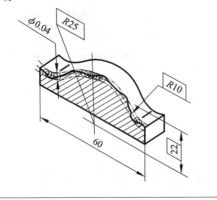 的左侧符号	公差带是位于理想轮廓曲线两侧、与理想轮廓曲线法向距离均为 $t/2$ 的两条等距曲线之间的区域 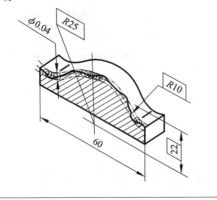	在任一平行于图示投影面的截面内，被测实际轮廓线必须位于处于理想轮廓曲线两侧、与理想轮廓曲线法向距离均为 0.02 的两等距曲线之间的区域 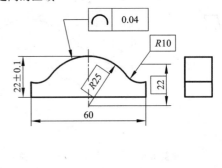
六、无基准的面轮廓度公差		
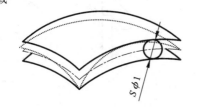 的左侧符号	公差带是位于理想轮廓曲面两侧、与理想轮廓曲面法向距离均为 $t/2$ 的两等距曲面之间的区域 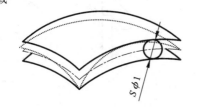	被测实际轮廓面必须位于处于理想轮廓曲面两侧、与理想轮廓曲面法向距离均为 0.01 的两等距曲面之间的区域 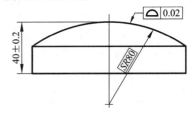

3. 形状公差带的特点

形状公差带只具有大小和形状，而其方向和位置是浮动的：公差带的实际方向由最小条件确定，而公差带的位置随被测要素的实际尺寸在尺寸公差带内的变化而变化。

【注意】尽管圆柱度公差也是对单一要素本身提出的要求，但它可以同时控制圆度、素线和轴线的直线度以及两条素线的平行度；对于无基准的线轮廓度公差和面轮廓度公差，其公差带的形状由理论正确尺寸确定，若考虑公差带的位置时，则可由理论正确尺寸相对基准来确定，参见表 4 – 4。

4.4.2 位置公差及其公差带的特点

1. 位置误差及其评定原则

定向误差是被测实际要素对一具有确定方向的理想要素的变动量，该理想要素的方向由基准确定。定向误差值用定向最小包容区域的宽度或直径表示。图 4 – 18(a)所示为评定被测实际平面对基准平面的平行度误差,理想要素首先要平行于基准平面,然后再按理想要素的方向来包容实际要素,按此形成最小包容区域,该区域的宽度即为被测面对基准平面的平行度误差。图 4–18(b)所示为被测实际轴线对基准平面的垂直度误差,包容实际轴线的定向最小包容区域为一圆柱体,该圆柱体的轴心线为垂直于基准平面的理想轴心线,圆柱体的直径 ϕf 即为实际轴线对基准平面的垂直度误差。

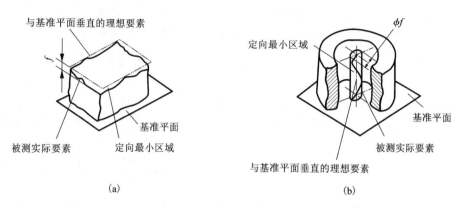

(a)   (b)

图 4–18 定向最小包容区域

定位误差是被测实际要素对一具有确定位置的理想要素的变动量,该理想要素的位置由基准和理论正确尺寸确定。定位误差用定位最小包容区域的宽度或直径表示。图 4–19 所示为由基准和理论正确尺寸所确定的理想点的位置,在理想点已确定的条件下,使被测实际点对其最大变动为最小,即以最小包容区域(一个圆)来包容实际要素,该区域的直径 ϕf 即为该点的位置度误差。

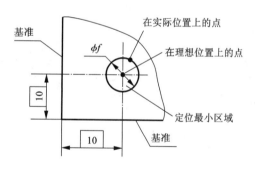

图 4–19 定位最小包容区域

跳动是当被测要素绕基准轴线旋转时,以指示器测量被测要素表面来反映其几何误差,它与测量方法有关,是被测要素形状误差和位置误差的综合反映。跳动的大小由指示器示值的变化确定,例如圆跳动即被测实际要素绕基准轴线作无轴向移动回转一周时,由位置固定的指示器在给定方向上测得的最大与最小示值之差。

2. 各项位置公差及其公差带

与形状公差带只能控制被测要素的形状误差不同,定向公差带既控制被测要素的方向误差,又控制其形状误差;定位公差带既控制被测要素的位置误差,又控制其方向误差和形状误差;跳动公差带则具有一定的综合控制功能,能将某些形位误差综合反映在检测结果中,因而在生产中得到广泛的应用。位置公差公差带的定义、标注和解释见表 4–4。

表 4 - 4 位置公差公差带(参照 GB/T 1182—2008)

符号	公差带的定义	标注和解释

一、平行度公差

1. 线对基准线的平行度公差

若公差值前加注了符号 ϕ，公差带为平行于基准轴线、直径等于公差值 ϕt 的圆柱面所限定的区域

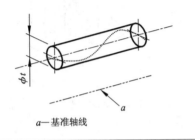

a—基准轴线

被测实际中心线必须位于平行于基准轴线 A、直径等于 $\phi 0.03$ 的圆柱面内

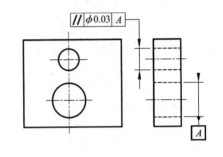

2. 线对基准面的平行度公差

公差带为平行于基准平面、间距等于公差值 t 的两平行平面所限定的区域

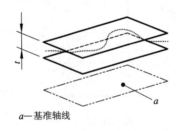

a—基准轴线

被测实际中心线必须位于平行于基准平面 B、间距等于 0.01 的两平行平面之间

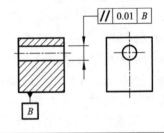

3. 线对基准体系的平行度公差

公差带为间距等于公差值 t、平行于两基准的两平行平面所限定的区域

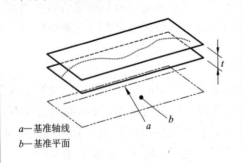

a—基准轴线
b—基准平面

被测实际中心线必须位于间距等于 0.1、平行于基准轴线 A 和基准平面 B 的两平行平面之间

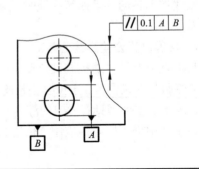

（符号栏）$/\!/$

符号	公差带的定义	标注和解释
//	公差带为间距等于公差值 t、平行于基准轴线 A 且垂直于基准平面 B 的两平行平面所限定的区域。 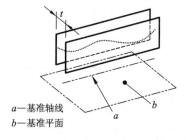 a—基准轴线 b—基准平面	被测实际中心线必须位于间距等于 0.1 的两平行平面之间，该两平行平面平行于基准轴线 A 且垂直于基准平面 B 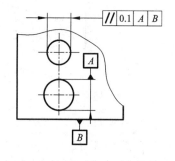
	公差带为平行于基准轴线和平行或垂直于基准平面、间距分别等于公差值 t_1 和 t_2，且相互垂直的两组平行平面所限定的区域 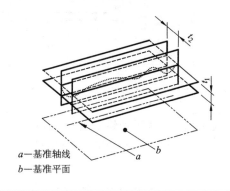 a—基准轴线 b—基准平面	被测实际中心线必须位于平行于基准轴线 A 和平行或垂直于基准平面 B、间距分别等于公差值 0.1 和 0.2，且相互垂直的两组平行平面之间 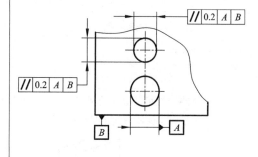
	公差带为间距等于公差值 t 的两平行直线所限定的区域，该两平行直线平行于基准平面 A 且处于平行于基准平面 B 的平面内 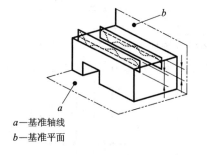 a—基准轴线 b—基准平面	被测实际线必须位于间距等于 0.02 的两平行直线之间，该两平行直线平行于基准平面 A、且处于平行于基准平面 B 的平面内 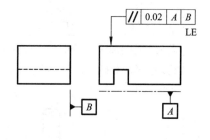

符号	公差带的定义	标注和解释
//	**4. 面对基准线的平行度公差** 公差带为间距等于公差值 t、平行于基准轴线的两平行平面所限定的区域 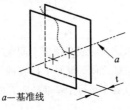 *a*—基准轴线	被测实际表面必须位于间距等于 0.1、平行于基准轴线 C 的两平行平面之间 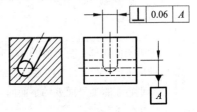
	5. 面对基准面的平行度公差 公差带为间距等于公差值 t、平行于基准平面的两平行平面所限定的区域 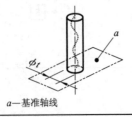 *a*—基准轴线	被测实际表面必须位于间距等于 0.01、平行于基准 D 的两平行平面之间 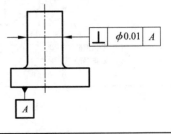

二、垂直度公差

符号	公差带的定义	标注和解释
⊥	**1. 线对基准线的垂直度公差** 公差带为间距等于公差值 t、垂直于基准线的两平行平面所限定的区域 *a*—基准线	被测实际中心线必须位于间距等于 0.06、垂直于基准线 A 的两平行平面之间
	2. 线对基准面的垂直度公差 若公差值前加注了符号 ϕ，公差带为直径等于公差值 ϕt、轴线垂直于基准平面的圆柱面所限定的区域 *a*—基准轴线	圆柱面的实际中心线必须位于直径等于 $\phi 0.01$、垂直于基准平面 A 的圆柱面内

符号	公差带的定义	标注和解释
⊥	**3. 线对基准体系的垂直度公差**	
	公差带为间距等于公差值 t 两平行平面所限定的区域，该两平行平面垂直于基准平面 A，且平行于基准平面 B 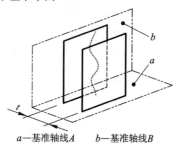 a—基准轴线A　　b—基准轴线B	圆柱面的实际中心线必须位于间距等于 0.1 的两平行平面之间，该两平行平面垂直于基准平面 A，且平行于基准平面 B 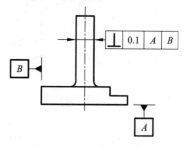
	公差带为间距分别等于公差值 t_1 和 t_2，且相互垂直的两组平行平面所限定的区域。该两组平行平面都垂直于基准平面 A，其中一组平行平面垂直于基准平面 B，另一组平行平面平行于基准平面 B 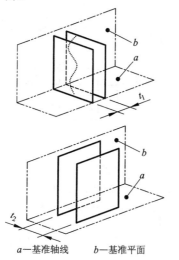 a—基准轴线　　b—基准平面	圆柱面的实际中心线必须位于间距分别等于 0.1 和 0.2，且相互垂直的两组平行平面内。该两组平行平面都垂直于基准平面 A，且垂直或平行于基准平面 B 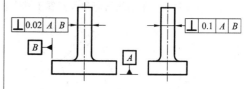
	4. 面对基准线的垂直度公差	
	公差带为间距等于公差值 t 且垂直于基准轴线的两平行平面所限定的区域 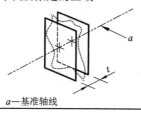 a—基准轴线	被测实际表面必须位于间距等于 0.08 的两平行平面之间，该两平行平面垂直于基准轴线 A 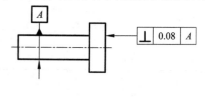

符号	公差带的定义	标注和解释
⊥	**5. 面对基准平面的垂直度公差** 公差带为间距等于公差值 t 且垂直于基准平面的两平行平面所限定的区域 a—基准轴线	被测实际表面必须位于间距等于 0.08 且垂直于基准平面 A 的两平行平面之间 ⊥ | 0.08 | A

三、倾斜度公差

	1. 线对基准线的倾斜度公差	
∠	若被测线与基准线在同一平面上，公差带为间距等于公差值 t 的两平行平面所限定的区域。该两平行平面按给定角度倾斜于基准轴线 a—基准轴线	被测实际中心线必须位于间距等于 0.08 的两平行平面之间。该两平行平面按理论正确角度 60°倾斜于公共基准轴线 $A–B$ ∠ | 0.08 | $A–B$ 60°
	若被测线与基准线不在同一平面内，公差带为间距等于公差值 t 的两平行平面所限定的区域。该两平行平面按给定角度倾斜于基准轴线 a—基准轴线	被测实际中心线必须位于间距等于 0.08 的两平行平面之间。该两平行平面按理论正确角度 60°倾斜于公共基准轴线 $A–B$ ∠ | 0.08 | $A–B$ 60°

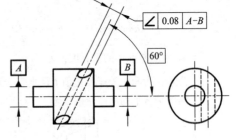

符号	公差带的定义	标注和解释
∠	**2. 线对基准面的倾斜度公差** 公差带为间距等于公差值 t 的两平行平面所限定的区域。该两平行平面按给定角度倾斜于基准平面 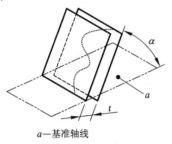 a—基准轴线	被测实际中心线必须位于间距等于 0.08 的两平行平面之间。该两平行平面按理论正确角度 60° 倾斜于基准平面 A 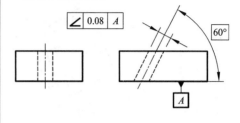
	若公差值前加注了符号 φ，公差带为直径等于公差值 φt 的圆柱面所限定的区域。该圆柱面公差带的轴线按给定角度倾斜于基准平面 A 且平行于基准平面 B 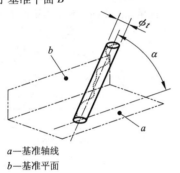 a—基准轴线 b—基准平面	被测实际中心线必须位于直径等于 0.1 的圆柱面内。该圆柱面的轴线按理论正确角度 60° 倾斜于基准平面 A 且平行于基准平面 B 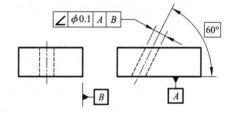
	3. 面对基准线的倾斜度公差 公差带为间距等于公差值 t 的两平行平面所限定的区域。该两平行平面按给定角度倾斜于基准直线 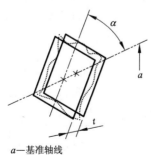 a—基准轴线	被测实际表面必须位于间距等于 0.1 的两平行平面之间。该两平行平面按理论正确角度 75° 倾斜于基准直线 A 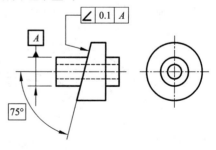

符号	公差带的定义	标注和解释
	4. 面对基准面的倾斜度公差 公差带为间距等于公差值 t 的两平行平面所限定的区域。该两平行平面按给定角度倾斜于基准平面 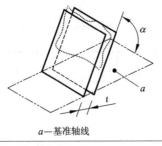 a—基准轴线	被测实际表面必须位于间距等于 0.08 的两平行平面之间。该两平行平面按理论正确角度 40°倾斜于基准平面 A 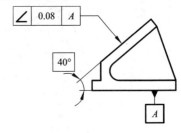
  四、相对于基准体系的线轮廓度公差	被测要素的理想轮廓曲线由基准平面 A 和基准平面 B 确定，公差带是位于理想轮廓曲线两侧、与理想轮廓曲线法向距离均为 $t/2$ 的两条等距曲线之间的区域 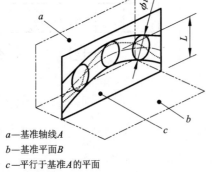 a—基准轴线A b—基准平面B c—平行于基准A的平面	在任一平行于图示投影面的截面内，被测实际轮廓线必须位于与理想轮廓曲线法向距离均为 0.02 的两等距曲线之间的区域，而理想轮廓曲线由基准平面 A 和基准平面 B 确定 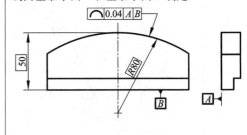
  五、相对于基准的面轮廓度公差	被测要素的理想轮廓曲面由基准平面 A 确定，公差带是位于理想轮廓曲面两侧、与理想轮廓曲面法向距离均为 $t/2$ 的两等距曲面之间的区域 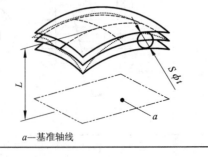 a—基准轴线	被测实际轮廓面必须位于处于理想轮廓曲面两侧、与理想轮廓曲面法向距离均为 0.05 的两等距曲面之间的区域，而理想轮廓曲面由基准平面 A 确定 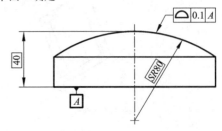

续表 4 – 4

符号	公差带的定义	标注和解释

六、位置度公差

1. 点的位置度公差

若公差值前加注 $S\phi$，公差带为直径等于公差值 $S\phi t$ 的圆球面所限定的区域。该圆球面中心的理论正确位置由基准 A, B, C 和理论正确尺寸确定

被测实际球心必须位于直径等于 $S\phi 0.3$ 的圆球面内。该圆球面的中心由基准平面 A、基准平面 B、基准中心平面 C 和理论正确尺寸 30，25 确定

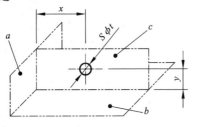

a—基准轴线 A　b—基准平面 B　c—平行于基准 A 的平面

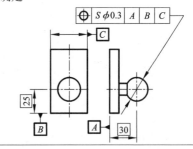

2. 线的位置度公差

给定一个方向的公差时，公差带为间距等于公差值 t、对称于线的理论正确位置的两平行平面所限定的区域。线的理论正确位置由基准平面 A, B 和理论正确尺寸确定。公差只在一个方向上给定

被测各条刻线的实际中心线必须位于间距等于 0.1、对称于由基准平面 A, B 和理论正确尺寸 25，10 所确定的理论正确位置的两平行平面之间

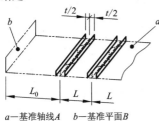

a—基准轴线 A　b—基准平面 B

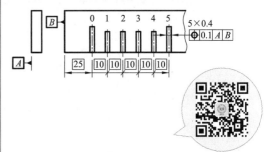

位置度公差的标注方法

给定两个方向的公差时，公差带为间距分别等于公差值 t_1 和 t_2、对称于线的理论正确位置的两对相互垂直的平行平面所限定的区域。线的理论正确位置由基准平面 C, A 和 B 及理论正确尺寸确定。该公差在基准体系的两个方向上给定

被测各孔的实际中心线在给定方向上必须位于间距分别等于 0.05 和 0.2，且垂直的两对平行平面内，每对平行平面对称于由基准平面 C、A、B 和理论正确尺寸 20，15，30 确定的各孔轴线的理论正确位置

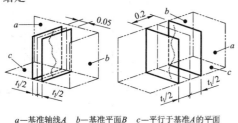

a—基准轴线 A　b—基准平面 B　c—平行于基准 A 的平面

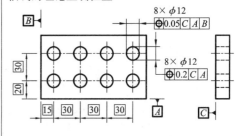

符号	公差带的定义	标注和解释
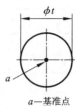	公差值前加注了符号 ϕ，公差带为直径等于公差值 ϕt 的圆柱面所限定的区域。该圆柱面的轴线的位置由基准平面 C，A，B 和理论正确尺寸确定 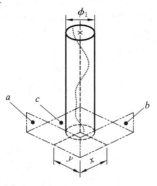 a—基准轴线A　b—基准平面B　c—平行于基准A的平面	被测各孔的实际中心线必须各自位于直径等于 0.1 的圆柱面内。该圆柱面的轴线应处于由基准平面 C，A，B 和理论正确尺寸 20，15，30 确定的各孔轴线的理论正确位置上 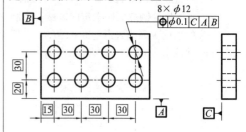
	3. 轮廓平面或者中心平面的位置度公差	
	公差带为间距等于公差值 t，且对称于被测面理论正确位置的两平行平面所限定的区域。面的理论正确位置由基准平面、基准轴线和理论正确尺寸确定 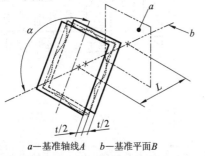 a—基准轴线A　b—基准平面B	被测实际表面必须位于间距等于 0.05，且对称于被测面的理论正确位置的两平行平面之间。该两平行平面对称于由基准平面 A、基准轴线 B 和理论正确尺寸 15，105° 确定的被测面的理论正确位置 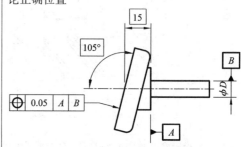

七、同心度和同轴度公差

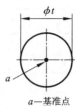	**1. 点的同心度公差** 公差值前标注符号 ϕ，公差带为直径等于公差值 ϕt 的圆周所限定的区域。该圆周的圆心与基准点重合 a—基准点	在任意横截面内，内圆的被测实际中心必须位于直径等于 $\phi 0.1$、以基准点为圆心的圆周内 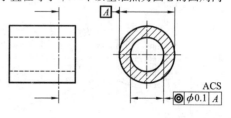

符号	公差带的定义	标注和解释
◎	**2. 轴线的同轴度公差** 公差值前标注符号 φ，公差带为直径等于公差值 φt 的圆柱面所限定的区域。该圆柱面的轴线与基准轴线重合 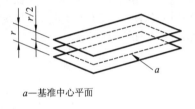 a—基准轴线	大圆柱面的被测实际中心线必须位于直径等于 φ0.08、以公共基准轴线 A − B 为轴线的圆柱面内 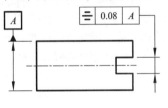

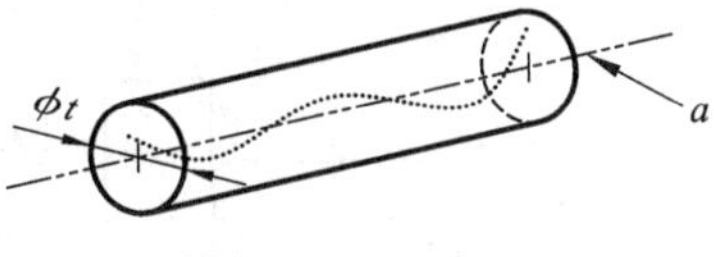

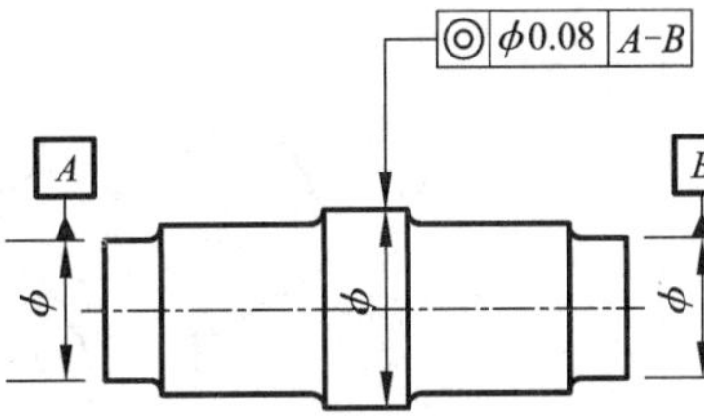

八、对称度公差

符号	公差带的定义	标注和解释
=	公差带为间距等于公差值 t、对称于基准中心平面的两平行平面所限定的区域 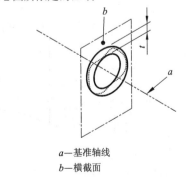 a—基准中心平面	被测实际中心面必须位于间距等于 0.08、对称于基准中心平面 A 的两平行平面之间 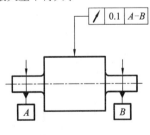

九、圆跳动公差

符号	公差带的定义	标注和解释
	1. 径向圆跳动公差 公差带为在任一垂直于基准轴线的横截面内、半径差等于公差值 t、圆心在基准轴线上的两同心圆所限定的区域 a—基准轴线 b—横截面	在任一垂直于公共基准轴线 A − B 的横截面上，被测实际圆绕 A − B 旋转一周时，指示表的示值最大差不得大于 0.1

符号	公差带的定义	标注和解释
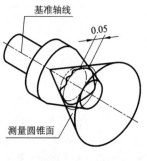 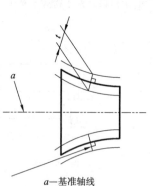	**2. 轴向(端面)圆跳动公差** 公差带为与基准轴线同轴的任一直径的圆柱截面上,间距等于公差值 t 两同圆所限定的圆柱面区域 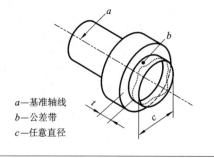 a—基准轴线 b—公差带 c—任意直径 **3. 斜向圆跳动公差** 公差带为与基准轴线同轴的任一测量圆锥面上,沿被测母线法向间距等于公差值 t 的圆锥面区域。(给定方向的斜向圆跳动需另行规定给定的测量圆锥面的锥角) 基准轴线　0.05 测量圆锥面 a—基准轴线	在与基准轴线 D 同轴的任一直径的测量圆柱面上,被测端面绕基准轴线 D 旋转一周时,指示表的示值最大差不得大于0.1 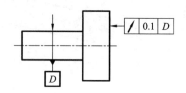 在与基准轴线 C 同轴的任一测量圆锥面上,被测实际母线必须位于沿被测母线法向、宽度为0.1 的圆锥面区域 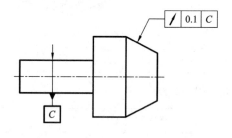 当被测母线不是直线时,测量圆锥面的锥角要随被测圆的实际法向位置而改变 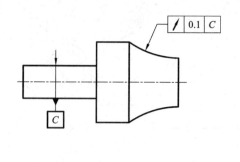

符号	公差带的定义	标注和解释
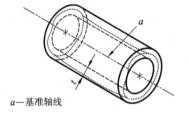 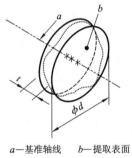（符号位于左侧中部）⌰	**十、全跳动公差**	
	1. 径向全跳动公差	
	公差带为半径差等于公差值 t、与基准轴线同轴的两圆柱面所限定的区域 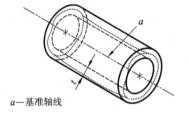 a—基准轴线	被测实际表面绕公共基准轴线 $A－B$ 做无轴向移动的连续回转，同时指示表做平行于 $A－B$ 的直线移动，整个测量过程中指示表的示值最大差不得大于 0.1 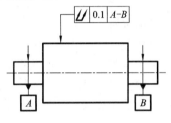
	2. 轴向（端面）全跳动公差	
	公差带为间距等于公差值 t，垂直于基准轴线的两平行平面所限定的区域 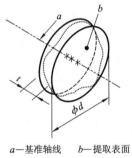 a—基准轴线　　b—提取表面	在与基准轴线 D 同轴的任一直径的测量圆柱面上，被测端面绕基准轴线 D 做无轴向移动的连续回转，同时指示表作垂直于基准轴线的直线移动，整个测量过程中指示表的示值最大差不得大于 0.1 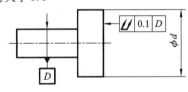

3. 位置公差带的特点

（1）定向公差带只具有大小、形状和方向，而其位置是浮动的。公差带位置的浮动是指公差带的位置随被测表面的实际尺寸在尺寸公差带内的变化而变化，如平行度的公差带位置随实际平面所处的位置不同而浮动。通常对同一被测要素给出定向公差后，不再对该要素给出形状公差。如果需要对它的形状精度提出进一步要求，可在给出定向公差的同时再给出形状公差。

（2）定位公差带则具有公差带的四个因素——形状、大小、方向和位置。通常对同一被测要素给出定位公差后，不再对该要素给出形状或（和）定向公差。若根据功能要求需对其形状或（和）方向提出进一步要求，则在给出定位公差的同时再给出形状公差或（和）定向公差。

（3）跳动公差带亦具有公差带的四个因素——形状、大小、方向和位置。但应指出的是，跳动公差带兼具固定和浮动的双重特点：一方面它的同心圆环的圆心或圆柱面的轴线或圆锥面的轴线始终与基准轴线同轴，另一方面公差带的半径又随被测实际要素尺寸的变化而变化。因此，它具有综合控制被测要素的形状、方向和位置的作用。

【注意】径向全跳动公差既可以控制被测圆柱面的圆柱度误差，又可以控制轴线的同轴度误差；轴向全跳动公差既可以控制端面对基准轴线的垂直度误差，又可以控制该端面的平面度误差。但这并不等于说明跳动公差可以完全代替诸项目，若诸项目的公差要求小于跳动公差值时，必须在图样上提出进一步要求。

4.5 公差原则

实际零件同时存在尺寸误差和形位误差，尺寸公差和形位公差就是用来保证零件的尺寸精度要求和形位精度要求的。根据零件功能要求的不同，尺寸公差和形位公差之间的关系也不同：既可以相对独立无关，也可以互相影响、互相补偿。就检测而言，尺寸误差和形位误差既可以分别单独测量，也可以综合在一起测量。公差原则(tolerancing principle)就是在图样上标注的处理尺寸公差与形位公差之间关系的原则，分为独立原则和相关要求。公差原则的建立，使设计、工艺及检测人员对尺寸公差与形位公差之间关系有了统一的认识，在产品设计、生产和质量控制中发挥了重要作用。为顺利掌握和运用公差原则，必须先熟悉以下术语及定义。

4.5.1 术语及定义

1. 作用尺寸(mating size)

(1)体外作用尺寸(d_{fe}, D_{fe})：指在被测要素的给定长度上，与实际轴体外相接的最小理想孔或与实际孔体外相接的最大理想轴的直径或宽度[图4-20(a)]。对于单一要素，体外作用尺寸即通常所说的作用尺寸。对于关联要素，最小理想孔或最大理想轴的轴线或中心平面必须与基准保持图样给定的几何关系。体外作用尺寸是被测要素的局部实际尺寸与形位误差的综合结果，表示其在装配时起作用的尺寸。轴的体外作用尺寸大于或等于轴的实际尺寸；孔的体外作用尺寸小于或等于孔的实际尺寸。

(2)体内作用尺寸(d_{fi}, D_{fi})：指在被测要素的给定长度上，与实际轴体内相接的最大理想孔或与实际孔体内相接的最小理想轴的直径或宽度[图4-20(b)]。对于关联要素，最大理想孔或最小理想轴的轴线或中心平面必须与基准保持图样给定的几何关系。轴的体内作用尺寸小于或等于轴的实际尺寸；孔的体内作用尺寸大于或等于孔的实际尺寸。

2. 最大实体实效状态(MMVC)与最大实体实效尺寸(d_{MV}, D_{MV})

最大实体实效状态(maximum material virtual condition)是指在给定长度上，实际要素处于最大实体状态，且其中心要素的形位误差等于给定公差值(t Ⓜ)时的综合极限状态。在此状态下的尺寸为最大实体实效尺寸。轴、孔的最大实体实效尺寸分别为：

$$d_{MV} = d_M + t \text{Ⓜ}$$
$$D_{MV} = D_M - t \text{Ⓜ}$$

3. 最小实体实效状态(LMVC)与最小实体实效尺寸(d_{LV}, D_{LV})

最小实体实效状态(least material virtual condition)是指在给定长度上，实际要素处于最小实体状态，且其中心要素的形位误差等于给定公差值(t Ⓛ)时的综合极限状态。在此状态下的尺寸为最小实体实效尺寸。轴、孔的最小实体实效尺寸分别为：

$$d_{LV} = d_L - t \text{Ⓛ}$$
$$D_{LV} = D_L + t \text{Ⓛ}$$

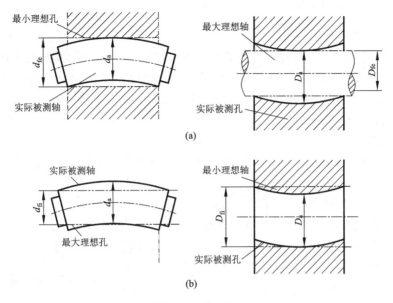

(a)

(b)

图 4 - 20 作用尺寸

4. 理想边界

　　零件的功能效果往往取决于尺寸误差和形位误差的综合效果。所谓理想边界是指具有一定尺寸大小和正确几何形状的理想包容面，用于综合控制实际要素的尺寸误差和形位误差。理想边界也相当于一个与被测要素相偶合的理想几何要素(图 4 - 21)。

　　对于关联要素，其理想边界还必须与基准保持图样上规定的几何关系(图 4 - 21)。

(a)   (b)

图 4 - 21 理想边界

理想边界分为下列四种：

(1)最大实体边界(MMB)：

指尺寸为最大实体尺寸，且具有理想几何形状的极限包容面。

(2)最小实体边界(LMB)：

指尺寸为最小实体尺寸，且具有理想几何形状的极限包容面。

(3)最大实体实效边界(MMVB)：

指尺寸为最大实体实效尺寸，且具有理想几何形状的极限包容面。

(4)最小实体实效边界(LMVB)：

指尺寸为最小实体实效尺寸，且具有理想几何形状的极限包容面。

4.5.2 公差原则(tolerancing principle)

公差原则是处理尺寸公差与形位公差之间关系的原则。GB/T 4249—2009《产品几何技术规范(GPS)公差原则》规定了确定尺寸(线性尺寸和角度尺寸)公差和形位公差之间相互关系的原则,适用于技术制图和有关文件中的尺寸、尺寸公差和形位公差,以确定零件要素的大小、形状、方向和位置特征。

1. 独立原则(IP)

独立原则(independent principle)是指图样上给定的尺寸和几何(形状、方向或位置)要求均是相互独立的,分别满足要求。换言之,此时尺寸公差仅控制局部实际尺寸,而不控制要素的形位误差;而给出的(或未注的)形位公差值为定值,不随实际尺寸而改变。如图4-22所示,轴线的直线度误差不允许大于 $\phi0.01$ mm,不受尺寸公差带控制;实际尺寸可在19.979~20 mm范围内,也不受轴线直线度公

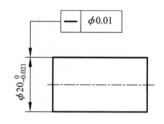

图4-22 独立原则标注示例

差带控制;不论实际尺寸是多少,轴线的直线度公差都是 $\phi0.01$ mm;不论轴线的直线度误差是多少,尺寸公差都是0.021 mm。

在机械设计和制造中,独立原则是一种基本的公差原则,它的设计出发点是满足单项(尺寸、形位公差中的某一项)的功能要求。其主要应用场合有:

①除有配合要求外,还有较高的形状精度要求的单一要素。例如,设计滚动轴承的内、外圈滚道和滚动体时,应用独立原则,一方面可以给出相对较大的直径公差,靠分组互换来保证装配间隙;另一方面可以给出相对较小的形状公差,以保证轴承的旋转精度。

②主要功能要求为形位精度,且尺寸公差与形位公差在功能上不会发生联系的单一要素。例如,设计印刷机滚筒外圆表面时,采用独立原则,使其圆柱度公差较严而尺寸公差较宽。控制滚筒外圆表面的圆柱度误差,才能保证印刷或印染时接触均匀,图文、花样清晰,而圆柱体直径的大小对印刷或印染的品质并无影响。如果规定较小的尺寸公差来保证圆柱度要求(即用尺寸公差来控制形状误差),必然增加制造成本。又如,设计测量平板时,采用独立原则,分别控制平板工作面较小的平面度公差(保证模拟理想平面的功能)和较宽的厚度公差(对模拟理想平面的功能并无影响)。

应该指出,采用独立原则时,在图样上只需分别表达各自的要求,而不需要附加任何表示相互关系的符号。独立原则既能用于单独标注的公差,又能用于未注公差,未注公差总是遵守独立原则的。

采用独立原则时,尺寸误差和形位误差应分别单独测量。

2. 相关要求

相关要求是指图样上给定的尺寸公差与形位公差相互有关的公差要求,亦可称为相关原则。"相关"的实质性意义在于:形位误差的数值不仅与其给定值有关,而且与要素的实际尺寸有关。采用相关原则时,要素的形位公差与尺寸公差均需分别标注。GB/T 4249—2009及GB/T 16671—2009规定的相关要求如下。

(1)包容要求(ER)。

包容要求(envelope requirement)是指尺寸要素的非理想要素不得违反其最大实体边界

（MMB）的一种公差原则，即要求实际要素处处不得超越最大实体边界，而实际要素的局部实际尺寸不得超越最小实体尺寸。

包容要求仅用于形状公差，主要应用于有配合要求，且极限间隙或过盈必须严格得到保证的场合。其具体内容是：当实际要素处处都处于 MMC 时，必须具有理想的形状，即此时不允许有形状误差；当实际要素自 MMC 向 LMC 偏离时，才允许有形位误差，其最大允许增量等于尺寸公差值；应在被测要素的尺寸极限偏差或公差带代号后加注符号 Ⓔ。

例如，一轴如图 4 - 23（a）所示。根据符号 Ⓔ 可知，$\phi35^{\ 0}_{-0.025}$ 的尺寸公差与轴的形状公差（实际上是指轴线的直线度公差）遵守包容原则。其含义如下：

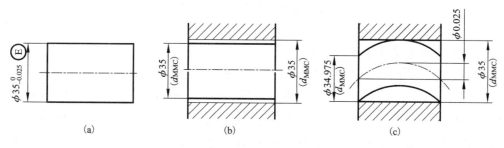

图 4 - 23 包容要求用于单一要素

①外圆柱面的边界是直径为 $\phi35$ mm（最大实体尺寸）的理想圆柱面，即当外圆柱面的实际尺寸处处为 $\phi35$ mm 时，不允许有轴线的直线度误差，如图 4 - 23（b）所示。

②若实际尺寸偏离最大实体尺寸，才允许轴线有直线度误差。例如，当轴的实际尺寸处处为 $\phi34.985$ mm 时，轴线的直线度误差的最大允许值为 $\phi0.015$ mm；当实际尺寸处处为最小实体尺寸 $\phi34.975$ mm 时，轴线的直线度误差最大允许值为 $\phi0.025$ mm（尺寸公差值），如图 4 - 23（c）所示。

③轴局部实际尺寸不能小于 $\phi34.975$ mm。

（2）最大实体要求（MMR）。

最大实体要求（maximum material requirement）是指尺寸要素的非理想要素不得违反其最大实体实效边界（MMVB）的一种公差原则，即要求实际要素处处不得超越最大实体实效边界，而实际要素的局部实际尺寸应在最大实体尺寸与最小实体尺寸之间。

最大实体要求适用于中心要素，可应用于被测要素（在形位公差值后加注符号 Ⓜ），也可应用于基准要素（在基准字母后加注符号 Ⓜ），或两者同时应用。其具体内容是：形位公差值是要素处于 MMC 时给定的；当实际要素自 MMC 向 LMC 偏离时，允许形位公差相应扩大而获得补偿，其最大允许增量等于尺寸公差值。

①最大实体要求应用于被测要素。

图 4 - 24（a）所示零件为被测要素应用最大实体要求的示例。该零件的要求是：$\phi35$ mm $\geqslant d_a \geqslant \phi34.975$ mm；$\phi0.015$ mm 是被测轴处于 MMC 时给定的，故该轴的最大实体实效边界（MMVB）为 $\phi35.015$ mm，如图 4 - 24（b）所示；当实际轴自 MMC 向 LMC 偏离时，其直线度公差可以相应得到补偿，最大补偿量为轴的尺寸公差值 0.025 mm，允许的最大直线度误差为

形状公差值+尺寸公差值，即 $\phi0.025$ mm + $\phi0.015$ mm = $\phi0.04$ mm，如图 4 – 24(c)所示。

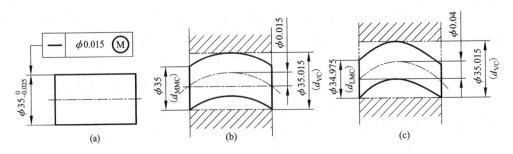

图 4 – 24　最大实体要求应用于被测要素

②最大实体要求应用于基准要素。

如图 4 – 25(a)所示，最大实体要求应用于被测要素和基准要素，而基准要素本身又要求遵守包容要求。此时，基准要素的边界为最大实体边界($\phi20$ mm)，被测要素的定位公差(同轴度公差 $\phi0.1$ mm)是在基准中心要素相应的轮廓要素处于最大实体边界($\phi20$ mm)时的允许值，被测要素的最大实体实效边界为 $\phi39.9$ mm，且与基准要素的最大实体边界同轴的理想圆柱面，如图 4 – 25(b)所示。若基准中心要素相应的轮廓要素偏离最大实体边界，即其作用尺寸偏离了最大实体尺寸，则允许被测要素的定位公差带相对于基准的位置在基准要素的作用尺寸与最大实体尺寸之差的范围内浮动，如图 4 – 25(c)(d)所示。若被测要素偏离其最大实体状态，则允许其同轴度误差超出 $\phi0.1$ mm，其过程如前所述。

另外，如果最大实体要求应用于被测要素和基准要素，而基准要素本身又要求遵守最大实体原则或独立原则，则被测要素的定向或定位公差是在基准中心要素相应的轮廓要素处于最大实体实效边界时的允许值。若基准中心要素相应的轮廓要素偏离最大实体实效边界，则允许被测要素的定向或定位公差带相对于基准的方向或位置在基准要素的作用尺寸与最大实体实效尺寸之差的范围内浮动。

③最大实体要求应用于定位公差示例。

图 4 – 26 为最大实体要求在定位公差中的应用示例，标注表示 $\phi30^{+0.052}_{0}$ 孔的轴线对于由基准 A，B 和理论正确尺寸 40 和 35 确定的理想位置的位置度公差与其轮廓要素尺寸公差按最大实体要求相关，其含义可按下面几点来理解：$\phi30.052 \geqslant D_a \geqslant \phi30$；最大实体实效边界为 $\phi29.9$ mm，且轴线位于由基准 A，B 和理论正确尺寸 40 和 35 确定的理想位置上理想圆柱面；被测孔的定位公差(位置度公差 $\phi0.1$ mm)是在其实际尺寸处处为最大实体尺寸 $\phi30$ mm 时的允许值，如图 4 – 26(b)所示；当孔的实际尺寸偏离最大实体尺寸 $\phi30$ mm 时，则轴线的位置度误差可以大于规定的公差值 $\phi0.1$ mm，只要其作用尺寸不超出最大实体实效尺寸，实际轮廓不超出最大实体实效边界即可；当孔的实际尺寸处处为最小实体尺寸 $\phi30.052$ mm 时，轴线的位置度误差允许达到的最大值为尺寸公差与位置度公差之和，即 $\phi0.052$ mm + $\phi0.1$ mm = $\phi0.152$ mm，如图 3 – 26(c)所示。

④最大实体要求应用于成组要素位置度公差示例。

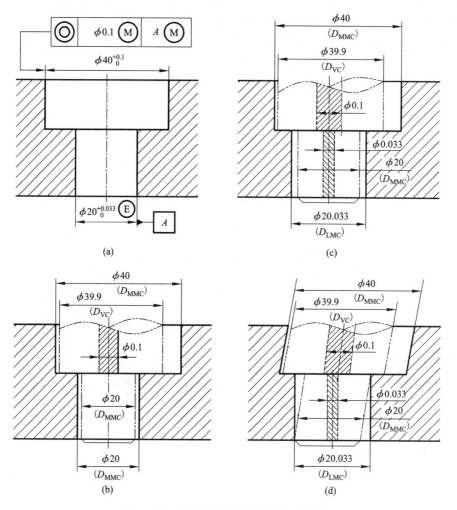

图 4 – 25 最大实体要求应用于基准要素

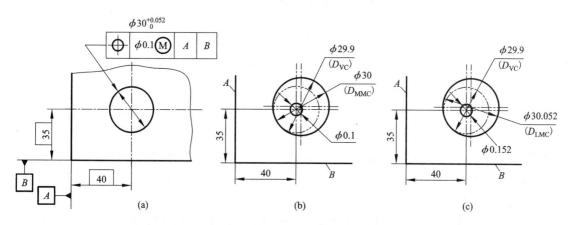

图 4 – 26 最大实体要求在定位公差中的应用

如图 4 - 27，四孔组成一个孔组，整个孔组在零件上的位置及孔组内各孔之间的相对位置均要求较准确，所以都采用位置度公差来控制。

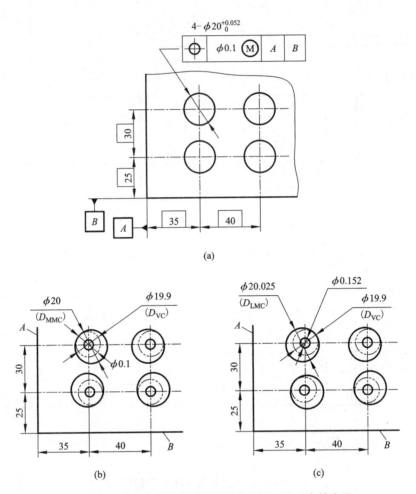

图 4 - 27　最大实体要求在成组要素位置度公差中的应用

图 4 - 27(a)的含义可按下面几点来理解：四孔均应有 $\phi20 \leqslant D_a \leqslant \phi20.052$；关联最大实体实效边界为 $\phi19.9$ mm，且轴线位于由基准 A，B 和理论正确尺寸确定的几何图框理想位置上的理想圆柱面；当孔的实际尺寸处处为最大实体尺寸 $\phi20$ mm 时，允许其实际轴线对于理想位置的位置度误差为图样上给定的公差值 $\phi0.1$ mm，如图 4 - 27(b)所示；当孔的实际尺寸偏离最大实体尺寸 $\phi20$ mm 时，则允许其轴线对于理想位置的位置度误差超过图样给定的公差值 $\phi0.1$ mm，只要其关联作用尺寸不超出关联最大实体实效尺寸即可；当孔的实际尺寸处处为最小实体尺寸 $\phi20.052$ mm 时，其轴线对理想位置的位置度误差可达最大值 $\phi0.152$ mm，如图 4 - 27(c)所示。

从以上内容可以看出，最大实体要求的成组要素位置度公差的设计出发点是保证零件能自由装配。因此，最大实体要求主要用于精度要求(尺寸精度、形位精度)不高，仅保证可装配性的场合，如螺栓连接的板孔、螺栓杆部轴线的直线度；杆部和头部的同轴度；衬套、垫圈内外圆的同轴度；盖板、法兰盘、箱体孔组的位置度等。凡是零件功能允许，而又适用最大实体要求的部位，都应采用最大实体要求以获得最大的技术经济效益。

⑤最大实体要求应用于零形位公差示例

关联要素要求遵守最大实体边界时，可应用最大实体要求的零形位公差。此时，要求实际要素遵守最大实体边界，即要求其实际轮廓处处不得超越最大实体边界，且该边界应与基准保持图样上给定的几何关系，而实际要素的局部实际尺寸不得超越最小实体尺寸。采用最大实体要求时应在形位公差值框格内标注符号 0 Ⓜ 或 ϕ0 Ⓜ。

如图 4 - 28(a)所示，ϕ20$^{+0.033}_{0}$孔的轴线对基准面 A 的垂直度公差与轮廓要素的尺寸公差应用了最大实体要求的零形位公差，其含义如下：当被测孔为 ϕ20 mm(d_M)时，不允许其轴线对基准面 A 有垂直度误差，如图 4 - 28(b)所示；当被测孔的实际尺寸偏离 d_M 时，允许有一定的垂直度误差，允许的垂直度误差等于被测孔的尺寸偏差。当被测孔为 ϕ20.033 mm(d_L)时，其轴线的垂直度误差最大允许值为 ϕ0.033 mm(尺寸公差值)，如图 4 - 28(c)所示；孔的局部实际尺寸不能大于 ϕ20.033 mm。

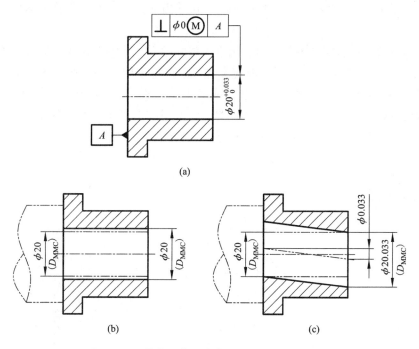

图 4 - 28　最大实体要求在零形位公差中的应用

最大实体要求的零形位公差的设计出发点是满足配合的要求，要求孔、轴表面处处位于最大实体边界之内，即孔、轴的实际尺寸、形状和位置的综合不得超越最大实体边界，这样可以保证确定的配合性质，即保证要求的间隙或过盈。

【注意】最大实体要求的零形位公差也可看成关联要素遵循包容要求。

(3)最小实体要求(LMR)。

最小实体要求(least material requirement)是指尺寸要素的非理想要素不得违反其最小实体实效边界(LMVB)的一种公差原则，即要求体内作用尺寸不超出最小实体实效尺寸 d_{LV} 或

D_{LV}，而实际要素的局部实际尺寸应在最大实体尺寸与最小实体尺寸之间。

最小实体要求仅用于中心要素，可应用于被测要素（在形位公差值后加注符号 Ⓛ），也可应用于基准要素（在基准字母代号后加注符号 Ⓛ），也可两者同时应用最小实体要求。其具体内容是：形位公差值是要素处于 LMC 时给定的；当实际要素自 LMC 向 MMC 偏离时，允许形位公差相应扩大而获得补偿，其最大允许增量等于尺寸公差值。

图 4-29(a) 是最小实体要求应用于被测要素的示例。为了保证零件左侧面与孔外缘之间的最小壁厚，孔 $\phi 8^{+0.25}_{0}$ 的轴线相对于零件侧面的位置度公差采用了最小实体要求。其含义如下：当孔径为 $\phi 8.25$ mm（D_L）时，允许的位置度误差为 $\phi 0.4$ mm（给定值），其最小实体实效边界是直径为 $\phi 8.65$ mm（D_{LV}）的理想圆，如图 4-29(b)；当实际孔径偏离 D_L 时，孔的实际轮廓与控制边界 LMVB 之间会产生一间隙量，从而允许位置度公差增大；当实际孔径为 $\phi 8$ mm（D_M）时，位置度公差可增大至 $\phi 0.4$ mm + $\phi 0.25$ mm = $\phi 0.65$ mm，如图 4-29(c)。

最小实体要求应用于基准要素时，基准要素和被测要素的实际轮廓分别遵守各自的边界及极限尺寸，并按相应的要求进行检验。

当关联要素采用最小实体要求，且应用零形位公差时，应在形位公差值框格内标注符号 0 Ⓛ 或 $\phi 0$ Ⓛ。

对于只靠过盈传递扭矩的配合零件，无论在装配中孔、轴中心要素的形位误差发生了什么变化，也必须保证一定的过盈量，此时应考虑孔、轴均采用最小实体要求。中心要素应用最小实体要求的目的是保证零件的最小壁厚或最小的位置尺寸，防止穿透，保证设计强度，并能获得最佳的技术经济效益。必须指出的是，对采用最小实体要求的零件进行检验比较困难，且无法用量规检验，目前一般用三坐标测量机来检验。

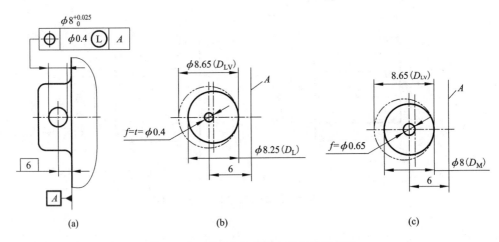

图 4-29 最小实体要求应用于被测要素

（4）可逆要求（RPR）。

可逆要求（reciprocity requirement）是最大实体要求（MMR）或最小实体要求（LMR）的附加要求，表示尺寸公差可以在实际几何误差（小于几何公差）与几何公差的差值范围内增大。可逆要求是一种反补偿要求。上述的最大实体要求与最小实体要求均是实际尺寸偏离最大实体尺寸或最小实体尺寸时，允许其形位误差值增大，即可获得一定的补偿量，而实际尺寸受其极限尺寸控制，不得超出。而可逆要求则表示，当形位误差值小于其给定公差值时，允许其实际尺寸超出极限尺寸。但两者综合所形成实际轮廓，仍然不允许超出其相应的控制边界。

可逆要求用于最大实体要求时，在符号 Ⓜ 后加注 Ⓡ；用于最小实体要求时，在符号 Ⓛ 后加注符号 Ⓡ。

图 4-30 所示零件，其轴线对端面 D 的垂直度采用最大实体要求及可逆要求，其含义如下：最大实体实效边界为 $\phi20.2$ mm(d_{MV}) 并与基准 D 垂直的理想孔；当被测轴为 $\phi20$ mm (d_M) 时，其垂直度公差为 $\phi0.2$ mm(给定值)，如图 4-30(b) 所示；实际尺寸偏离 d_M 时，允许其垂直度误差增大，当被测轴为 $\phi19.9$ mm(d_L) 时，垂直度允许误差可达到 $\phi0.3$ mm，如图 4-30(c) 所示；当形位误差小于给定值时，也允许轴的实际尺寸超出 d_M，当垂直度误差为零时，实际尺寸可达 $\phi20.2$ mm(d_{MV})，如图 4-30(d) 所示。

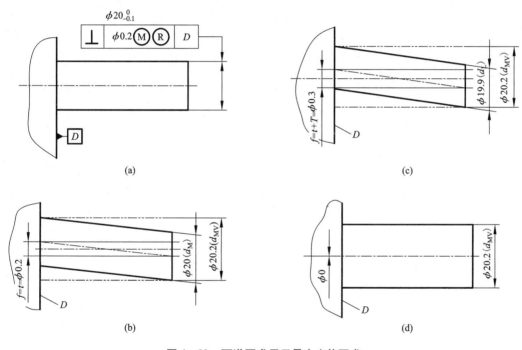

图 4-30　可逆要求用于最大实体要求

最大实体要求用可逆要求主要应用于对尺寸公差及配合无严格要求，仅要求保证装配互换的场合。可逆要求很少应用于最小实体要求，故从略。

4.5.3　公差原则的应用

零件要素遵循公差原则的应用场合、所遵循的理想边界、测量手段等，见表 4-5 公差原则的应用。

表 4-5 公差原则的应用

公差原则及要求		应用对象		标注符号	应用场合	被测要素应遵循的边界	被测要素的极限尺寸		测量手段	
		要素	项目				最大实体尺寸	最小实体尺寸	形位误差	实际尺寸
独立原则		轮廓要素 中心要素	形位公差各项	无	应用广泛,是形位公差和尺寸公差关系所遵循的一项基本原则,不论尺寸和形位的精度要求如何,均可采用。如两孔之间的尺寸公差和它们的同轴度要求及辊子的尺寸公差和它的圆柱度要求等	无控制边界	局部实际尺寸	局部实际尺寸	通用量仪控制形位误差不超过给定值	两点测量控制其局部实际尺寸不超过最大和最小实体尺寸
相关要求	包容要求 单一要素	圆柱面 两平行平面	可控制圆柱面和两平行平面上的任何形状误差	Ⓔ		最大实体边界	最大实体边界	局部实际尺寸	通规控制其作用尺寸不超过最大实体尺寸	通规控制最大实体尺寸;止规控制最小实体尺寸
	最大实体要求	中心要素		Ⓜ	满足装配要求但无严格的配合要求时采用。如螺栓孔、轴线的位置度,两轴线的平行度等	最大实体实效边界	局部实体尺寸	局部实体尺寸	综合量规控制其最大实体实效边界	两点测量
				0Ⓜ	满足装配要求,由tⓂ或φtⓂ转换成0Ⓜ或φ0Ⓜ,可增大尺寸公差,扩大零件合格率,提高加工经济性	最大实体边界	最大实体实效尺寸	局部实体尺寸	综合量规或专用检具控制其作用尺寸不超过其最大实体边界	综合量规控制其最大实体尺寸,两点法测量最小实体尺寸
	最小实体要求	中心要素		Ⓛ	满足临界设计值的要求,以控制最小壁厚,提高对中度	最小实体实效边界	局部实体尺寸	局部实体尺寸	综合量规控制其作用尺寸不超过最小实体实效边界	综合量规控制最小实体实效尺寸,两点法测量最大实体尺寸
				0Ⓛ	同Ⓛ,可扩大零件合格率		局部实体尺寸	最小实体边界尺寸	综合量规控制其作用尺寸不超过最小实体边界	综合量规控制最小实体尺寸,两点法测量最大实体尺寸
	可逆要求应用于最大实体要求	中心要素		ⓂⓇ	同最大实体要求,但允许其实际尺寸超出最大实体尺寸	最大实体实效边界	局部实体尺寸	局部实体尺寸	综合量规控制其作用尺寸不超过最大实体实效边界	两点测量
	可逆要求应用于最小实体要求			ⓁⓇ	同最小实体要求,但允许其实际尺寸超出最小实体尺寸	最小实体实效边界	局部实体尺寸	局部实体尺寸	综合量规控制其作用尺寸不超过最小实体实效边界	综合量规控制最小实体实效尺寸,两点法测量最大实体尺寸

4.6　形位公差的选择与应用

在对零件规定形位公差时,主要应考虑:规定适当的公差项目、确定采用何种公差原则、给出公差值、对位置公差给定测量基准等。这些要求最后都应该按照国家标准的规定正确地标注在图样上。

4.6.1　形位公差项目的选择

形位公差特征项目的一般选择要点如下:

(1)标注形位公差的必要性。图样上是否要给出形位公差要求,可根据下述原则确定:形位公差要求用一般机床加工能保证者,不必注出,通常也不检查;若需抽样检查或仲裁时,其公差要求应按 GB 1184—1996《形状和位置公差未注公差规定》确定;凡形位公差要求高于或低于 GB 1184—1996 规定的公差级别的,都应在图样上明确标出。

(2)零件的几何特征。零件的几何特征不同,会产生不同的形位误差。如:圆柱形零件可选择圆度、圆柱度、轴线直线度及素线直线度等;平面零件可选择平面度;窄长平面可选择直线度;槽类零件可选择对称度;阶梯轴、孔可选择同轴度等。

(3)零件的功能要求。要认真分析零件的功能要求,给出合理的形位公差项目。如对圆柱形零件,当仅要求顺利装配时,可选择轴线的直线度;若孔、轴间有相对运动,为均匀接触或密封性起见,应标注圆柱度公差以综合控制圆度、素线直线度和轴线直线度(如柱塞与柱塞套、阀芯与阀体等);又如为保证机床工作台或刀架运动轨迹的精度,需要对导轨提出直线度要求;为保证齿轮正确啮合,需对安装齿轮的箱体孔要提出轴线的平行度要求;为使箱体、法兰的螺栓孔能顺利装配,要规定孔组的位置度公差等。如果要在同一要素上标注几个形位公差项目,则应进行分析。若标注的综合性项目已能满足功能要求,则不要再标其他项目。

(4)检测的方便性。应从工厂、车间现有的检测条件的方便性和经济性来考虑形位公差项目的选择。例如,可用圆度和素线直线度及平行度代替圆柱度;用全跳动代替圆柱度;用圆跳动代替同轴度;用径向全跳动综合控制圆柱度、同轴度;用端面全跳动代替端面对轴线的垂直度等。

(5)参照有关专业标准。确定形位公差项目要参照有关专业标准的规定。例如,与滚动轴承相配合的孔与轴应当标哪些项目的形位公差,轴承有关标准已有规定;其他如单键、花键、齿轮等标准对形位公差也都有相应要求和规定。

总之,在满足功能要求的前提下,应尽量减少项目,以获得较好的经济效益。设计者只有在充分了解零件的功能要求、精度要求、加工工艺、检测方法的情况下,才能对零件提出恰当、合理的形位公差项目。

4.6.2　形位公差值的确定

形位公差值的确定原则与一般公差选用原则一样,即在满足零件使用要求的前提下,综合考虑零件的结构、刚性和加工的经济性,选取最经济的公差值。

确定形位公差值的方法有类比法和计算法两种。确定公差值时,应注意如下几个问题:

(1)形状公差、位置公差和尺寸公差应协调。一般原则是 $T_{形状} < T_{位置} < T_{尺寸}$。对于采用

MMR 或 ER 的具有中心的要素，虽然其形位公差可小于或大于尺寸公差，但通常仍多取形位公差小于尺寸公差。

（2）考虑配合要求。有配合要求并要严格保证其配合性质的要素（采用包容要求、最大实体要求的零形位公差），从工艺性出发，其形状公差目前多按占尺寸公差的百分比来确定，即 $T_{形状} = kT_{尺寸}$。在常用尺寸段及尺寸公差 IT5～IT8 的范围内，k 通常取 1/4～2/3；有特殊要求的可取更小的 k 值。应当注意：形状公差占尺寸公差的百分比过小，则会对工艺装备的精度要求过高；而占尺寸公差的百分比过大，则会给保证尺寸本身的精度带来困难。

（3）考虑零件的结构和刚性。对于具有结构特点的要素（如孔对于轴、长径比大的轴或孔、距离较远的轴或孔、宽度较大的零件表面等）或刚性较差的零件（如细长轴、薄壁件等），考虑到加工的难易程度和除主参数外其他参数的影响，在满足件零件功能要求的前提下，可适当降低 1～2 级选用，从而选取较大的公差值。

（4）考虑表面粗糙度。对于单一平面的形状公差，目前多按它与表面粗糙度的关系来考虑选值。二者本来无关，但从加工平面的实际经验来看，通常表面粗糙度的 Ra 值可占形状公差（直线度、平面度）的 20%～25%。因此，对中等尺寸和中等精度零件的这类形状公差可按此关系取值。

（5）当需要通过计算来确定形位公差值时，可以从产品的动态功能要求或静态功能要求出发，根据总装精度指标的公差值，以关键零件为中心分配诸零件的形位公差。各零件上某些形位公差往往也是尺寸链组成环的公差，而产品总装精度指标的公差值则为封闭环公差，因而它们之间的关系可按"完全互换法"或"大数互换法"（概率法）等计算。

4.6.3 形位公差表

形位公差值及选用见表 4-6 至表 4-10，均摘自 GB/T 1184—1996。

表 4-6 直线度、平面度公差值

主参数 L /mm	公　差　等　级											
	1	2	3	4	5	6	7	8	9	10	11	12
	公　差　值　/μm											
≤10	0.2	0.4	0.8	1.2	2	3	5	8	12	20	30	60
>10～16	0.25	0.5	1	1.5	2.5	4	6	10	15	25	40	80
>16～25	0.3	0.6	1.2	2	3	5	8	12	20	30	50	100
>25～40	0.4	0.8	1.5	2.5	4	6	10	15	25	40	60	120
>40～63	0.5	1	2	3	5	8	12	20	30	50	80	150
>63～100	0.6	1.2	2.5	4	6	10	15	25	40	60	100	200
>100～160	0.8	1.5	3	5	8	12	20	30	50	80	120	250
>160～250	1	2	4	6	10	15	25	40	60	100	150	300
>250～400	1.2	2.5	5	8	12	20	30	50	80	120	200	400
>400～630	1.5	3	6	10	15	25	40	60	100	150	250	500
>630～1000	2	4	8	12	20	30	50	80	120	200	300	600
>1000～1600	2.5	5	10	15	25	40	60	100	150	250	400	800
>1600～2500	3	6	12	20	30	50	80	120	200	300	500	1000

主参数 L	公　差　等　级											
	1	2	3	4	5	6	7	8	9	10	11	12
/mm	公　差　值 /μm											
>2500 ~ 4000	4	8	15	25	40	60	100	150	250	400	600	1200
>4000 ~ 6300	5	10	20	30	50	80	120	200	300	500	800	1500
>6300 ~ 10000	6	12	25	40	60	100	150	250	400	600	1000	2000

主参数图例

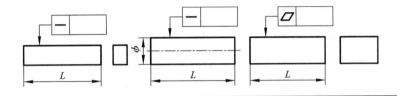

表 4 − 7　圆度、圆柱度公差值

主参数 d 或 D	公　差　等　级											
	1	2	3	4	5	6	7	8	9	10	11	12
/mm	公　差　值 /μm											
≤3	0.1	0.2	0.3	0.5	0.8	1.2	2	3	6	10	14	25
>3 ~ 6	0.1	0.2	0.4	0.6	1	1.5	2.5	4	8	12	18	30
>6 ~ 10	0.12	0.25	0.4	0.6	1	1.5	2.5	4	9	15	22	30
>10 ~ 18	0.15	0.25	0.5	0.8	1.2	2	3	5	11	18	27	43
>18 ~ 30	0.2	0.3	0.6	1	1.5	2.5	4	6	13	21	33	52
>30 ~ 50	0.25	0.4	0.6	1	1.5	2.5	4	7	16	25	39	62
>50 ~ 80	0.3	0.5	0.8	1.2	2	3	5	8	19	30	46	74
>80 ~ 120	0.4	0.6	1	1.5	2.5	4	6	10	22	35	54	87
>120 ~ 180	0.5	1	1.2	2	3.5	5	8	12	25	40	63	100
>180 ~ 250	0.8	1.2	1.5	3	4.5	7	10	14	29	46	72	115
>250 ~ 315	1	1.6	2	4	6	8	12	16	32	52	81	130
>315 ~ 400	1.2	2	3	5	7	9	13	18	36	57	89	140
>400 ~ 500	1.5	2.5	4	6	8	10	15	20	40	63	97	155

主参数图例

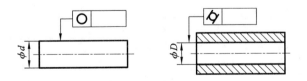

表 4 – 8   平行度、垂直度、倾斜度公差值

主参数 L, d 或 D /mm	公 差 等 级											
	1	2	3	4	5	6	7	8	9	10	11	12
	公 差 值 /μm											
≤10	0.4	0.8	1.5	3	5	8	12	20	30	50	80	120
>10 ~ 16	0.5	1	2	4	6	10	15	25	40	60	100	150
>16 ~ 25	0.6	1.2	2.5	5	8	12	20	30	50	80	120	200
>25 ~ 40	0.8	1.5	3	6	10	15	25	40	60	100	150	250
>40 ~ 63	1	2	4	8	12	20	30	50	80	120	200	300
>63 ~ 100	1.2	2.5	5	10	15	25	40	60	100	150	250	400
>100 ~ 160	1.5	3	6	12	20	30	50	80	120	200	300	500
>160 ~ 250	2	4	8	15	25	40	60	100	150	250	400	600
>250 ~ 400	2.5	5	10	20	30	50	80	120	200	300	500	800
>400 ~ 630	3	6	12	25	40	60	100	150	250	400	600	1000
>630 ~ 1000	4	8	15	30	50	80	120	200	300	500	800	1200
>1000 ~ 1600	5	10	20	40	60	100	150	250	400	600	1000	1500
>1600 ~ 2500	6	12	25	50	80	120	200	300	500	800	1200	2000
>2500 ~ 4000	8	15	30	60	100	150	250	400	600	1000	1500	2500
>4000 ~ 6300	10	20	40	80	120	200	300	500	800	1200	2000	3000
>6300 ~ 10000	12	25	50	100	150	250	400	600	1000	1500	2500	4000

主参数图例

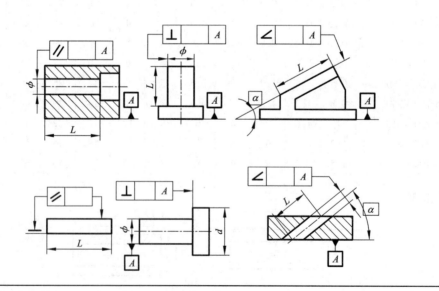

表 4 - 9 同轴度、对称度、圆跳动、全跳动公差值

主参数 d 或 D, B, L /mm	公 差 等 级											
	1	2	3	4	5	6	7	8	9	10	11	12
	公 差 值 /μm											
≤1	0.4	0.6	1	1.5	2.5	4	6	10	15	25	40	60
>1 ~ 3	0.4	0.6	1	1.5	2.5	4	6	10	20	40	60	120
>3 ~ 6	0.5	0.8	1.2	2	3	5	8	12	25	50	80	150
>6 ~ 10	0.6	1	1.5	2.5	4	6	10	15	30	60	100	200
>10 ~ 18	0.8	1.2	2	3	5	8	12	20	40	80	120	250
>18 ~ 30	1	1.5	2.5	4	6	10	15	25	50	100	150	300
>30 ~ 50	1.2	2	3	5	8	12	20	30	60	120	200	400
>50 ~ 120	1.5	2.5	4	6	10	15	25	40	80	150	250	500
>120 ~ 250	2	3	5	8	12	20	30	50	100	200	300	600
>250 ~ 500	2.5	4	6	10	15	25	40	60	120	250	400	800
>500 ~ 800	3	5	8	12	20	30	50	80	150	300	500	1000
>800 ~ 1250	4	6	10	15	25	40	60	100	200	400	600	1200
>1250 ~ 2000	5	8	12	20	30	50	80	120	250	500	800	1500
>2000 ~ 3150	6	10	15	25	40	60	100	150	300	600	1000	2000
>3150 ~ 5000	8	12	20	30	50	80	120	200	400	800	1200	2500
>5000 ~ 8000	10	15	25	40	60	100	150	250	500	1000	1500	3000

主参数图例

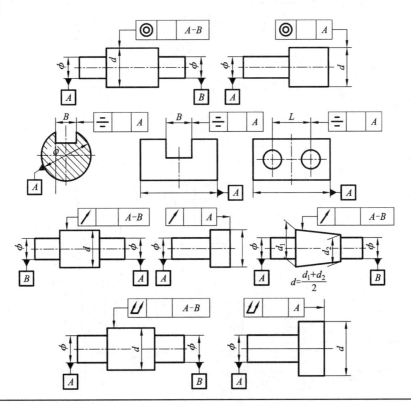

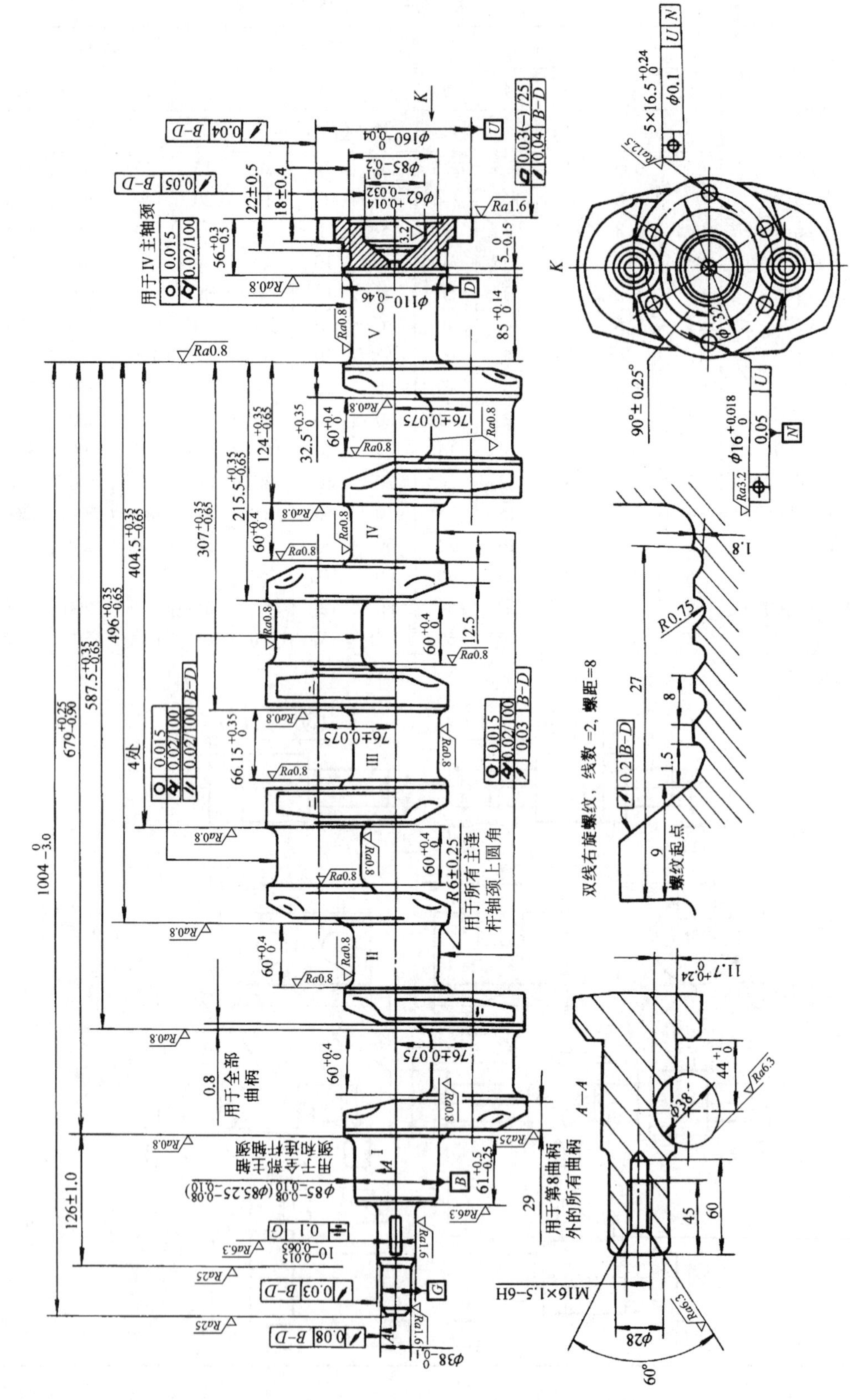

图 4-31 曲轴零件简图

98

4.6.4 应用示例

1. 曲轴的形位精度设计

图 4-31 为 4125A 型柴油发动机整体式曲轴，有四个曲拐；主轴颈和连杆轴颈分布在同一平面内，四个连杆轴颈在主轴颈两侧呈两两分布，相互夹角 180°；主轴颈和连杆轴颈之间有四个斜油孔相通，以便对连杆轴颈润滑。较组合式曲轴而言，整体式曲轴具有的强度和刚度较高、结构紧凑和重量轻的优点。

由于曲轴结构复杂，在工作时承受着不断变化的压力、惯性力和它们的力矩作用，因此要求曲轴强度高、刚度大、耐磨性好、润滑可靠，具有较高的尺寸精度、形位精度和表面质量。曲轴的主要加工表面有主轴颈、连杆轴颈及法兰盘端面等，其主要的尺寸精度、形位精度和表面质量要求标注于图 4-31。

2. 齿轮轴的形位精度设计

图 4-32 所示为减速器的齿轮轴，根据减速器对该轴的功能要求，选用几何公差如下：

两个 $\phi40^{+0.011}_{-0.006}$ 的轴颈与滚动轴承的内圈相配合，采用包容要求，以保证配合性质；按 GB/T 275—1993 规定，与滚动轴承配合的轴颈，为了保证装配后轴承的几何精度，在采用包容要求的前提下，又进一步提出了圆柱度公差 0.004 mm 的要求；两轴颈上安装滚动轴承后，将分别装配到相应的箱体孔内，为了保证轴承外圈与箱体孔的配合性质，需限制两轴颈的同轴度误差，故又规定了两轴颈的径向圆跳动公差 0.008 mm。

轴颈 $\phi50$ mm 的两个轴肩都是止推面，起一定的定位作用。GB/T 275—1993 规定，给出两轴肩相对基准轴线 A-B 的端面圆跳动公差 0.012 mm，轴颈 $\phi30^{-0.028}_{-0.041}$ 与轴上零件配合，有配合性质要求，因此也采用包容要求。

为了保证齿轮的正确啮合，对 $\phi30^{-0.028}_{-0.041}$ 轴颈上的键槽 $8^{+0.036}_{0}$ 提出了对称度公差 0.015 mm 的要求，基准为 A-B。

4.7 形位误差的检测原则

三坐标测量机测量形位误差

形位误差的项目较多，而每个公差项目随着被测零件的精度要求、结构形状、尺寸大小和生产批量的不同，其检测方法和设备也不同。为了能正确地测量形位误差和设计选择合理的检测方案，在 GB/T 1958—2004《产品几何量技术规范(GPS)形状和位置公差检测规定》中，规定了形位误差检测原则，并附有 2 类 14 项形位误差的检测方法。这些检测原则是各种检测方法的概括，可以按照这些原则，根据被测对象的特点和有关条件，选择最合理的检测方案。也可根据这些原则，采用其他的检测方法和测量装置。

GB 1958—1980 所规定的五种检测原则如下所述。

4.7.1 与理想要素比较原则

将被测实际要素与其理想要素相比较，理想要素用模拟方法获得，误差值由直接法或间接法获得。在实际生产中，这种方法得到广泛的应用。例如图 4-33(a)用轮廓样板测量轮廓度误差，图 4-33(b)用刀口尺测量直线度。

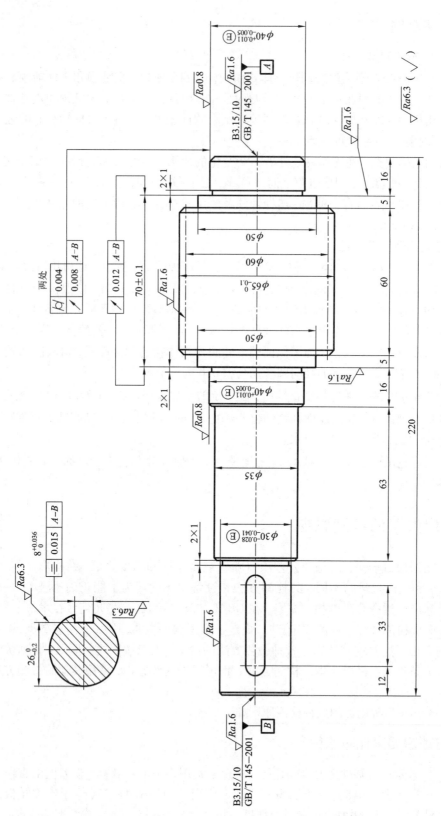

图 4 - 32　齿轮轴形位精度设计

100

4.7.2 测量坐标值原则

利用三坐标测量机或其他坐标测量装置(如万能工具显微镜),测量被测实际要素的一系列坐标值(如直角坐标值、极坐标值、圆柱面坐标值),再经过数据处理,求得形位误差值。如图 4 - 34 所示,为测量直角坐标值即测量坐标值原则检测示例。

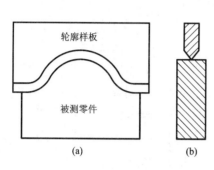

图 4 - 33 与理想要素比较原则

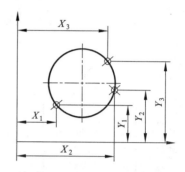

图 4 - 34 测量坐标值原则

4.7.3 测量特征参数原则

测量被测实际要素上具有代表性的参数(即特征参数,如圆形零件的半径可为圆度误差的特征参数)来表示形位误差值。如图 4 - 35 所示,截取壁厚尺寸 a, b,取它们的差值作为孔的轴线相对于基准中心平面的对称度误差。

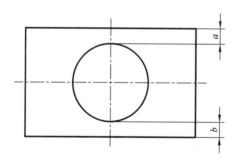

图 4 - 35 测量特征参数原则

4.7.4 测量跳动原则

此原则主要用于跳动误差测量,因为跳动公差就是按检查方法定义的。测量方法是:被测实际要素绕基准轴线回转过程中,沿给定方向测量其对某参考点或线的变动量。变动量是指指示器最大与最小读数之差。如图 4 - 36 所示,为测量径向跳动即测量跳动原则检测示例。

4.7.5 控制实效边界原则

检验被测实际要素是否超过实效边界,以判断合格与否。此原则适用于采用最大实体要求的场合。如图 4-37 所示,为用综合量规(由测量要素和定位要素两部分组成)检验同轴度误差即控制实效边界原则检测示例。

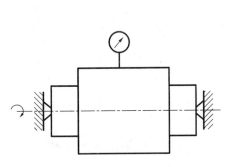

图 4-36 测量跳动原则

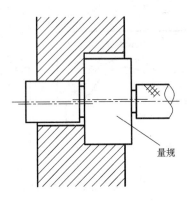

量规

图 4-37 控制实效边界原则

练 习 题

4-1 判断题。

(1)某平面对基准平面的平行度误差为 0.05 mm,那么该平面的平面度误差一定不大于 0.05 mm。 ( )

(2)圆柱度公差是控制圆柱形零件横截面和轴向截面内形状误差的综合性指标。 ( )

(3)零件图样上规定 ϕd 实际轴线相对于 ϕD 基准轴线的同轴度公差为 $\phi 0.02$ mm。这表明只要 ϕd 实际轴线上各点分别相对于 ϕD 基准轴线的距离之差不超过 0.02 mm,就能满足同轴度要求。 ( )

(4)端面全跳动公差和平面对轴线垂直度公差两者控制的效果完全相同。 ( )

(5)端面圆跳动公差和端面对轴线垂直度公差两者控制的效果完全相同。 ( )

(6)被测要素处于最小实体尺寸和形位误差为给定公差值时的综合状态,称为最小实体实效状态。 ( )

(7)当包容要求用于单一要素时,被测要素必须遵守最大实体实效边界。 ( )

(8)被测要素采用最大实体要求的零形位公差时,被测要素必须遵守最大实体边界。 ( )

(9)最小条件是指被测要素对基准要素的最大变动量为最小。 ( )

4-2 选择题。

(1)下列论述正确的有( )

A. 给定方向上的线位置度公差值前应加注符号"ϕ"。

B. 空间中,点位置度公差值前应加注符号"$S\phi$"。

C. 任意方向上线倾斜度公差值前应加注符号"ϕ"。

D. 标注斜向圆跳动时，指引线箭头应与轴线垂直。

E. 标注圆锥面的圆度公差时，指引线箭头应指向圆锥轮廓面的垂直方向。

(2)对于径向全跳动公差，下列论述正确的有(　　)

A. 属于形状公差。

B. 属于位置公差。

C. 属于跳动公差。

D. 与同轴度公差带形状相同。

E. 当径向全跳动误差不超差时，圆柱度误差肯定也不超差。

(3)形位公差带形状是半径差为公差值 t 的两圆柱面之间的区域有(　　)

A. 同轴度。

B. 径向全跳动。

C. 任意方向直线度。

D. 圆柱度。

E. 任意方向垂直度。

(4)形位公差带形状是直径为公差值 t 的圆柱面内区域的有(　　)

A. 径向全跳动。

B. 端面全跳动。

C. 同轴度。

D. 任意方向线位置度。

E. 任意方向线对线的平行度。

(5)某轴 $\phi10_{-0.015}^{0}$ Ⓔ，则(　　)

A. 被测要素遵守 MMC 边界。

B. 被测要素遵守 Ⓜ VC 边界。

C. 当被测要素尺寸为 $\phi10$ mm 时，允许形状误差最大可达 0.015 mm。

D. 当被测要素尺寸为 $\phi9.985$ mm 时，允许形状误差最大可达 0.015 mm。

E. 局部实际尺寸应大于等于最小实体尺寸。

(6)被测要素采用最大实体要求的零形位公差时(　　)

A. 位置公差值的框格内标注符号 Ⓔ 。

B. 位置公差值的框格内标注符号 $\phi0$ Ⓜ 。

C. 实际被测要素处于最大实体尺寸时，允许的形位误差为零。

D. 被测要素遵守的最大实体实效边界等于最大实体边界。

E. 被测要素遵守的是最小实体实效边界。

4-3　改正图 4-40 中各项形位公差标注上的错误(不得改变形位公差项目)。

4-4　将下列技术要求标注在图 4-41 上。

(1)$\phi100$h6 圆柱表面的圆度公差为 0.005 mm。

(2)$\phi100$h6 轴线对 $\phi40$P7 孔轴线的同轴度公差为 $\phi0.015$ mm。

(3)$\phi40$P7 孔的圆柱度公差为 0.005 mm。

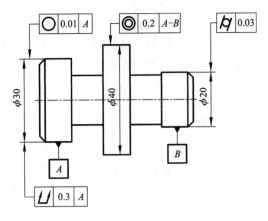

图 4 - 40

（4）左凸台端面对 φ40P7 孔轴线的垂直度公差为 0.01 mm。

（5）右凸台端面对左凸台端面的平行度公差为 0.02 mm。

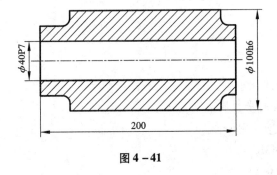

图 4 - 41

第 5 章
表面粗糙度及其检测

【概述】

◎目的：了解表面粗糙度的含义及其对机器零件使用性能的影响；理解表面粗糙度的评定标准和评定参数；具备表面粗糙度设计能力。

◎要求：①了解表面粗糙度意义；②掌握表面粗糙度参数的选用原则；③掌握表面粗糙度的标注方法；④了解表面粗糙度的测量方法。

◎重点：表面粗糙度的术语、定义、标注及测量方法。

5.1　概述

无论是机械加工后的零件表面，还是用其他方法获得的零件表面，总会存在着由较小间距的峰谷组成的微观高低不平的痕迹，表述这些峰谷的高低程度和间距状况的微观几何形状特性的术语称为表面粗糙度，它是评定零件表面由机械加工引起的各种微小起伏的重要参数。表面粗糙度与机械零件的使用性能有着密切的关系，影响着机器工作的可靠性和使用寿命。为了保证和提高产品质量，促进互换性生产，适应国际交流和对外贸易，我国等效采用 ISO 有关标准，制定了相关的粗糙度国家标准。现实施的主要标准如下：

GB/T 3505—2009 产品几何技术规范（GPS）表面结构（轮廓法　术语、定义及表面结构参数）；

GB/T 1031—2009 产品几何技术规范（GPS）表面结构（轮廓法　表面粗糙度参数及其数值）；

GB/T 131—2006 产品几何技术规范（GPS）技术产品文件中表面结构的表示方法。

5.1.1　表面结构与粗糙度轮廓

由于加工形成的机械零件实际表面一般处于非理想状态，将其截面放大来看，零件的表面总是凹凸不平的。机械零件的表面结构是指实际表面的由重复偏差和偶然偏差所形成的表面三维形貌。

常见的表面缺陷
及钛合金磨痕

偶然性表面结构一般指的是凹缺陷、凸缺陷、混合表面缺陷、区域和外观缺陷；重复性表面结构由一些微小间距和微小峰谷组成，一般称为零件表面形貌，可以分为表面形状误差、表面波纹度及表面粗糙度，是机械零件表面精度所研究和描述的对象，如图 5-1 所示。

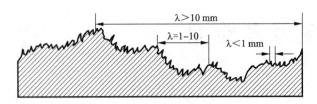

图 5 - 1　机械零件的重复性表面结构

1. 表面形状误差 (surface primary profile)

零件表面中峰谷的波长和波高之比大于 1000 的不平程度称为表面形状误差(波距大于 10 mm)。

显然,上述传统划分方法并不严谨。实际上表面形状误差、表面粗糙度以及表面波纹度之间,并没有确定的界线,它们通常与生成表面的加工工艺和零件的使用功能有关。为此,国际标准化组织(ISO)近年来,加强了对表面滤波方法和技术的研究,对复合的表面特征采用软件或硬件滤波的方式,获得与使用功能相关联的表面特征评定参数。

2. 表面波纹度 (surface waviness)

零件表面中峰谷的波长和波高之比等于 50 ~ 1000 的不平程度称为表面波纹度(波距在 1 ~ 10 mm)。

3. 表面粗糙度 (surface roughness)

零件表面所具有的微小峰谷的不平程度属于表面粗糙度,其波长和波高之比一般小于 50 (波距小于 1 mm)。

5.1.2　表面粗糙度的概念

表面粗糙度与表面
光洁度概念的差异

零件表面经加工后,特别是经过高精度加工后,肉眼看起来很光滑,经放大后表面上会留下微观的凹凸不平的刀痕和间距较小的轮廓峰谷。这种加工表面上具有较小间距和峰谷所组成的微观几何形状特征,称为表面粗糙度。

表面粗糙度形成的原因:

(1)加工过程中的刀痕;

(2)切屑分离时的塑性变形;

(3)刀具与已加工表面间的摩擦;

(4)工艺系统的高频振动。

零件表面粗糙度影响零件的使用性能和使用寿命,在保证零件的尺寸、形状和位置精度的同时,不能忽视表面粗糙度的影响,特别是转速高、密封性能要求高的零部件要格外重视。

5.1.3　表面粗糙度对零件使用性能的影响

表面粗糙度对机械零件使用性能及其寿命影响较大,尤其对高温、高速和高压条件下工作的机械零件影响更大,其影响主要表现在以下几方面。

1. 对配合性质的影响

对于有配合要求的零件表面,无论是哪一类配合,表面粗糙度都影响配合性质的稳定性。对于间隙配合，表面粗糙值过大则易磨损，使间隙很快地增大，从而引起配合性质的改变。特别是在零件尺寸小和公差小的情况下，此影响更为明显。对于过盈配合，表面粗糙值过大，配合零件经压装后，零件表面的峰顶会被压平，会减少实际有效过盈，从而降低连接强度。

2. 对摩擦、磨损的影响

具有微观几何形状误差的两个表面只能在峰顶发生接触，实际有效接触面积很小，导致单位压力增大，若表面间有相对运动，则峰顶间的接触作用会对运动产生摩擦阻力，同时使零件产生磨损。一般来说，两个接触表面做相对运动时，表面越粗糙，摩擦阻力越大，使零件表面磨损速度越快，耗能越多，且影响相对运动的灵敏性。但是表面过于光洁，会不利于润滑油的贮存，易使工作面间形成半干摩擦或干摩擦，反而使摩擦系数增大，并且表面之间可能产生分子间的吸附作用。所以，特别光滑的表面会加剧磨损。

3. 对腐蚀性影响

金属腐蚀往往是由于化学作用或电化学作用造成的。零件表面越粗糙，则积聚在零件表面上的腐蚀性气体、液体也越多，且通过微观凹谷向零件内层渗透，使腐蚀加剧。因此，提高零件表面粗糙度质量，可以增强其抗腐蚀能力。

4. 对疲劳强度的影响

零件在交变载荷、重载荷及高速工作条件下，其疲劳强度除了与零件材料的物理、力学性能有关外，还与表面粗糙度有很大关系。零件表面越粗糙，表面上的凹痕和裂纹越明显，对应力集中越敏感。尤其是当零件受到交变载荷时，零件的疲劳损坏可能性越大，疲劳强度越差。

此外，表面粗糙度还影响零件的密封性能、产品的美观和表面涂层的质量等。提高产品质量和寿命应选取合理的表面粗糙度。因此，在保证零件尺寸、形状和位置精度的同时，对表面粗糙度也应该进行控制。

5.2　表面粗糙度的评定

5.2.1　基本术语及定义

1. 关于轮廓的相关定义

如图 5-2 所示，一个指定平面与实际表面相交所得的轮廓为表面轮廓。

对表面轮廓使用 λ_s 轮廓滤波器抑制比粗糙度波长更短的成分之后形成的轮廓称为原始轮廓，它是包含了形状误差、波纹度和表面粗糙度的总轮廓。

对原始轮廓使用 λ_c 轮廓滤波器抑制比粗糙度波长更长的成分之后形成的轮廓称为粗糙度轮廓，它是评定粗糙度轮廓参数的基础。

对原始轮廓使用 λ_c 轮廓滤波器抑制比波纹度波长更短的成分、使用 λ_f 轮廓滤波器抑制比波纹度波长更长的成分之后形成的轮廓称为波纹度轮廓，它是评定波纹度轮廓参数的基础。

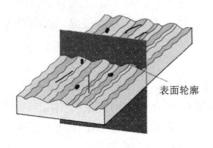

表面轮廓

图 5 - 2　表面轮廓

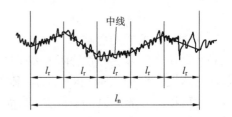

中线

l_r　l_r　l_r　l_r　l_r

l_n

图 5 - 3　取样长度和评定长度

2. 取样长度 l_r（sampling length）

在轮廓的 X 轴方向上量取的用于判别具有表面粗糙度特征的一段基准线长度。在取样长度（l_r）范围内，一般应包括五个以上的峰和谷（如图 5 - 3）。规定这段长度是为了限制和减弱表面波纹度对表面粗糙度测量结果的影响。取样长度应与被测表面的粗糙度相适应。表面越粗糙，取样长度应越大。

3. 评定长度 l_n（evaluation length）

为了较全面地反映某一表面粗糙度的特征，规定在评定时所必需的一段表面长度，可包含有一个或几个取样长度的长度（如图 5 - 3），称为评定长度。

由于加工表面的粗糙度并不均匀，只取一个取样长度中的粗糙度值来评定该表面的粗糙度的质量还不够客观，所以要取几个连续的取样长度。取多少个取样长度与加工方法有关，即与加工所得表面粗糙度的均匀程度有关，越均匀，所取个数可越少。对于均匀性好的表面，$l_n < 5l_r$；对于均匀性较差的表面，$l_n > 5l_r$。

4. 轮廓中线（mean lines）

在评定表面的粗糙度时，必须先要规定一条用于计算表面粗糙度参数值的基准线，这条基准线叫作轮廓中线。轮廓中线有两种，分别是轮廓最小二乘中线和轮廓算术平均中线。

（1）轮廓最小二乘中线

轮廓最小二乘中线具有以下两个特征：第一，具有轮廓的几何形状；第二，在取样长度内划分轮廓，会使得轮廓上的点到中线距离的平方和最小，如图 5 - 4 所示。需要注意的是，中线的走向应该与被测表面轮廓的走向保持一致，因此中线的形状会随着表面几何轮廓形状的改变而改变。

（2）轮廓算术平均中线

轮廓算术平均中线具有以下三个特征：第一，具有几何轮廓形状；第二，在取样长度内与轮廓走向一致；第三，在取样长度内，以轮廓算术平均中线为基准线划分轮廓，会使得中线上下两边由轮廓及中线围成的面积相等，如图 5 - 5 所示。轮廓算术平均中线往往并不是只有唯一的一条。

108

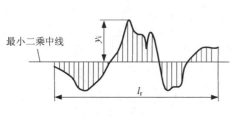

图 5 - 4　轮廓最小二乘中线

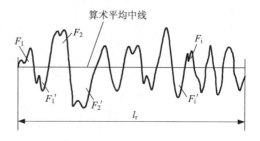

图 5 - 5　轮廓算术平均中线

5.2.2　表面粗糙度的评定参数

国家标准 GB/T 3505—2009《产品几何技术规范（GPS）表面结构 轮廓法 术语、定义及表面结构参数》，从表面微观几何形状的幅度参数、间距参数和混合参数等三个方面的表述与规定。

1. 轮廓算术平均偏差 _Ra_（arithmetical mean deviation of the assessed profile）

轮廓算术平均偏差是指在一个取样长度内，纵坐标值 $z(x)$ 绝对值的算术平均值，记为 Ra。如图 5 - 6 所示。其表达式为：

$$Ra = \frac{1}{l_r} \int_0^{l_r} |z(x)| \, \mathrm{d}x$$

或近似为：

$$Ra = \frac{1}{n} \sum_{i=1}^{n} |z(x_i)|$$

表面光洁度与
表面粗糙度换算表

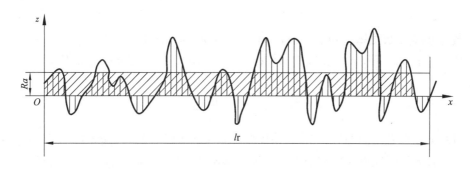

图 5 - 6　轮廓算术平均偏差

2. 轮廓最大高度 _Rz_（maximum height of profile）

轮廓最大高度是指在一个取样长度内，最大轮廓峰高 Z_p 和最大轮廓谷深 Z_v 之和的高度，记为 R_z，如图 5 - 7 所示。其表达式为：

$$R_z = Z_p + Z_v = \max\{Z_{pi}\} + \max\{Z_{vi}\}$$

3. 轮廓单元的平均宽度 _Rsm_（mean width of the profile elements）

轮廓单元的平均宽度是指在一个取样长度内，粗糙度轮廓单元宽度 X_i 的平均值，用符号 Rsm 表示。如图 5 - 8 所示。其表达式为：

参数 _Rz_ 的定义

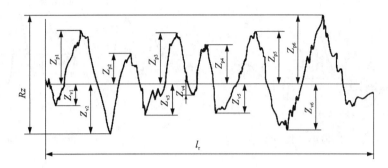

图 5 - 7　轮廓最大高度 Rz

$$Rsm = \frac{1}{m} \sum_{i=1}^{m} X_{si}$$

Rsm 是评定轮廓的间距参数,它的大小反应了轮廓表面峰谷的疏密程度。当对零件的密封性能、涂漆性能、抗裂纹性能和抗腐蚀性能等有要求时,应对 Rsm 作出要求。

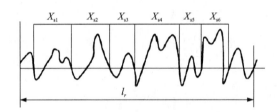

图 5 - 8　轮廓单元的平均宽度

4. 轮廓的支承长度率 $Rmr(c)$（material ratio of the profile）

在给定水平截面高度 c 上轮廓的实体材料长度 $Ml(c)$ 与评定长度 l_n 的比率,用符号 $Rmr(c)$ 表示。

$$Rmr(c) = \frac{Ml(c)}{l_n}$$

不同的 c 位置有不同的 $Rmr(c)$,并且与表面轮廓形状有关。轮廓的支承长度率 $Rmr(c)$ 是反映零件表面耐磨性能和接触刚度的指标。如图 5 - 9 所示,在给定水平位置时,图 5 - 9(b)的表面比图 5 - 9(a)的实体材料长度大,零件(b)的 $Rmr(c)$ 数值比零件(a)的大,其表面耐磨性能好。

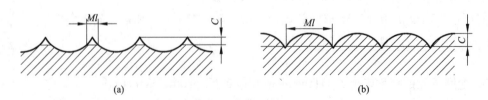

(a)　　　　　　　　　　　　　(b)

图 5 - 9　不同形状轮廓的支承长度

110

5.3　表面粗糙度的标注

5.3.1　表面粗糙度的符号

基本图形符号与完整图形符号：

表面粗糙度图形符号如图 5 – 10 所示，其中图（a）为基本图形符号，图（b）至图（g）为完整图形符号。

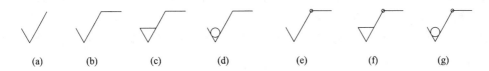

(a)　　(b)　　(c)　　(d)　　(e)　　(f)　　(g)

图 5 – 10　表面粗糙度图形符号

图 5 – 10 中表面粗糙度图形符号的具体含义如下：

图（a）基本图形符号由两条不等长的与标注基准成 60°夹角的直线构成，仅用于简化代号标注（参见图 4 – 32 及图 8 – 34），没有补充说明时不能单独使用；

图（b）用任何方法获得的表面；

图（c）用去除材料的方法获得的表面，如车、铣、刨、磨、电火花等加工方法；

图（d）用不去除材料的方法获得的表面，如铸、锻、轧等加工方法；

图（e）表示在图样某个视图上构成封闭轮廓的各表面有相同的表面结构要求时，用任何方法获得的表面；

图（f）表示在图样某个视图上构成封闭轮廓的各表面有相同的表面结构要求时，用去除材料的方法获得的表面；

图（g）表示在图样某个视图上构成封闭轮廓的各表面有相同的表面结构要求时，用不去除材料的方法获得的表面。

5.3.2　基本符号周围有关的标注

若不仅需要对零件加工，而且对完工后的零件表面粗糙度有规定的话，可以在上述符号中标注表面粗糙度的各个特性参数及其数值和对零件表面的其他要求，它们共同组成表面粗糙度代号，有关表面粗糙度的各项参数、符号的注写位置，如图 5 – 11 所示。

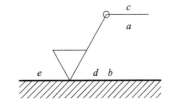

图 5 – 11　表面粗糙度的各项参数、符号的注写位置

图 5 – 11 中 $a \sim e$ 分别注写以下内容：

1. 位置 a 注写表面结构的单一要求

注写内容：表面结构参数代号、极限值、传输带（指两个定义的滤波器之间的波长范围）和取样长度，如果传输带和取样长度是默认值则可以省略。为避免误解，在参数代号和极限值间应插入空格。

注写顺序：传输带和取样长度，表面结构参数代号，极限值。在传输带和取样长度后应有一斜线"/"。

示例1：$0.0025 \sim 0.8/Rz\,6.3$（传输带标注）。

示例2：$-0.8/Rz\,6.3$（取样长度标注）。

2. 位置 *a* 和 *b* 注写两个或多个表面结构要求

在位置 *a* 注写第一个表面结构要求，方法同上。在位置 *b* 注写第二个表面结构要求。如果要注写第三个或更多个表面结构要求，图形符号应在垂直方向扩大，以空出足够的空间。单位为 μm。

3. 位置 *c* 注写加工方法

注写加工方法、表面处理、涂层或其他加工工艺要求等。如车、磨、镀等加工表面。

4. 位置 *d* 注写表面纹理和方向

注写所要求的表面纹理和纹理的方向，如"＝""X""M"等。加工纹理符号见图 5–12。

5. 位置 *e* 注写加工余量

注写所要求的加工余量，以毫米为单位给出数值。

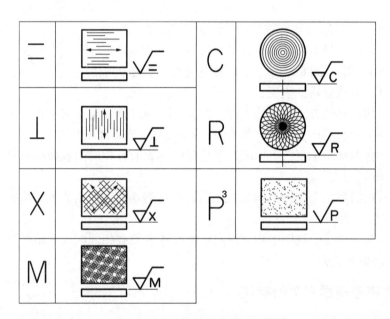

图 5–12　加工纹理符号及说明

5.3.3　在图样上的标注方法

粗糙度标注方法
新旧标准对比

零件图上所标注的表面粗糙度符号、代号是指零件表面完工后的要求。

表面粗糙度参数符号、代号一般注在可见轮廓线、尺寸界线、引出线或它们的延长线上。符号的尖端必须从材料外指向表面，代号中数字及符号的方向必须按尺寸标注的规定。

GB/T 131—2006 规定了有相同表面结构要求的简化注法。如果在工件的多数（包括全部）表面有相同的表面结构要求，则其表面结构要求可统一标注在图样的标题栏附近，按习惯标注在图样的右上角亦被认可。此时（除全部表面有相同要求的情况外），表面结构要求的符号后面应有：在圆括号内给出无任何其他标注的基本符号（参见图

4 – 34 及图 8 – 34）；在圆括号内给出不同的表面结构要求。而在旧国标中，一般是在图样的右上角统一标注所有的符号、代号，并在符号之前加注"其余"两字。

具体的标注示例如图 5 – 13、图 5 – 14。

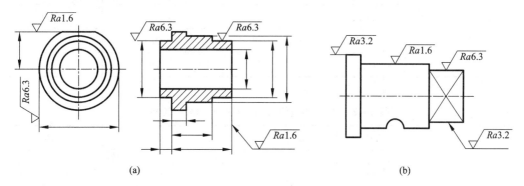

(a)　　　　　　　　　　　　　　　　(b)

图 5 – 13　零件图上的标注

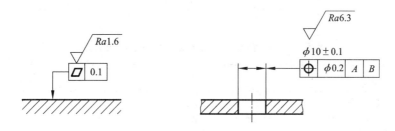

图 5 – 14　在形位公差框格的上方

5.4　表面粗糙度的选用

表面粗糙度的选用主要包括评定参数的选用和评定参数值的选用。

5.4.1　表面粗糙度参数的选用

1. 表面粗糙度高度参数的选用

表面粗糙度参数选取的原则：确定表面粗糙度时，可首先在高度特性方面的参数（Ra，Rz）中选取，只有当高度参数不能满足表面功能要求时，才选取附加参数作为附加项目。

在评定参数中，最常用的是 Ra，因为它是最完整、最全面地表征了零件表面的轮廓特征。通常采用电动轮廓仪测量零件表面的 Ra，电动轮廓仪的测量范围为 $0.02 \sim 8 \ \mu m$。通常用光学仪器测量 Rz，测量范围为 $0.1 \sim 60 \ \mu m$，由于它只反映了峰顶和谷底的几个点，反映出的表面信息有局限性，不如 Ra 全面。

当表面要求耐磨性时，采用 Ra 较为合适。

Rz 是反映最大高度的参数，对疲劳强度来说，表面只要有较深的痕迹，就容易产生疲劳裂纹而导致损坏，因此，这种情况以采用 Rz 为好。

另外，在仪表、轴承行业中，由于某些零件很小，难以取得一个规定的取样长度，用 Ra 有困难，采用 Rz，则具有实用意义。

表面粗糙度 Ra，Rz 值的选用参照表 5 – 1、表 5 – 2，Ra 与取样长度 l_r 的对应关系见表 5 – 3。

表 5 – 1　*Ra* 的参数值（μm）（GB/T 1031—2009）

Ra	0.012	0.2	3.2	50
	0.025	0.4	6.3	100
	0.05	0.8	12.5	
	0.1	1.6	25	

表 5 – 2　*Rz* 的参数值（μm）（GB/T 1031—2009）

Rz	0.025	0.4	6.3	100	1600
	0.05	0.8	12.5	200	
	0.1	1.6	25	400	
	0.2	3.2	50	800	

表 5 – 3　*Ra* 参数值与取样长度 l_r 值的对应关系

$Ra/\mu m$	l_r/mm	l_n/mm
≥0.008 ~ 0.02	0.08	0.4
>0.02 ~ 0.1	0.25	1.25
>0.1 ~ 2.0	0.8	4.0
>2.0 ~ 10.0	2.5	12.5
>10.0 ~ 80.0	8.0	40.0

2. 轮廓单元的平均宽度参数 *Rsm* 的选用

由于 *Ra*，*Rz* 高度参数为主要评定参数，而轮廓单元的平均宽度参数和形状特征参数为附加评定参数，所以，零件所有表面都应选择高度参数，只有少数零件的重要表面，有特殊使用要求时，才附加选择轮廓单元的平均宽度参数等附加参数。

如表面粗糙度对表面的可漆性影响较大，如汽车外形薄钢板，除去控制高度参数 *Ra*(0.9 ~ 1.3 μm)外，还需进一步控制轮廓单元的平均宽度 *Rsm*(0.13 ~ 0.23 mm)；又如，为了使电动机定子硅钢片的功率损失最少，应使其 *Ra* 为 1.6 ~ 3.2 μm，*Rsm* 约为 0.17 μm；再如冲压钢板时，尤其是深冲时，为了使钢板和冲模之间有良好的润滑，避免冲压时引起裂纹，除了控制 *Ra* 外，还要控制轮廓单元的平均宽度参数 *Rsm*。另外，受交变载荷作用的应力界面除用 *Ra* 参数外，也还要用 *Rsm*。

轮廓单元的平均宽度参数 *Rsm* 值按表 5 – 4 选用。

表 5 - 4　*Rsm* 的参数值(μm)(GB/T 1031—2009)

	0.006	0.05	0.4	3.2
Rsm	0.0125	0.1	0.8	6.3
	0.025	0.2	1.6	12.5

3. 轮廓的支承长度率 *Rmr*(*c*) 的选用

由于 *Rmr*(*c*) 能直观反映实际接触面积的大小,它综合反映了峰高和间距的影响,而摩擦、磨损、接触变形都与实际接触面积有关,故此时适宜选用参数 *Rmr*(*c*)。至于在多大 *Rmr*(*c*) 之下确定水平截距 *c* 值,要经过研究确定。*Rmr*(*c*) 是表面耐磨性能的一个度量指标,但测量的仪器也较复杂和昂贵。

Rmr(*c*) 的数值可按表 5 - 5 选用,但是选用 *Rmr*(*c*) 时必须同时给出水平截距 *c* 值,它可用 μm 或 *Rz* 的百分数表示。百分数系列如下:*Rz* 的 5%,10%,15%,20%,25%,30%,40%,50%,60%,70%,80%,90%。

表 5 - 5　*Rmr*(*c*) 的参数值(%)(GB/T 1031—2009)

	10	25	50	80
Rmr(*c*)	15	30	60	90
	20	40	70	

5.4.2　表面粗糙度参数值的选用

表面粗糙度参数值的选用遵循既满足零件表面功能要求又考虑经济性的原则,在满足功能要求的前提下,尽量选用大的参数值,一般用类比法确定。其选择原则如下:

(1)在同一零件上,工作表面的粗糙度值应比非工作表面小。*Rmr*(*c*) 值应大,其余评定参数值应小。

(2)摩擦表面的粗糙度值应比非摩擦面要小;滚动摩擦表面比滑动摩擦表面的粗糙度数值要小;运动速度高、压力大的摩擦表面应比运动速度低、压力小的摩擦表面的粗糙度数值小。

(3)承受循环载荷的表面及易引起应力集中的结构(如圆角、沟槽等),其粗糙度数值要小。

(4)配合性质相同时,在一般情况下,零件尺寸越小,粗糙度数值应越小;同一精度等级时,小尺寸比大尺寸、轴比孔的粗糙度数值要小;通常在尺寸公差、表面形状公差小时,粗糙度数值要小。

(5)配合精度要求高的结合表面、配合间隙小的配合表面及要求连接可靠且承受重载的过盈配合表面,均应取较小的粗糙度数值。另外,防腐性、密封性要求高,外表美观的表面,粗糙度值应小。

【小常识】美国有关研究人员曾在许多工厂调查零件表面粗糙度的应用情况,得到以下一些结论。

曲轴的表面粗糙度应不大于 $Ra\,0.3\;\mu\mathrm{m}$。软的机床导轨表面粗糙度应为 $Ra\,0.7\;\mu\mathrm{m}$，硬的应为 $Ra\,0.4\;\mu\mathrm{m}$。活塞销的表面粗糙度应不大于 $Ra\,0.125\;\mu\mathrm{m}$，负荷高的应更光洁。

小电机滑动轴承轴颈的表面粗糙度应控制在 $Ra\,0.3\sim0.5\;\mu\mathrm{m}$ 内，超过 $Ra\,0.5\;\mu\mathrm{m}$，则会使电机轴瓦过早损坏；而轴颈太光洁则润滑效果不理想。要保证电机电刷长寿命，就需配合面光洁，新的时候以 $Ra\,0.4\;\mu\mathrm{m}$ 为宜。

阀门密封面表面粗糙度一般为 $Ra\,0.05\sim0.15\;\mu\mathrm{m}$。压铸的阀门座和 O 形圈座由于要承受水压，表面粗糙度一般为 $Ra\,1.4\;\mu\mathrm{m}$。与密封圈接触的轴颈表面粗糙度一般为 $Ra\,0.25\sim0.5\;\mu\mathrm{m}$。碳化钨硬质合金材质的回转密封件要求研磨到 $Ra\,0.3\;\mu\mathrm{m}$。

对汽车用薄钢板，为了能保持一薄层油漆(厚 0.025 mm)和漆后外观，除需确定表面粗糙度高度参数 Ra，还需控制轮廓单元的平均宽度，这对控制冲压工序的润滑作用很重要。刚喷丸处理过的轧辊能轧出表面粗糙度为 $Ra\,1.3\;\mu\mathrm{m}$，每吋峰个数为 200 个的钢板。待轧过 2 到 20 卷钢板后，钢板表面粗糙度变为 $Ra\,0.9\;\mu\mathrm{m}$，每吋峰个数变为 110 个。这时轧辊就需重新光整处理以保证所轧钢板表面轮廓单元的平均宽度。

食品工业中与食品接触的机件表面粗糙度应不超过 $Ra\,0.8\;\mu\mathrm{m}$，有的筒体需先珩至 $Ra\,0.2\;\mu\mathrm{m}$，镀硬铬后再抛到极光。

量块工作面的表面粗糙度为 $Ra\,0.0075\sim0.0125\;\mu\mathrm{m}$。仪器中滚动轴承配合的轴在精磨后要求研磨至 $Ra\,0.025\sim0.05\;\mu\mathrm{m}$。坐标测量机中空气导轨用玻璃板的表面粗糙度常在 $Ra\,0.025\;\mu\mathrm{m}$ 以下。

5.5　表面粗糙度的测量及量具量仪

5.5.1　目测或感触法(也称比较判断法)

目测或感触法是将被测零件表面与标有一定评定参数值的表面粗糙度样板直接进行比较，从而估计出被测表面粗糙度的一种测量方法。比较时，可用肉眼看或用手摸感觉判断，还可以借助放大镜或显微镜比较判断，在车间条件通常还采用硬质铅笔或磨尖锯条等作为感触法测量的工具。另外，选择样板时，样板的材料、表面形状、加工方法、加工纹理方向等应尽可能与被测表面一致。

粗糙度样板的材料、形状及制造工艺应尽可能与工件相同，否则往往会产生较大的误差。在生产实际中，也可直接从工件中挑选样品，用仪器测定粗糙度值后作样板使用。

目测或感触法使用简便，适宜车间检验，但其判断的准确性在很大程度上取决于检验人员的经验，故常用于对表面粗糙度要求较低的表面进行评定。

5.5.2　不接触测量法

不接触测量法有光切法和干涉法两种方法。

光切法是应用光切原理测量表面粗糙度的一种测量方法，常用仪器是光切显微镜(又称双管显微镜)。该仪器适宜于测量用车、铣、刨等加工方法所加工的金属零件的平面或外圆表面。光切法主要用于测量 Rz 值，测量范围为 $0.5\sim60\;\mu\mathrm{m}$。如图 5 - 15 所示，其基本原理是：以 45°方向，将一束平行的细窄光束投射到被测表面上，被测表面的微观几何形状就可以通过光束与表面轮廓相交而产生的图像反映出来,然后借助于显微镜就可以在投射光束轴线的反射方向上,观测到被测表面的微观几何形状。这种通过光束与表面相交,从而获得截面轮廓形状的方法,就被称为光切法。

干涉法是利用光波干涉原理测量表面粗糙度的一种测量方法。采用干涉原理制成的测量仪器称为干涉显微镜,由于这种仪器具有高的放大倍数及鉴别率,故通常用于测量极光滑表面的粗糙度。该仪器常用于测量 Rz 值,测量范围为 $1 \sim 0.03$ μm,测量误差为 ±5%。如图 5-16 所示,其原理是:将入射光线分为两束,其中一束可透过被测样品,或者可以被参考样品表面反射,另一束则会按照某一固定的光线方向传播,最终两束光会在空间的某一位置相遇并产生干涉。若被测工件表面很平整,由干涉产生的条纹呈直线且彼此平行,若表面凹凸不平,则产生的干涉条纹就会产生相应弯曲,因此只要通过某种方法测出干涉条纹弯曲量,便可计算出表面不平度数值。

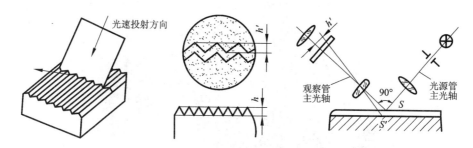

图 5-15 光切法测量原理与双管显微镜的光学系统图

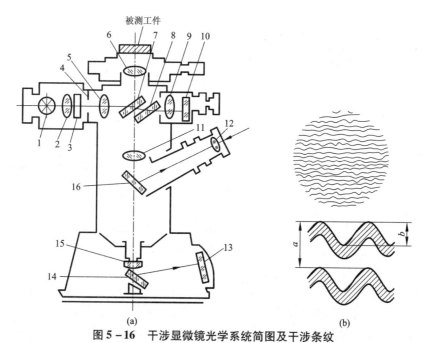

(a) (b)

图 5-16 干涉显微镜光学系统简图及干涉条纹

1—光源;2—聚光镜;3—滤色片;4—光栏;5—透镜;6,9—物镜;7—分光镜;8—补偿镜
10,14,16—反射镜;11—聚光镜;12—目镜;13—毛玻璃;15—照相物镜

5.5.3 接触测量法

针描法是接触测量法中最常用的一种，它利用触针直接在被测表面轻轻划过，从而测量出表面粗糙度 Ra 值及其他众多参数。电动轮廓仪是采用针描法测量表面粗糙度的常用仪器。如图 5 - 17 所示，仪器由花岗岩平板、工作台、传感器、驱动箱、显示器、电脑和打印机等部分组成，驱动箱提供了一个行程为 40 mm 长的高精度直线基准导轨，传感器沿导轨作直线运动，驱动箱可通过顶部水平调节钮作 ±10° 的水平调整。仪器带有电脑及专用测量软件，可选定被测零件的不同位置，设定各种测量长度进行自动测量，评定段内采样数据达 3000 个点。并可显示或打印轮廓，各种粗糙度参数及轮廓的支承长度率曲线等。

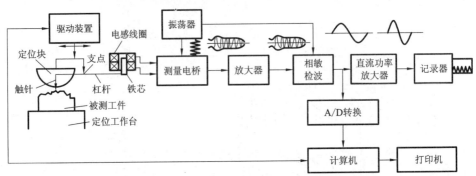

图 5 - 17　电动轮廓仪及其工作原理图

仪器传感器端部装有金刚石触针，触针尖端曲率半径 r 很小。测量时将触针搭在工件上，与被测表面垂直接触，利用驱动器以一定的速度拖动传感器。由于被测表面轮廓峰谷起伏，触针在被测表面滑行时，将产生上下移动，这种机械的上下移动通过杠杆传递，也使杠杆另一端的铁芯上、下移动。从而引起电感线圈中的电感量发生变化，电感量变化的大小与触针上下移动量成比例，经电子装置将这一微弱电量的变化放大、相敏检波和功率放大后，推动记录器进行记录，即得到截面轮廓的放大图；或者把信号通过适当的环节进行滤波和积分计算后，由电表直接读出 Ra 值。

接触式粗糙度测量仪的缺点是：受触针圆弧半径(可小到 1～2 μm)的限制，难以探测到表面实际轮廓的谷底，影响测量精度，且被测表面可能被触针划伤。

118

这类仪器的优点是：

(1)可以直接测量某些难以测量的零件表面(如孔、槽等)的粗糙度；

(2)可以直接测出算术平均偏差 Ra 等评定参数；

(3)可以给出被测表面的轮廓图形；

(4)使用简便，测量效率高。

图 5 – 18 为 JB – 4C 精密粗糙度仪的操作界面，图 5 – 19 为其测试报告。

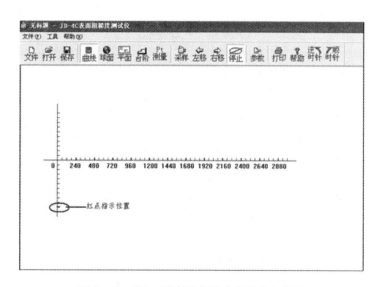

图 5 – 18　JB – 4C 精密粗糙度仪的操作界面

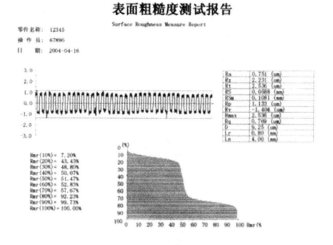

图 5 – 19　JB – 4C 精密粗糙度仪的测试报告

【小常识】目测法的准确性大致为：对于半光表面，能看出加工痕迹的在 Ra 3.2 μm 及以上，看不清加工痕迹的在 Ra 2.5 μm 及以下；对于光表面，可辨加工痕迹方向的在 Ra 1.25 μm 及以下，微辨加工痕迹方向的在 Ra 0.63 μm 及以下，不辨加工痕迹方向的在 Ra 0.32 μm 及以下。

　　生产实际中，最常用的感触法是用人手指甲或 H 类铅笔笔尖在工件表面上划过，与在标准样板上划过的感觉作比较，以此得到工件表面粗糙度的结果。这种感触对某些频率很敏感，要求划动时有一最佳的速度。国外有人做过试验，感触法的准确度较目测法高。

　　为实现表面粗糙度的在线测量以及提高测量效率，现已采用反射技术、全散射、漫射技术、角度分度等理论和方法，研制出相关仪器设备并投入使用。

练　习　题

5 - 1　表面粗糙度对零件的使用性能有哪些影响？

5 - 2　将下列要求标注在图 5 - 20 上，各加工面均采用去除材料法获得。

①直径为 $\phi50$ mm 的圆柱外表面粗糙度 Ra 的允许值为 3.2 μm。

②左端面的表面粗糙度 Ra 的允许值为 1.6 μm。

③直径为 $\phi50$ mm 的圆柱的右端面的表面粗糙度 Ra 的允许值为 1.6 μm。

④内孔表面粗糙度 Ra 的允许值为 0.4 μm。

⑤螺纹工作面的表面粗糙度 Rz 的最大值为 1.6 μm，最小值为 0.8 μm。

⑥其余各加工面的表面粗糙度 Ra 的允许值为 25 μm。

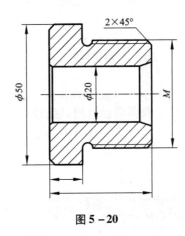

图 5 - 20

5 - 3　$\phi65\text{H7}/\text{d6}$ 与 $\phi65\text{H7}/\text{h6}$ 相比，哪种配合应选用较小的表面粗糙度参数值？为什么？

第6章
光滑工件尺寸的检测

【概述】

◎目的：了解极限尺寸判断原则，了解光滑极限量规形式的选择和技术要求。

◎要求：①了解光滑工件尺寸检测的基本概念；②了解光滑极限量规的作用和特征；③了解光滑极限量规公差带分布的特征；④掌握光滑极限量规的设计方法。

◎重点：极限尺寸判断原则；量具的选择；量规公差带；量规的设计。

◎难点：量规工作尺寸的计算。

6.1　概述

6.1.1　基本概念

光滑工件的尺寸检验时，可使用通用测量器具，也可使用极限量规。通用测量器具能测出工件实际尺寸的具体数值，便于了解产品质量情况。量规检验时无法测出工件实际尺寸的具体数值，但能判断工件是否合格。用这种方法检验工件，迅速方便，并且能保证工件在生产中的互换性，因而在大批大量生产中，量规的应用非常普遍。

对工件进行检测时，无论采用通用测量器具，还是使用极限量规，都存在测量误差，其影响如图6-1所示。

测量误差对测量结果有影响，按测得尺寸验收工件可能出现误收和误废。当真实尺寸位于极限尺寸附近时，就有可能把实际尺寸超过极限尺寸的工件误认为合格而被接受（误收）；也可能把实际尺寸在极限尺寸内的工件误认为不合格而被废除（误废）。可见，测量误差的存在将在实际上改变工件规定的公差带，使之缩小或扩大。考虑到测量误差的影响，合格工件可能的最小公差叫生产公差，而合格工件可能的最大公差叫保证公差。

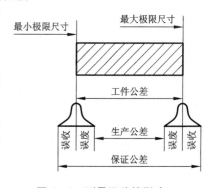

图6-1　测量误差的影响

生产公差应能满足加工的经济性要求，而保证公差应能满足设计规定的要求。显然，生产公差越大越好，而保证公差越小越好，二者存有矛盾。为了解决这一问题，必须规定验收极限和允许的测量误差（包括量规的极限偏差）。在生产中，用光滑极限量规和普通计量器具检验光滑工件尺寸时，其相关的国家标准是 GB/T 1957—2006《光滑极限量规》和 GB/T 3177—2009《光滑工件尺寸的检验》。

6.1.2 极限尺寸判断原则(泰勒原则)

孔、轴的作用尺寸

由于形状误差的存在,工件上各处的实际尺寸不相等,工件尺寸位于极限尺寸范围内也有可能装配困难。在配合的全长上,与实际孔内接的最大理想轴的尺寸称为孔的作用尺寸(D_{fe},如图6-2);与实际轴外接的最小理想孔的尺寸称为轴的作用尺寸(d_{fe},如图6-3)。孔的作用尺寸一般小于该孔的最小实际尺寸,轴的作用尺寸一般大于该轴的最大实际尺寸。

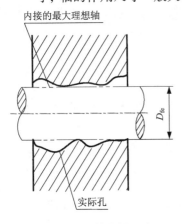

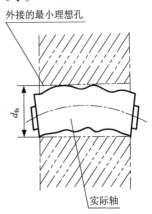

图6-2 孔的作用尺寸   图6-3 轴的作用尺寸

为了正确解决形状公差与尺寸公差之间的关系,保证配合要求的实现,国家标准明确规定了极限尺寸判断原则(泰勒原则):在互换性生产的前提下,检验时实际工作表面应控制在最大实际边界与最小实际边界之内。工件尺寸的合格性应按泰勒原则判断:

孔或轴的体外作用尺寸(D_{fe},d_{fe})不允许超越最大实体尺寸,在任何位置上的实际尺寸(D_a,d_a)不允许超越最小实体尺寸。即:

对于孔,体外作用尺寸应大于等于最小极限尺寸,其实际尺寸应小于等于最大极限尺寸:

$$D_{fe} \geqslant D_{min} , D_a \leqslant D_{max}$$

对于轴,体外作用尺寸应小于等于最大极限尺寸,其实际尺寸应大于等于最小极限尺寸:

$$d_{fe} \leqslant d_{max} , d_a \geqslant d_{min}$$

由上述极限尺寸判断原则可知,孔、轴的合格性判断应是其体外作用尺寸和实际尺寸两者合格性判断,体外作用尺寸由最大实体尺寸控制;实际尺寸由最小实体尺寸控制。孔、轴尺寸采用包容要求时,完工工件建议用光滑极限量规来检验。

6.2 用通用计量器具检测

通用计量器具主要是指在生产车间中工人所使用的计量器具,如游标卡尺、千分尺、比较仪和指示表等。为了保证被判断为合格的零件的真值不超出设计规定的极限尺寸,颁布了国家标准 GB/T 3177—2009《光滑工件尺寸的检验》。该标准规定的检验原则是:所用验收方法应只接收位于规定的尺寸极限之内的工件。

6.2.1 验收极限与安全裕度

验收极限是检验工件尺寸时判断合格与否的尺寸界限。

确定工件尺寸的验收极限,有下列两种方案:

(1)验收极限是从工件规定的最大实体极限(MML)和最小实体极限(LML)分别向工件公差带内移动一个安全裕度 A 来确定,简称内缩方案,如图 6 - 4 所示。

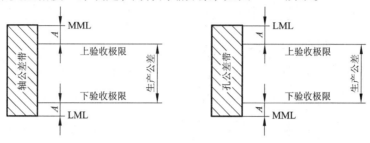

图 6 - 4 验收极限

孔尺寸、轴尺寸的验收极限:

上验收极限 = 最大极限尺寸($D_{\max}$, $d_{\max}$) - 安全裕度(A)

下验收极限 = 最小极限尺寸($D_{\min}$, $d_{\min}$) + 安全裕度(A)

(2)验收极限分别等于规定的最大实体极限(MML)和最小实体极限(LML),即安全裕度 A 值等于零。此方案使误收和误废可能发生。

接内缩方案验收工件,可使误收率大大减少,这是保证产品质量的一种安全措施,但使误废率有所增加,从统计规律来看,误废量与总产量相比毕竟是少量。

在用游标卡尺、千分尺和生产车间使用的分度值不小于 0.0005 mm(放大倍数不大于 2000 倍)的比较仪等测量器具,检验图样上注出的基本尺寸至 500 mm、公差值为 IT6 ~ IT18 的有配合要求的光滑工件尺寸时,使用方案(1),即内缩方案确定验收极限。对非配合一般公差尺寸,按方案(2)确定验收极限。

安全裕度 A 的确定必须从技术和经济两个方面综合考虑。当 A 值较大时,则可选用较低精度的测量器具进行检验,但减少了生产公差,因而加工经济性差;A 值较小时,要用较高精度的测量器具,加工经济性好,但测量仪器费用高,结果也提高了成本。因此,A 值应按被检验工件的公差大小来确定,一般为工件公差的 1/10。国标规定的 A 值列于表 6 - 1 中。

6.2.2 通用计量器具的选择

选择计量器具是检验工作的重要环节。计量器具的精度既影响检验工作的可靠性,又决定了检验工作的经济性。因此选择时,应综合考虑计量器具的技术指标和经济指标。表 6 - 2 列出了一些计量器具的允许误差极限。

不确定度用以表征测量过程中,各项误差综合影响测量结果的误差界限,它反映了由于测量误差的存在而对被测量不能肯定的程度。从测量误差来源看,它由两部分组成,即测量器具的不确定度 u_1 和由温度、压陷效应即工件形状误差等因素引起的不确定度 u_2。u_1 是表征测量器具的内在误差(如随机误差和未定系统误差)引起测量结果分散程度的一个误差限,其中包括调整标准器的不确定度,它的允许值约为 $0.9A$。u_2 的允许值约为 $0.45A$。安全裕度 A 相当于测量中总的不确定度。u_1 和 u_2 可按随机变量合成,即

$$1.00A = \sqrt{u_1^2 + u_2^2} \approx \sqrt{(0.9A)^2 + (0.45A)^2}$$

按表 6 - 1 中规定的计量器具所引起的测量不确定度的允许值(u_1)(简称计量器具的测量不确定度允许值)选择计量器具。选择时,应使所选用的计量器具的测量不确定度数值等

表6-1 安全裕度(A)与计量器具的测量不确定度允许值(u₁)

单位：μm

公差等级		6					7					8					9					10					11				
基本尺寸/mm		T	A	u_1 I	u_1 II	u_1 III	T	A	u_1 I	u_1 II	u_1 III	T	A	u_1 I	u_1 II	u_1 III	T	A	u_1 I	u_1 II	u_1 III	T	A	u_1 I	u_1 II	u_1 III	T	A	u_1 I	u_1 II	u_1 III
大于	至																														
—	3	6	0.6	0.54	0.9	1.4	10	1.0	0.9	1.5	2.3	14	1.4	1.3	2.1	3.2	25	2.5	2.3	3.8	5.6	40	4.0	3.6	6.0	9.0	60	6.0	5.4	9.0	14
3	6	8	0.8	0.72	1.2	1.8	12	1.2	1.1	1.8	2.7	18	1.8	1.6	2.7	4.1	30	3.0	2.7	4.5	6.8	48	4.8	4.3	7.2	11	75	7.5	6.8	11	17
6	10	9	0.9	0.81	1.4	2.0	15	1.5	1.4	2.3	3.4	22	2.2	2.0	3.3	5.0	36	3.6	3.3	5.4	8.1	58	5.8	5.2	8.7	13	90	9.0	8.1	14	20
10	18	11	1.1	1.0	1.7	2.5	18	1.8	1.7	2.7	4.1	27	2.7	2.4	4.1	6.1	43	4.3	3.9	6.5	9.7	70	7.0	6.3	11	16	110	11	10	17	25
18	30	13	1.3	1.2	2.0	2.9	21	2.1	1.9	3.2	4.7	33	3.3	3.0	5.0	7.4	52	5.2	4.7	7.8	12	84	8.4	7.6	13	19	130	13	12	20	29
30	50	16	1.6	1.4	2.4	3.6	25	2.5	2.3	3.8	5.6	39	3.9	3.5	5.9	8.8	62	6.2	5.6	9.3	14	100	10	9.0	15	23	160	16	14	24	36
50	80	19	1.9	1.7	2.9	4.3	30	3.0	2.7	4.5	6.8	46	4.6	4.1	6.9	10	74	7.4	6.7	11	17	120	12	11	18	27	190	19	17	29	43
80	120	22	2.2	2.0	3.3	5.0	35	3.5	3.2	5.3	7.9	54	5.4	4.9	8.1	12	87	8.7	7.8	13	20	140	14	13	21	32	220	22	20	33	50
120	180	25	2.5	2.3	3.8	5.6	40	4.0	3.6	6.0	9.0	63	6.3	5.7	9.5	14	100	10	9.0	15	23	160	16	15	24	36	250	25	23	38	56
180	250	29	2.9	2.6	4.4	6.5	46	4.6	4.1	6.9	10	72	7.2	6.5	11	16	115	12	10	17	26	185	18	17	28	42	290	29	26	44	65
250	315	32	3.2	2.9	4.8	7.2	52	5.2	4.7	7.8	12	81	8.1	7.3	12	18	130	13	12	19	29	210	21	19	32	47	320	32	29	48	72
315	400	36	3.6	3.2	5.4	8.1	57	5.7	5.1	8.4	13	89	8.9	8.0	13	20	140	14	13	21	32	230	23	21	35	52	360	36	32	54	81
400	500	40	4.0	3.6	6.0	9.0	63	6.3	5.7	9.5	14	97	9.7	8.7	15	22	155	16	14	23	35	250	25	23	38	56	400	40	36	60	90

公差等级		12				13				14				15				16				17				18			
基本尺寸/mm		T	A	u_1 I	u_1 II	T	A	u_1 I	u_1 II	T	A	u_1 I	u_1 II	T	A	u_1 I	u_1 II	T	A	u_1 I	u_1 II	T	A	u_1 I	u_1 II	T	A	u_1 I	u_1 II
大于	至																												
—	3	100	10	9.0	15	140	14	13	21	250	25	23	38	400	40	36	60	600	60	54	90	1000	100	90	150	1400	140	125	210
3	6	120	12	11	18	180	18	16	27	300	30	27	45	480	48	43	72	750	75	68	110	1200	120	110	180	1800	180	160	270
6	10	150	15	14	23	220	22	20	33	360	36	32	54	580	58	52	87	900	90	81	140	1500	150	140	230	2200	220	200	330
10	18	180	18	16	27	270	27	24	41	430	43	39	65	700	70	63	110	1100	110	100	170	1800	180	160	270	2700	270	240	400
18	30	210	21	19	32	330	33	30	50	520	52	47	78	840	84	76	130	1300	130	120	200	2100	210	190	320	3300	330	300	490
30	50	250	25	23	38	390	39	35	59	620	62	56	93	1000	100	90	150	1600	160	140	240	2500	250	220	380	3900	390	350	580
50	80	300	30	27	45	460	46	41	69	740	74	67	110	1200	120	110	180	1900	190	170	290	3000	300	270	450	4600	460	410	690
80	120	350	35	32	53	540	54	49	81	870	87	78	130	1400	140	130	210	2200	220	200	330	3500	350	320	530	5400	540	480	810
120	180	400	40	36	60	630	63	57	95	1000	100	90	150	1600	160	150	240	2500	250	230	380	4000	400	360	600	6300	630	570	940
180	250	460	46	41	69	720	72	65	110	1150	115	100	170	1850	180	170	280	2900	290	260	440	4600	460	410	690	7200	720	650	1080
250	315	520	52	47	78	810	81	73	120	1300	130	120	190	2100	210	190	320	3200	320	290	480	5200	520	470	780	8100	810	730	1210
315	400	570	57	51	86	890	89	80	130	1400	140	130	210	2300	230	210	350	3600	360	320	540	5700	570	510	860	8900	890	800	1330
400	500	630	63	57	95	970	97	87	150	1500	150	140	230	2500	250	230	380	4000	400	360	600	6300	630	570	950	9700	970	870	1450

注：u_1分为Ⅰ、Ⅱ、Ⅲ档，一般情况下优先选用Ⅰ档，其次选用Ⅱ档、Ⅲ档。

于或小于选定的 u_1 值。

计量器具的测量不确定度允许值(u_1)按测量不确定度(u)与工件公差的比值分档:对 IT6 ~ IT11 的分为 I,II,III 三档,对 IT12 ~ IT18 的分为 I,II 两档。测量不确定度(u)的 I, II,III 三档值,分别为工件公差的 1/10,1/6,1/4 的 0.9 倍。

表 6 - 2　计量器具的允许误差极限

计量器具名称	分度值 /mm	所用量块		尺寸范围/mm							
		检定等级	精度级别	1 ~ 10	10 ~ 50	50 ~ 80	80 ~ 120	120 ~ 180	180 ~ 260	260 ~ 360	360 ~ 500
				测量极限误差/ ± μm							
立式卧式光学计测外尺寸	0.001	4	1	0.4	0.6	0.8	1.0	1.2	1.8	2.5	3.0
		5	2	0.7	1.0	1.3	1.6	1.8	2.5	3.5	4.5
立式卧式测长仪测外尺寸	0.001	绝对测量		1.1	1.5	1.9	2.0	2.3	2.3	3.0	3.5
卧式测长仪测内尺寸	0.001	绝对测量		2.5	3.0	3.3	3.5	3.8	4.2	4.8	—
测长机	0.001	绝对测量		1.0	1.3	1.6	2.0	2.5	4.0	5.0	6.0
万能工具显微镜	0.001	绝对测量		1.5	2	2.5	2.5	3	3.5	—	—
大型工具显微镜	0.01	绝对测量		5	5						
接触式干涉仪				$\Delta \leqslant 0.1$ μm							

选用表 6 - 1 中计量器具的测量不确定度允许值(u_1),一般情况下,优先选用 I 档,其次选用 II 档、III 档。

表 6 - 3、表 6 - 4、表 6 - 5 列出了一些常用测量器具的不确定度(u_1)值,可供选用时参考。

表 6 - 3　千分尺和游标卡尺的不确定度(摘自 JB/Z 181—1982)　　　　mm

尺寸范围	计量器具类型			
	分度值 0.01 外径千分尺	分度值 0.01 内径千分尺	分度值 0.02 游标卡尺	分度值 0.05 游标卡尺
	不确定度			
0 ~ 50	0.004	0.008	0.020	0.050
50 ~ 100	0.005			
100 ~ 150	0.006			
150 ~ 200	0.007			0.100
200 ~ 250	0.008	0.013		
250 ~ 300	0.009			
300 ~ 350	0.010	0.020		
350 ~ 400	0.011			
400 ~ 450	0.012			
450 ~ 500	0.013	0.025		
500 ~ 600		0.030		
600 ~ 700				
700 ~ 800				0.150

表 6 – 4　比较仪的不确定度（摘自 JB/Z 181—1982）　　　　　　　　　　mm

尺寸范围		所使用的计量器具			
		分度值为 0.0005（相当于放大倍数 2000 倍）的比较仪	分度值为 0.001（相当于放大倍数 1000 倍）的比较仪	分度值为 0.002（相当于放大倍数 400 倍）的比较仪	分度值为 0.005（相当于放大倍数 250 倍）的比较仪
大于	至	不确定度			
	25	0.0006	0.0010	0.0017	0.0030
25	40	0.0007			
40	65	0.0008	0.0011	0.0018	
65	90	0.0008			
90	115	0.0009	0.0012	0.0019	
115	165	0.0010	0.0013		
165	215	0.0012	0.0014	0.0020	0.0035
215	265	0.0014	0.0014	0.0021	
265	315	0.0016	0.0016	0.0022	

注：测量时，使用的标准器由 4 块 1 级（或 4 等）量块组成

表 6 – 5　指示表的不确定度（摘自 JB/Z 181—1982）　　　　　　　　　　mm

尺寸范围		所使用的计量器具			
		分度值为 0.001 的千分表（0 级在全程范围内，1 级在 0.2 mm 内）分度值为 0.002 的千分表（在 1 转范围内）	分度值为 0.001，0.002,0.005 的千分表（1 级在全程范围内）分度值为 0.01 的百分表（0 级在任意 1 mm 内）	分度值为 0.01 的百分表（0 级在全程范围内，1 级在任意 1 mm 内）	分度值为 0.01 的百分表（1 级在全程范围内）
大于	至	不确定度			
	25	0.005	0.010	0.018	0.030
25	40				
40	65				
65	90				
90	115				
115	165	0.006			
165	215				
215	265				
265	315				

注：测量时，使用的标准器由 4 块 1 级（或 4 等）量块组成

例 6 - 1　工件尺寸为 ϕ80h9，试选择计量器具和确定验收极限。

解：①确定工件公差及极限偏差：

查公差表 3 - 2 得 IT9 = 0.074 mm，于是 es = 0，ei = - 0.074 mm

②确定安全裕度 A 和计量器具不确定允许值 u_1：

查表 6 - 1 得 A = 0.0074 mm，u_1 = 0.0067 mm

③选择计量器具：

查表 6 - 3 知，测量尺寸大于 50 至 100 mm、分度值为 0.01 外径千分尺的不确定度为 0.005 mm，小于允许值 u_1（u_1 = 0.0067 mm），可满足使用要求。

④确定验收极限：

$$上验收极限 = 最大极限尺寸 - A = 80 - 0.0074 = 79.992 \ mm$$

$$下验收极限 = 最小极限尺寸 + A = 80 - 0.074 + 0.0074 = 79.933 \ mm$$

6.3　光滑极限量规

6.3.1　概述

光滑极限量规（简称量规）是一种没有刻度的专用检验工具。用它来检验工件时，只能确定工件的尺寸是否在极限尺寸的范围内，不能测出工件的实际尺寸。

由于量规的结构简单，制造容易，使用方便和能保证被检验工件在装配中的互换性，所以在成批生产和大量生产中应用广泛。

光滑极限量规

塞规、环规及卡规

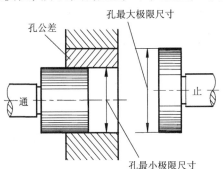

图 6 - 5　孔用塞规

检验孔径的光滑极限量规叫作塞规。图 6 - 5 所示为塞规直径与孔径的关系。一个塞规按被测孔的最大实体尺寸（即孔的最小极限尺寸）制造，另一个塞规按被测孔的最小实体尺寸（即孔的最大极限尺寸）制造。前者叫作塞规的"通规"（或"通端"），后者叫作塞规的"止规"（或"止端"）。塞规的通规用于检验孔的体外作用尺寸是否超出最大实体尺寸，塞规的止规用于检验孔的实际尺寸是否超出最小实体尺寸。使用时，塞规的通规通过被检验孔，表示被测孔径大于最小极限尺寸；塞规的止规，塞不进被检验孔，表示被测孔径小于最大极限尺寸，即说明孔的实际尺寸在规定的极限尺寸范围内，被检验孔是合格的。

同理，检验轴径的光滑极限量规，叫作环规或卡规。图 6 - 6 所示为卡规尺寸与轴径的关系。一个卡规按被测轴的最大实体尺寸（即轴的最大实际尺寸）制造；另一个卡规按被测轴的最小实体尺寸（即轴的最小实际尺寸）制造。前者叫作卡规的"通规"，后者叫作卡规的"止规"。卡规的通规用于检验轴的体外作用尺寸是否超出最大实体尺寸，卡规的止规用于检验轴的实际尺寸是否小于最小实体尺寸。使用时，卡规的通规能顺利地滑过轴径，表示被测轴径比最大极限尺寸小。卡规的止规滑不过去，表示轴径比最小极限尺寸大。即说明被测轴的实际尺寸在规定的极限范围内,被检验轴是合格的。

由此可知,通规按工件的最大实体尺寸制造;止规按工件的最小实体尺寸制造。如果"通规"通不过被测工件,或者"止端"通过了被测工件的,即可确定被测工件是不合格的。

塞规和卡规一样,把"通规"和"止规"联合起来使用,就能判断被测孔径轴径是否在规定的极限尺寸范围内。因此,把这些光滑塞规和卡规叫作光滑极限量规。

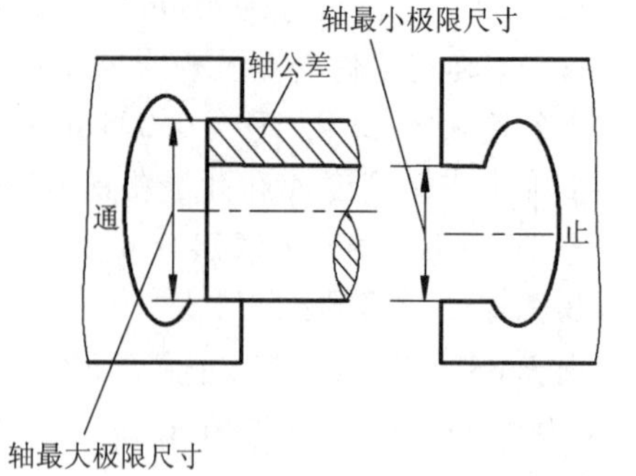

图 6 - 6　轴用卡规

6.3.2　量规的种类及其作用

根据量规用途不同,量规分有:

(1)工作量规。工作量规是指工件制造过程中,生产工人对工件进行检验所使用的量规。根据被检验的形体不同,工作量规又可分孔用工作量规(即塞规)和轴用工作量规(即卡规或环规)。按照工作量规作用不同有"通规"(T)和"止规"(Z)之分,见表6-6。

表 6 - 6　工作量规

量规种类	检验对象	量规形状	量规用途代号	量规的作用	检验合格的标志
孔用工作量规	孔	塞规	T	防止孔的作用尺寸过小	应通过
			Z	防止孔的实际尺寸过大	应不过
轴用工作量规	轴	卡(环)规	T	防止轴的作用尺寸过大	应通过
			Z	防止轴的实际尺寸过小	应不过

(2)验收量规。验收量规是指检验部门或用户代表在验收产品时使用的量规。它的检验对象也是工件,因此和工作量规一样,有检验孔和检验轴的验收量规之分,并有通规和止规之分。它们的形状、作用和检验的合格标志与工作量规相同。

光滑极限量规国家标准(GB/T 1957—2006)没有规定验收量规公差标准,但标准推荐:制造厂检验工件时,生产工人应该使用新的或磨损较少的工作量规"通规";检验部分应该使用与生产工人相同形式且已磨损较多的工作量规"通规"。

用户代表在用量规验收工件时,"通规"应接近工件最大实体尺寸,"止规"应接近最小实体尺寸。

在用上述规定的量规检验工件时,如果判断有争议,应使用下述尺寸的量规来仲裁:

通规应等于或接近于工件的最大实体尺寸;

止规应等于或接近于工件的最小实体尺寸。

(3)校对量规。校对量规是用来检验轴用工作量规在制造中是否符合制造公差,在使用中是否已达到磨损极限时所使用的量规。它分为三种:检验轴用量规通规的校对量规,称为"校通—通"量规,代号"TT";检验轴用量规止规的校对量规,称为"校止—通"量规,代号"ZT";检验轴用量规通规磨损极限的校对量规,称为"校通—损"量规,代号"TS"。见表6-7。而对于检验孔的量规,可方便地用仪器测量。

表 6-7　校对量规

检验对象	量规形状		量规用途代号	量规的作用	检验合格的标志
轴用工作量规	通规	塞规	TT	防止通规制造时尺寸过小	应通过
	止规		ZT	防止止规制造时尺寸过小	应通过
	通规		TS	防止通规使用中磨损过大	应不过

【注意】检验应在量规自重的作用下进行，不允许施加过大的力硬推硬卡，不允许边推边旋转，更不允许敲打量规强迫进入工件。只有在量规自重较轻或检验水平方向的要素时，才准许对量规稍微施加一点力。

量规使用中争议的解决：在实际工作中，同一个工件用不同的合格量规检验时，可能会得到不同的结果。只要其中任一个量规检验合格，就应该认为该工件是合格的。

6.3.3　量规公差带

量规是一种精密检验工具，制造量规和制造工件一样，不可避免地会产生误差，量规制造公差的大小决定了量规制造的难易程度。

工作量规"通规"工作时，要经常通过被检验工件，其工作表面磨损是不可避免的，为了使通规有一合理的使用寿命，除规定制造公差外，还规定了磨损极限。磨损公差的大小，决定了量规的使用寿命。

对于工作量规"止规"，由于不通过被测工件，磨损很少，故未规定磨损公差。

光滑极限量规是控制工件的极限尺寸。工作量规"通规"控制工件的最大实体尺寸（即孔的最小极限尺寸，或轴的最大极限尺寸）；工作量规"止规"控制工件的最小实体尺寸（即孔的最大极限尺寸，或轴的最小极限尺寸）。

图 6-7 所示，为《光滑极限量规》国家标准规定的量规公差带图。

工作量规"通规"的制造公差带对称于 Z 值（该值系"通规"制造公差带中心到工件最大实体尺寸之间的距离），其磨损极限与工件的最大实体尺寸重合。

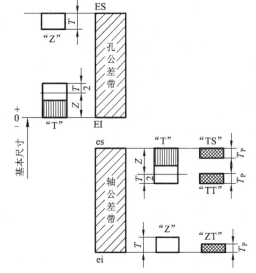

□ 工作量规制造公差带
▥ 工作量规通规磨损公差带
▨ 校对量规制造公差带

图 6-7　量规公差带图

T—工作量规制造公差；Z—工作量规制造公差带中心到工件最大实体尺寸之间的距离；T_p—校对量规制造公差

工作量规"止规"的制造公差带，是从工件的最小实体尺寸起，向工件的公差带内分布。

校对量规的公差带分布规定如下：

检验轴用量规"止规"的"校止—通"量规，它的作用是防止"止规"尺寸过小，这种量规的公差带，是从"止规"的下偏差起，向轴用量规止规公差带内分布。

检验轴用量规"通规"的"校通—通"量规，它的作用是防止通规尺寸过小（制造时过小或使用中由于损伤、自然时效等变小）。这种量规的公差带，是从通规的下偏差起，向轴用量规通规公差带内分布。

检验轴用量规"通规"磨损极限的"校通—损"量规，它的作用是防止通规超出磨损极限尺寸。这种量规的公差带，是从通规的磨损极限起，向轴用量规通规公差带内分布。

国家标准规定各级工件用的工作量规的制造公差 T 和通规位置要素 Z 值，列于表 6 – 8。

国家标准规定工作量规的形状和位置误差，应在工作量规制造公差范围内。其公差为量规制造公差的 50%。当量规制造公差小于或等于 0.002 mm 时，其形状和位置公差为 0.001 mm。

校对量规的制造公差为被校对的轴用量规制造公差 50%。其形状公差应在校对量规制造公差范围内。

由此可见，工作量规公差带位于工件极限尺寸范围内，校对量规公差带位于被校对量规的公差带内，从而保证了工件符合国标《极限与配合》的要求。

6.3.4　量规设计

1. 概述

符合泰勒原则的量规型式

符合泰勒原则的量规形式应该是：对于控制工件作用尺寸的通规，其测量面应该是与孔或轴形状相对应的完整表面（通常称为全形量规），且长度等于配合长度。对于控制工件局部实际尺寸的止规，其测量面应该是点状的（通常称为不全形量规）。

当量规形式做成不符合泰勒原则而检验不注意时，便会发生"误收"。如图 6 – 8 所示，被检验孔是椭圆形，其实际轮廓在 x 和 y 方向均超出尺寸极限。如果按泰勒原则制造量规，即通规做成图 6 – 8(a)所示的完整轮廓，则用它来检验工件时，不可能通过工件，从而可发现该工件不合格。相反，如果量规形式不符合泰勒原则，例如通规做成图 6 – 8(b)所示的片状塞规，如果检验不注意，即只在 y 方向插入工件（在 x 方向不检验），则该通规能通过工件，而误认为合格；此时如果止规形式也不符合泰勒原则，做成图 6 – 8(e)所示的完整轮廓，用它来检验工件时，将不可能通过工件，于是误认为该工件合格。若做成图 6 – 8(d)所示片状止规，则可避免误收。

在实际生产中，完全按照泰勒原则来设计量规，有时其制造和使用都会有困难，甚至难以实现。为此标准规定可在保证被检验工件的形状误差不致影响配合性质的条件下，使用偏离泰勒原则的量规。例如：用全形塞规通规检验大尺寸的孔，即笨重又不方便使用，允许用不全形塞规或球端杆规；环规通规不能检验曲轴的连杆轴颈，允许用卡规代替；等等。

2. 量规形式的选择

几种不全形孔用量规

检验圆柱形工件的光滑极限量规形式很多。合理的选择和使用，对正确判断测量结果影响很大。按照国标推荐，测量孔时，可用下列几种形式的量规：全形塞规、不全形塞规、片状塞规、球端杆规，如图 6 – 9(a)。

测量轴时，可用环规和卡规，如图 6 – 9(b)。

3. 量规工作尺寸的计算

量规工作尺寸的计算步骤可分为：

(1)由《极限与配合》查出孔、轴标准公差和基本偏差。

(2)由表 6 – 8 查出工作量规制造公差 T 和位置要素 Z 值。

表6-8 工作量规制造公差T和位置要素Z值（GB/T 1957—1981）

μm

工件基本尺寸 D/mm	IT6			IT7			IT8			IT9			IT10			IT11			IT12			IT13			IT14		
	IT6	T	Z	IT7	T	Z	IT8	T	Z	IT9	T	Z	IT10	T	Z	IT11	T	Z	IT12	T	Z	IT13	T	Z	IT14	T	Z
~3	6	1	1	10	1.2	1.6	14	1.6	1.6	25	2	2	40	2.4	4	60	3	6	100	4	9	140	6	14	250	9	20
大于3~6	8	1.2	1.4	12	1.4	2	18	2	2.6	30	2.4	3	48	3	5	75	4	8	120	5	11	180	7	16	300	11	25
大于6~10	9	1.4	1.5	15	1.8	2.4	22	2.4	3.2	36	2.8	5	58	3.6	6	90	5	9	150	6	13	220	8	20	360	13	30
大于10~18	11	1.6	2	18	2	2.8	27	2.8	4	43	3.4	6	70	4	8	110	6	11	180	7	15	270	10	24	430	15	35
大于18~30	13	2	2.4	21	2.4	3.4	33	3.4	5	52	4	7	84	5	9	130	7	13	210	8	18	330	12	28	520	18	40
大于30~50	16	2.4	2.8	25	3	4	39	4	6	62	5	8	100	6	11	160	8	16	250	10	22	390	14	34	620	22	50
大于50~80	19	2.8	3.4	30	3.6	4.6	46	4.6	7	74	6	9	120	7	13	190	9	19	300	12	26	460	16	40	740	26	60
大于80~120	22	3.2	3.8	35	4.2	5.4	54	5.4	8	87	7	10	140	8	15	220	10	22	350	14	30	540	20	46	870	30	70
大于120~180	25	3.8	4.4	40	4.8	6	63	6	9	100	8	12	160	9	18	250	12	25	400	16	35	630	22	52	1000	35	80
大于180~250	29	4.4	5	46	5.4	7	72	7	10	115	9	14	185	10	20	290	14	29	460	18	40	720	26	60	1150	40	90
大于250~315	32	4.8	5.6	52	6	8	81	8	11	130	10	16	210	12	22	320	16	32	520	20	45	810	28	66	1300	45	100
大于315~400	36	5.4	6.2	57	7	9	89	9	12	140	11	18	230	14	25	360	18	36	570	22	50	890	32	74	1400	50	110
大于400~500	40	6	7	63	8	10	97	10	14	155	12	20	250	16	28	400	20	40	630	24	55	970	36	80	1550	55	120

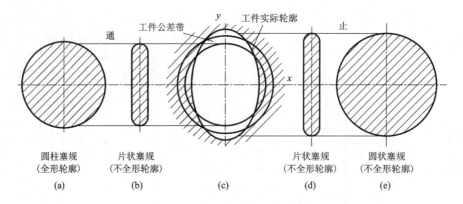

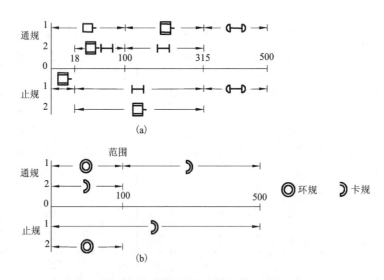

图6-8 全形量规和不全形量规

图6-9 量规形式及应用尺寸范围

(a)测量孔时量规的形式及应用;(b)测量轴时量规的形式及应用

按工作量规制造公差 T,确定工作量规的形状公差和校对量规的制造公差。

(3)计算各种量规的极限偏差或工作尺寸。

例6-2 计算 $\phi25H8/f7$ 孔与轴用量规的极限偏差。

解:①由本书第3章《标准公差和基本偏差数值表》查出孔与轴的上、下偏差:

孔 $\phi25H8$:$ES = +0.033$ mm,$EI = 0$

轴 $\phi25f7$:$es = -0.02$ mm,$ei = -0.041$ mm

②由表6-8查出工作量规的制造公差 T 和位置要素 Z,并确定量规的形状公差和校对量规的制造公差:

塞规制造公差 $T = 0.0034$ mm

塞规位置要素 $Z = 0.005$ mm

塞规形状公差 $T/2 = 0.0017$ mm

卡规制造公差 $T = 0.0024$ mm

量规的设计
计算与标注

卡规位置要素 $Z = 0.0034$ mm

卡规形状公差 $T/2 = 0.0012$ mm

校对量规制造公差 $T_p = T/2 = 0.0012$ mm

③参照量规公差带图6-7计算各种量规的极限偏差：

（ⅰ）$\phi25H8$ 孔用塞规。

"通规"（T）：

上偏差 = EI + Z + T/2 = 0 + 0.005 + 0.0017 = + 0.0067 mm

下偏差 = EI + Z - T/2 = 0 + 0.005 - 0.0017 = + 0.0033 mm

磨损极限 = EI = 0

"止规"（Z）：

上偏差 = ES = + 0.033 mm

下偏差 = ES - T = 0.033 - 0.0034 = + 0.0296 mm

（ⅱ）$\phi25f7$ 轴用卡规。

"通规"（T）：

上偏差 = es - Z + T/2 = - 0.02 - 0.0034 + 0.0012 = - 0.0222 mm

下偏差 = es - Z - T/2 = - 0.02 - 0.0034 - 0.0012 = - 0.0246 mm

磨损极限 = es = - 0.02 mm

"止规"（Z）：

上偏差 = ei + T = - 0.041 + 0.0024 = - 0.0386 mm

下偏差 = ei = - 0.041 mm

（ⅲ）轴用卡规的校对量规。

"校通—通"量规（TT）：

上偏差 = es - Z - T/2 + T_p = - 0.02 - 0.0034 - 0.0012 + 0.0012 = - 0.0234 mm

下偏差 = es - Z - T/2 = - 0.02 - 0.0034 - 0.0012 = - 0.0246 mm

"校通—损"量规（TS）：

上偏差 = es = - 0.02 mm

下偏差 = es - T_p = - 0.02 - 0.0012 = - 0.0212 mm

"校止—通"量规（ZT）：

上偏差 = ei + T_p = - 0.041 + 0.0012 = - 0.0398 mm

下偏差 = ei = - 0.041 mm

④$\phi25H8/f7$ 孔与轴用量规公差带，如图6-10。

4. 量规的技术要求

量规测量面的材料，可用淬硬钢（合金工具钢、碳素工具钢、渗碳钢）和硬质合金等材料制造，也可在测量面上镀以厚度大于磨损量的镀铬层、氮化层等耐磨材料。

量规的测量面不应有锈迹、毛刺、黑斑、划痕等缺陷。其他表面不应有锈蚀和裂纹。

量规的测头和手柄连接应牢固可靠，在使用过程中不应该松动。

量规测量面的硬度，对量规使用寿命有一定影响，通常用淬硬钢制造的量规，其测量面的硬度应为 HRC 58～65。

量规测量面的表面粗糙度，取决于被检验工件的基本尺寸、公差等级和粗糙度以及量规的制造工艺水平。量规表面粗糙度的大小，随上述因素和量规结构形式的变化而异。一般不低于光滑极限量规国家标准推荐的表面粗糙度数值，见表6-9。

工作量规工作尺寸的标注如图6-11所示。

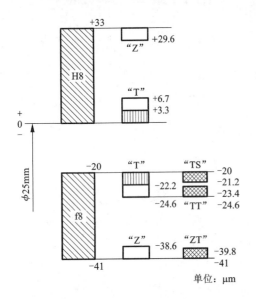

图6-10　$\phi25\mathrm{H8/f7}$ 孔与轴用量规公差带

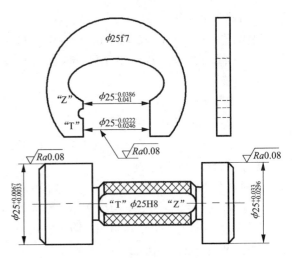

图6-11　量规工作尺寸的标注

表6-9　光滑极限量规的表面粗糙度 *Ra* 值

	工件基本尺寸/mm		
	≤120	>120~315	>315~500
	Ra/μm		
IT6 级孔用量规	≤0.025	≤0.05	≤0.1
IT6~IT9 级轴用量规 IT7~IT9 级孔用量规	≤0.05	≤0.1	≤0.2
IT10~IT12 级孔、轴用量规	≤0.1	≤0.2	≤0.4
IT13~IT16 级孔、轴用量规	≤0.2	≤0.4	≤0.8

注：校对量规测量面的表面粗糙度比被校对的轴用量规测量面粗糙度高一级

练 习 题

6-1　测量如下工件，选择适当的计量器具，并确定验收极限：

(1)$\phi60\mathrm{h10}$　　(2)$\phi30\mathrm{f7}$　　(3)$\phi60\mathrm{F8}$　　(4)$\phi125\mathrm{T9}$

6-2　计算检验 $\phi80\mathrm{K8}$，$\phi30\mathrm{H7}$ 孔用工作量规的极限尺寸，并画出量规公差带图。

6-3　计算检验 $\phi20\mathrm{p7}$，$\phi60\mathrm{f7}$ 轴用工作量规及校对量规的工作尺寸，并画出量规公差带图。

6-4　计算检验 $\phi50\mathrm{H7/f6}$ 用工作量规及轴用校对量规的工作尺寸，并画出量规公差带图。

6-5　有一配合 $\phi50\mathrm{H8}(^{+0.039}_{0})/\mathrm{f7}(^{-0.025}_{-0.050})$，试按泰勒原则分别写出孔、轴尺寸合格的条件。

134

第7章
典型件结合的精度设计及其检测

【概述】

◎目的：了解典型件结合的互换性。

◎要求：①了解滚动轴承配合及其选用；②了解键和花键的公差与配合标准及其应用；③了解螺纹互换性的特点及公差标准的应用；④了解圆锥结合公差与配合的特点。

◎重点：滚动轴承的精度指标；与滚动轴承配合的孔、轴公差带及其选用原则；花键的定心方式；螺纹公差与配合的特点；圆锥结合的精度设计及其检测。

◎难点：与滚动轴承配合的孔、轴公差的正确选用；螺纹作用中径的概念；圆锥各几何参数公差带。

7.1　滚动轴承配合的精度设计

7.1.1　概述

1. 滚动轴承的结构和种类

滚动轴承是通用性很强的标准化部件，与滑动轴承相比，具有摩擦力小、消耗功率小、起动容易，及互换更换方便等诸多优点，在各类机械中作为转动支承得到广泛应用，其组成包括内圈、外圈、滚动体(圆锥滚子或钢球)和保持架等，如图7-1所示。

滚动轴承的外径 D、内径 d 是配合尺寸，分别与壳体孔和轴颈相配合。滚动轴承与壳体孔及轴颈的配合属于光滑圆柱体配合，其互换性为完全互换；而滚动轴承内、外圈滚道与滚动体的装配一般采用分组装配，其互换性为不完全互换。

滚动轴承的类型：按滚动体形状可分为球轴承、圆柱(圆锥)滚子轴承和滚针轴承；按承载负荷方向又可分为向心轴承(承受径向力)、推力轴承(承受轴向力)和向心推力轴承(同时承受径向力和轴向力)。滚动轴承的工作性能和使用寿命不仅取决于本身的制造精度，还和与之配合的轴颈和壳体孔的尺寸精度、形位精度和表面粗糙度、选用的配合性质以及安装正确与否等因素有关。

滚动轴承分类

2. 滚动轴承配合性质要求

滚动轴承配合是指轴承安装在机器上，滚动轴承外圈外圆柱面与外壳孔的配合、内圈内圆柱面与轴颈的配合。它们的配合性质必须满足合适的游隙和必要的旋转精度。

(1)合适的游隙。

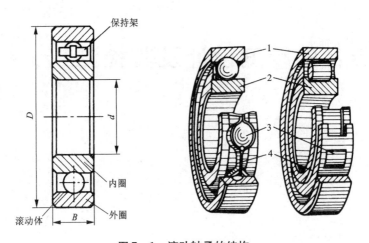

图 7 – 1　滚动轴承的结构

1—外圈；2—内圈；3—滚动体；4—保持架

　　所谓轴承游隙，指轴承在未安装于轴或轴承箱时，将其内圈或外圈的一方固定，然后使未被固定的一方做径向或轴向移动时的移动量，可分为径向游隙和轴向游隙，亦称作理论游隙，见图 7 – 2。而运转时的游隙称作工作游隙，比理论游隙大，其测量值均应保持在合理的范围之内，以保证轴承的正常运转和使用寿命。游隙过大，会引起转轴较大的径向跳动和轴向窜动及振动和噪声；游隙过小，则会因为轴承与轴颈、外壳孔的过盈配合使轴承滚动体与内、外圈产生较大的接触应力，增加轴承摩擦发热，从而降低轴承的使用寿命。

　　（2）必要的旋转精度。

　　轴承工作时，其内、外圈和端面的圆跳动应控制在允许的范围之内，以保证传动零件的回转精度。

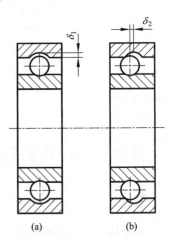

图 7 – 2　滚动轴承游隙

δ_1—径向游隙；δ_2—轴向游隙

　　3. 滚动轴承代号

　　滚动轴承代号是表示其结构、尺寸、公差等级和技术性能等特征的产品符号，由字母和数字组成。按 GB/T 272—2017 的规定，轴承代号由前置代号、基本代号和后置代号构成，其表达方式见表 7 – 1。

表 7 – 1　滚动轴承代号的构成

前　置　代　号	基　本　代　号			后　置　代　号
字母	字母和数字			字母和数字
成套轴承的分部件	××	×××	××	内径结构改变
	类型代号	宽度系列代号 直径系列代号	内径代号	密封、防尘与外部形状变化 保持架结构、材料改变及轴承材料改变 公差等级和游隙 其他

（1）基本代号。

基本代号是表示轴承的类型、结构尺寸的符号。基本代号由轴承类型代号、尺寸系列代号和内径代号三部分构成。

①类型代号：类型代号用数字或大写拉丁字母表示，见表 7 - 2。

②尺寸系列代号：尺寸系列代号由轴承的宽度系列代号和直径系列代号组成，见表 7 - 3。直径系列代号表示内径相同的同类轴承是由几种不同的外径和宽度组成。宽度系列代号表示内、外径相同的同类型轴承宽度的变化。

③内径代号：内径代号表示轴承的内径大小，见表 7 - 4。

（2）前置代号和后置代号。

前置代号和后置代号是当轴承的结构形状、公差、技术要求有改变时，在轴承基本代号前后添加的补充代号，其意义见表 7 - 5。

后置代号用字母或字母加数字表示，后置代号中内部结构代号及含义见表 7 - 6；公差等级代号及含义见表 7 - 7；配合代号及含义见表 7 - 8。游隙代号及含义见表 7 - 9；

表 7 - 2　一般滚动轴承类型代号

轴　承　类　型	代号	原代号	轴　承　类　型	代号	原代号
双列角接触球轴承	0	6	深沟球轴承	6	0
调心球轴承	1	1	角接触球轴承	7	6
调心滚子轴承和推力调心滚子轴承	2	3 和 9	推力圆柱滚子轴承	8	9
圆锥滚子轴承	3		圆柱滚子轴承	N	2
双列深沟球轴承	4	0	外球面球轴承	U	0
推力球轴承	5	8	四点接触球轴承	QJ	6

表 7 - 3　向心轴承、推力轴承尺寸系列代号

直径系列代号（外径↓）	向　心　轴　承								推　力　轴　承			
	宽度系列代号（宽度→）								高度系列代号（高度→）			
	8	0	1	2	3	4	5	6	7	9	1	2
	尺　寸　系　列　代　号											
7	—	—	17	—	37	—	—	—	—	—	—	—
8	—	08	18	28	38	48	58	68	—	—	—	—
9	—	09	19	29	39	49	59	69	—	—	—	—
0	—	00	10	20	30	40	50	60	70	90	10	—
1	—	01	11	21	31	41	51	61	71	91	11	—
2	82	02	12	22	32	42	52	62	72	92	12	32
3	83	03	13	23	33	—	—	—	73	93	13	23
4	—	04	—	24	—	—	—	—	74	94	14	24
5	—	—	—	—	—	—	—	—	—	95	—	—

表 7 − 4　轴承内径代号

轴承公称内径/mm	内　径　代　号	示　列
0.6 ~ 10(非整数)	直接用公称内径毫米数表示，在其与尺寸系列代号之间用"/"分开	深沟球轴承 618/2.5　$d = 2.5$ mm
1 ~ 9(整数)	直接用公称内径毫米表示，对深沟球轴承及角接触球轴承 7，8，9 直径系列，内径与尺寸系列之间用"/"分开	深沟球轴承 62 5　618/5　$d = 5$ mm
10 ~ 17　10 / 12 / 15 / 17	00 / 01 / 02 / 03	深沟球轴承　62 00　$d = 10$ mm
20 ~ 480(22,28,32 除外)	用公称内径除以 5 的商数表示，商数为一位数时，需在商数左边加"0"，如 08	调心滚子轴承 232 08　$d = 40$ mm
大于和等于 500 以上及 22，28，32	直接用公称内径毫米数表示，但在其与尺寸系列代号之间用"/"分开	调心滚子轴承 230/500　$d = 500$ mm 深沟球轴承 62/22　$d = 22$ mm

例，调心滚子轴承 23224　2 为类型代号；32 为尺寸系列代号；24 为内径代号：$d = 120$ mm

表 7 − 5　前置、后置代号

前　置　代　号			基本代号	后置代号(组)							
代号	含　　义	示　例		1	2	3	4	5	6	7	8
F	凸缘外圈的向心球轴承(仅适于 $d ≤ 10$ mm)	F618/4		内部结构	密封与防尘套圈变形	保持架及其材料	轴承材料	公差等级	游隙	配置	其他
L	可分离轴承的可分离内圈或外圈	LNU207									
R	不带可分离内圈或外圈的轴承	RNU207									
WS	推力圆柱滚子轴承轴圈	WS81107									
GS	推力圆柱滚子轴承座圈	GS81107									
KOW −	无轴圈推力轴承	KOW − 51108									
KIW −	无座圈推力轴承	KIW − 51108									
K	滚子和保持架组件	K81107									

表 7 − 6　后置代号中的内部结构代号及含义

代号	含　　义	示　　例
A，B，C，D，E	(1)表示内部结构改变 (2)表示标准设计，其含义随轴承的不同类型、结构而异	B ①角接触球轴承公称接触角 $\alpha = 40°$　210B 　②圆锥滚子轴承接触角加大　32310B C①角接触球轴承公称接触角 $\alpha = 15°$　7005C 　②调心滚子轴承 C 型　23122C E 加强型[①]NU207E
AC D ZW	角接触球轴承公称接触角 $\alpha = 25°$ 部分式轴承 滚针保持架组件双列	7210AC K50 × 55 × 20D K20 × 25 × 40ZW

注：①加强型(即为内部结构设计改进)，增大轴承承载能力的轴承

表 7 - 7　后置代号中的公差等级代号及含义（摘要）

代　号	含　　义	示　例
/P0	公差等级符合标准规定的 0 级，在代号中省略而不表示（普通级）	6203
/P6	公差等级符合标准规定的 6 级	6203/P6
/P6X	公差等级符合标准规定的 6x 级	30210/P6X
/P5	公差等级符合标准规定的 5 级	6203/P5
/P4	公差等级符合标准规定的 4 级	6203/P4
/P2	公差等级符合标准规定的 2 级	6203/P2

表 7 - 8　后置代号中配合代号及含义（摘要）

代　号	含　　义	示　　例
/DB	成对背对背安装	7210C/DB
/DF	成对面对面安装	32208/DF
/DT	成对串联安装	7210C/DT

表 7 - 9　后置代号中的游隙代号及含义（摘要）

代　号	含　　义	示　　例
/C1	游隙符合标准规定的 1 组	NN3006K/C1
/C2	游隙符合标准规定的 2 组	6210/C2
—	游隙符合标准规定的 0 组	6210
/C3	游隙符合标准规定的 3 组	6210/C3
/C4	游隙符合标准规定的 4 组	NN3006K/C4
/C5	游隙符合标准规定的 5 组	NNU4920K/C5

（3）滚动轴承代号示例。

6208/P6

6—据表 7 - 2 可知：轴承类型为深沟球轴承；

02—尺寸系列代号，宽度系列代号为 0（省略），2 为直径系列代号；

08—内径代号，据表 7 - 4 可知内径 $d = 40$ mm；

P6—公差等级为 6 级。

轴承代号中的基本代号最为重要，而 7 位数字中以右起头 4 位数字最为常用。

7.1.2　滚动轴承的精度等级及其应用

1. 滚动轴承的精度等级

滚动轴承的精度等级是按其外形尺寸公差和旋转精度划分的。滚动轴承的外形尺寸公差是指轴承内圈直径、轴承外圈直径和轴承宽度尺寸的公差。滚动轴承的旋转精度是指成套轴承内（外）圈的径向跳动、成套内（外）圈端面对内孔的跳动、成套轴承内（外）圈端面（背面）对滚道的跳动，在国家标准 GB/T 307.3—2005《滚动轴承通用技术规则》中，对滚动轴承内、外圈相配合的轴和壳体孔的公差带、形位公差及表面粗糙度等都有规定。

国家标准将向心球轴承分为 0，6，5，4 和 2 共五级，其中，0 级精度最低，2 级精度最高。圆锥滚子轴承的公差等级分为 0，6X，5，4 四级。只有向心轴承有 2 级，而其他类型的轴承则无 2 级。圆锥滚子轴承有 6X 级，而无 6 级。6X 级轴承与 6 级轴承的内径公差、外径公差和径向跳动公差均相同，6X 级轴承装配宽度要求更严格。

2. 滚动轴承精度等级选用

0 级轴承通常称为普通级轴承，应用在中等负荷、中等转速和对旋转精度要求不高的一般机械中。如普通车床的变速、进给机构，汽车、拖拉机的变速机构，普通电机、水泵、压缩机、汽轮机中的旋转机构等。

6 级轴承应用于旋转精度和转速较高的旋转机构中。如普通机床的主轴轴承、精密机床传动轴所用的轴承等。

5，4 级轴承应用于旋转精度高的机构中，如精密机床的主轴轴承、精密仪器中所用轴承等。

2 级轴承应用于旋转精度和转速均很高的旋转机构中。如精密坐标镗床的主轴轴承、高精度仪器和高转速机构中使用的轴承。

3. 滚动轴承内外径的公差带

一般情况下，轴承内圈与轴一起旋转，为防止内圈和轴颈的配合面相对滑动而产生磨损，要求配合具有一定的过盈，但由于内圈是薄壁零件，过盈量不能太大。轴承外圈装在壳体孔中，通常不旋转。工作时温度升高会使轴膨胀，因此可以把轴承外圈与壳体孔的配合稍微松一点，两端轴承中应有一端是游动支承，使之能补偿轴的热胀伸长。由于滚动轴承的内、外圈都是薄壁零件，因此在制造、保管及自由状态下容易产生变形（如变成椭圆形等），但在装配后又得到矫正。鉴于此，国家标准对轴承内圈直径 d 和外圈直径 D 规定了两种公差。

（1）d 和 D 最大值与最小值所允许的极限偏差（即单一内、外径偏差），其主要目的是为了限制变形量。

（2）轴承套圈任一横截面内量得的最大直径 $d_{实max}$ 或（$D_{实max}$）与最小直径 $d_{实min}$ 或（$D_{实min}$）的平均值极限偏差（即单一平面平均内、外径偏差 Δd_{mp} 和 ΔD_{mp}），目的是用于轴承的配合。

表 7 – 10　向心轴承内圈公差

d /mm		精度等级	Δd_{mp}		Δd_s ④		V_{dp} ①			V_{dmp}	K_{in}	S_d	S_{in} ②	ΔB_S			V_{BS}
							直径系列							全部	正常	修正②	
							9	0,1	2,3,4								
超过	到		上偏差	下偏差	上偏差	下偏差	max			max	max	max	max	上偏差	下偏差		max
18	30	0	0	−10	—	—	13	10	8	8	13	—	—	0	−120	−250	20
		6	0	−8	—	—	10	8	6	6	8	—	—	0	−120	−250	20
		5	0	−6	—	—	5	5	5	5	5	8	8	0	−120	−250	5
		4	0	−5	0	−5	5	4	4	2.5	3	4	4	10	−120	−250	2.5
		2	0	−2.5	0	−2.5	3	2.5	2.5	1.5	2.5	1.3	2.5	0	−120	−250	1.5

注：①直径系列 7，8 级无规定值；

②系指用于成对或成组安装时单个轴承的内圈宽度公差；

③仅适用于沟型轴承；

④Δd_s 中 4 级公差值仅适应于直径系列 0，1，2，3 及 4

由于滚动轴承为标准部件，因此轴承内径与轴颈的配合应为基孔制，轴承外径与外壳孔的配合应为基轴制。但这种基孔制和基轴制与普通光滑圆柱结合又有所不同，这是由滚动轴

140

承配合的特殊需要所决定的。

表 7 – 11　向心轴承外圈公差

D /mm 超过	到	精度等级	ΔD_{mp} 上偏差	下偏差	ΔD_S① 上偏差	下偏差	V_{DP}② 开放轴承 直径系列 9	0,1	2,3,4	V_{DP}② 封闭轴承 0,1,2,3,4	V_{mp}② max	K_{ch} max	S_D max	S_{ch}③ max	ΔC_S④ 上偏差 下偏差	V_{CS} max
50	80	0	0	-13	—	—	16	13	10	2	10	25	—	—	与同一轴承内圈的 ΔH_a 相同	与同一轴承内圈的 V_{BS} 相同
		6	0	-11	—	—	14	11	8	2	8	13	—	—		与同一轴承内圈的 V_{BS} 相同
		5	0	-9	—	—	9	7	7	2	5	8	8	10		6
		4	0	-7	0	-7	7	5	5	2	3.5	5	4	5		3
		2	0	-4	0	-4	4	4	4	2	2	4	1.5	4		1.5
80	120	0	0	-15	—	—	19	19	11	2	11	35	—	—		与同一轴承内圈的 V_{BS} 相同
		6	0	-13	—	—	16	16	10	2	10	18	—	—		
		5	0	-10	—	—	10	8	8	2	5	10	9	11		8
		4	0	-3	0	-8	8	6	6	2	4	5	4	5		4
		2	0	-8	0	-5	5	5	5	2	2.5	5	2.5	5		2.5

注：①仅适应于 4，2 级轴承直径系列 0，1，2，3 及 4；

　　②对 0，6 级轴承，用于内外止动环安装前或拆卸后，直径系列 7 和 8 无规定值；

　　③仅适应于沟型轴承；

　　④表中"—"均未规定公差值

　　轴承内、外径尺寸公差的特点是采用单向制，所有公差等级的公差都单向配置在零线下侧，即上偏差为零，下偏差为负值，如图 7 – 3 所示。

　　轴承内圈与轴一起旋转，因此要求配合面间具有一定的过盈，但过盈量不能太大。如果作为基准孔的轴承内圈仍采用基本偏差为 H 的公差带，轴颈也选用光滑圆柱结合国家标准中的公差带，这样在配合时，无论选过渡配合（过盈量偏小）或过盈配合（过盈量偏大）都不能满足轴承工

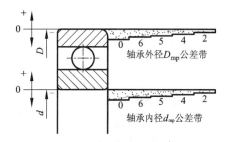

图 7 – 3　滚动轴承内、外径公差带

作的需要。若轴颈采用非标准的公差带，则又违反了标准化与互换性的原则。国家标准 GB/T 307.1—1994 规定：内圈基准孔公差带位于以公称内径 d 为零线的下方。因此这种特殊的基准孔公差带与 GB/T 1801—1999 中基孔制的各种轴公差带构成的配合的性质，相应的比国家标准《极限与配合》中基孔制同名配合要紧得多。配合性质向过盈增加的方向转化。

　　轴承外圈因安装在外壳中，通常不旋转，考虑到工作时温度升高会使轴热胀，产生轴向移动，因此两端轴承中有一端应是游动支承，可使外圈与外壳孔的配合稍松一点，为此规定轴承外圈公差带位于公称外径 D 为零线的下方，与基本偏差为 h 的公差带相类似，但公差值不同，轴承外圈采取这样的基准轴公差带与 CB/T 1801—1999 中基轴制配合的孔公差带配合，基本上保持了 GB/T 1801—1999 的配合性质。

　　【小常识】现行国家标准将向心球轴承分为 0，6，5，4 和 2 共五级，相当于 GB/T 307.3—

1984 中规定的 G，E，D，C 和 B 五级。市场上 G，E，D，C 四种精度等级轴承的价格之比大约是 1:2:3:7。凡轴承上没有精度等级标记的就是 G 级。

7.1.3 滚动轴承与轴颈和外壳孔的配合及选用

1. 轴颈和外壳孔的公差带

轴颈和外壳孔的公差带

由于滚动轴承是标准件，轴承内径和外径公差带在制造时已确定，因此轴承内圈与轴颈的配合属基孔制配合，但轴承公差带均采用上偏差为零，下偏差为负的单向制分布，如图 7-4 所示。由图可见轴承内圈与轴颈的配合比 GB/T 1801—1999 中基孔制同名配合紧一些，g5，g6，h5，h6 轴颈与轴承内圈的配合已变成过渡配合，k5，k6，m5，m6 已变成过盈配合，其余也都有所变紧。轴承外圈与壳体孔的配合为基轴配合，这种配合虽然尺寸公差带代号与 GB/T 1801—1999 的基轴相同，但配合性质有差别。

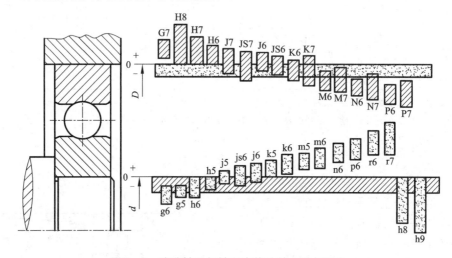

图 7-4 滚动轴承与轴和壳体孔的公差与配合

2. 滚动轴承配合选择原则

合理的选择滚动轴承配合，对于保证机器的正常运转，延长轴承的使用寿命，充分发挥轴承的承载能力，满足机器的性能要求关系极大。在选择滚动轴承配合时，应综合考虑轴承的工作条件，即作用在轴承上的负荷的大小、方向和性质；轴承的类型和尺寸大小、轴承游隙、与轴承相配合的轴和轴承座的材料和结构、工作温度；装拆及调整等。

（1）轴承套圈的负荷类型。

机器在运转时，根据作用在轴承上合成径向负荷相对于套圈的旋转情况，轴承内外圈所承受的负荷类型有以下三种：

①定向负荷。轴承套圈与负荷方向相对固定，即该负荷始终不变地作用在套圈的局部滚道上，套圈承受的这种负荷称为定向负荷。例如，轴承承受一个方向不变的径向负荷 F_r，此时静止的套圈所承受的负荷即为定向负荷，如图 7-5（a）（b）所示。承受这类负荷的套圈与壳体孔或轴的配合，一般选择较松的过渡配合或较小的间隙配合，以便让套圈滚道间的摩擦力矩带动转位，从而改善套圈的受力情况，减少滚道的局部磨损，延长轴承的使用寿命。

②旋转负荷。轴承套圈与负荷方向相对旋转，即径向负荷顺次地作用在套圈的整个圆周滚

142

道上，套圈承受的这种负荷称为旋转负荷。例如，轴承承受一个方向不变的径向负荷 F_r，此时旋转套圈所承受的负荷即为旋转负荷，见图 7-5(a)(b)。对承受旋转负荷的套圈，与轴或壳体孔的配合应选择有过盈的配合或较紧的配合。特别对于特轻、超轻系列轴承的薄壁套圈，适当紧度的配合可使轴承在运转时受力均匀，使轴承的承载能力得以充分发挥。过盈量不能太大，否则使内圈弹性胀大而外圈缩小，而影响轴承的正常运转及减少轴承的使用寿命。

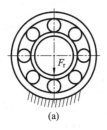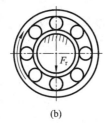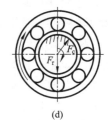

（a）　　　　　　（b）　　　　　　（c）　　　　　　（d）

图 7-5　轴承套圈与负荷的关系

③摆动负荷。轴承套圈与负荷方向相对摆动，即该负荷连续摆动作用在套圈的局部滚道上，套圈承受的这种负荷在一定的区域内相对摆动。例如，轴承承受一个方向不变的径向负荷（F_r）以及一个较小的旋转负荷（F_c），两者的合成径向负荷（F）的大小将由小逐渐增大，再由大逐渐减小，周而复始地周期性变化，这样的径向载荷称为摆动负荷，见图 7-5(c)(d)。当 $F_r > F_c$ 时，合成负荷在轴承下方 AB 区域内摆动（见图 7-6），不旋转的套圈就相对于合成负荷的方向摆动，而旋转的套圈就相对于合成负荷方向旋转。$F_r < F_c$ 时，合成负荷沿整个圆周变动（见图 7-6），不旋转的套圈就相对于合成负荷的方向旋转，而旋转的套圈就相对于合成负荷的方向摆动。承受摆动负荷的套圈的配合要求与旋转负荷相同或略松一点。当有冲击或振动负荷时，选择配合应适当紧些。

（2）负荷的类型和大小。

选用配合与轴承所受的负荷类型和大小有关，因为在负荷

图 7-6　摆动负荷

作用下，轴承套圈会变形，使配合面间的实际过盈量减小和轴承内部游隙增大。所以当受冲击负荷或重负荷时，一般应选择比正常、轻负荷时更紧的配合。对向心轴承负荷的大小用径向当量动负荷（P）与径向额定动负荷（C）的比值区分。即当 $P \leq 0.07C$ 时，为轻负荷；$0.07C < P < 0.15C$ 时，为正常负荷；$P > 0.15C$ 时，为重负荷。负荷越大配合过盈越大。

（3）轴承尺寸大小。

轴承的尺寸越大，选取的配合应越紧。但对于重型机械上使用的特别大尺寸的轴承，应采用较松的配合。

（4）轴承游隙。

采用过盈配合会导致轴承游隙的减小，安装后应检验轴承的游隙是否满足使用要求。由于过盈配合使轴承径向游隙减小，如轴承的两个套圈之一必须采用过盈特大的配合时，应选择具有大于基本组的径向游隙的轴承。当要求轴承的内圈或外圈能沿轴向游动时，该内圈与

轴或外圈与壳体孔的配合,应选较松的配合。

(5)其他因素。

①温度的影响。轴承工作温度一般应低于100℃,在高于此温度中工作的轴承,应将所选配合进行适当修正。因为轴承工作时,由于摩擦发热和其他热源的影响,套圈的温度会高于相配合零件的温度。内圈的热膨胀会引起它与轴颈配合的松动,而外圈的热膨胀则会引起它与外壳孔配合变紧。

②旋转精度。对于负荷较大、有较高旋转精度要求的轴承,为了消除弹性变形和振动的影响,应避免采用间隙配合;对于精密机床的轻负荷轴承,为避免孔与轴的形状误差对轴承精度的影响,常采用较小的间隙配合。

③工艺因素。为便于安装、拆卸,特别对于重型机械,宜采用较松的配合。如果既要求拆卸,又要求采用较紧配合时,可采用分离型轴承或内圈带锥孔和紧定套或退卸套的轴承。

④轴颈与壳体孔的结构和材料。空心轴颈比实心轴颈、薄壁壳体比厚壁壳体、铝合金壳体比钢或铸铁壳体采用的配合要紧些;而剖分式壳体比整体式壳体采用的配合要松些,以免将轴承外圈夹扁,甚至将轴卡住。

影响滚动轴承配合的因素很多,难以用计算方法确定,综合考虑上述因素用类比法选取。不同类型轴承的一些配合选用可参考表7-12、表7-13、表7-14、表7-15。

表7-12 推力轴承和外壳孔的配合 孔公差带代号

运转状态	负荷状态	轴承类型	公差带	备 注
仅有轴向负荷		推力球轴承	H8	
		推力圆柱、圆锥滚子轴承	H7	
		推力调心滚子轴承	—	外壳孔与座圈间间隙为0.001D(D为轴承公称外径)
固定的座圈负荷	径向和轴联合负荷	推力角接触球轴承、推力调心滚子轴承、推力圆锥滚子轴承	H7	
旋转的座圈负荷或摆动负荷			K7	普通使用条件
			M7	有较大径向负荷时

表7-13 推力轴承和轴的配合 轴公差带代号

运转状态	负荷状态	推力球轴承和推力滚子轴承	推力调心滚子轴承[②]	公差带
		轴承公称内径/mm		
仅有轴向负荷		所有尺寸		j6, js6
固定的轴圈负荷	径向和轴向联合负荷	—	≤250	j6
		—	>250	js6
旋转的轴圈负荷或摆动负荷		—	≤200	k6[①]
		—	>200~400	m6
		—	>400	m5

注:①要求较小过盈时,可分别用j6,k6,m6代替k6,m6,n6;
②也包括推力圆锥滚子轴承、推力角接触球轴承

表 7 – 14　向心轴承和轴的配合　轴公差带代号

运转状态		负荷状态	深沟球轴承和角接触球轴承	圆柱滚子轴承和圆锥滚子轴承	调心滚子轴承	公差带
说明	举例		轴承公称内径/mm			
圆柱孔轴承						
旋转的内圈负荷机摆动负荷	一般通用机械、电动机、机床主轴、泵、内燃机、正齿轮传动装置、铁路机车车辆轴箱、破碎机	轻负荷	≤18	—	—	h5
			>18～100	≤40	≤40	j6①
			>100～200	>40～140	>40～140	k6②
			—	>100～140	>100～200	m6③
		正常负荷	≤18	—	—	j5 或 js5
			>18～100	≤40	≤40	k5②
			>100～140	>40～100	>40～65	m5④
			>140～200	>100～140	>65～100	m6
			>200～280	>140～200	>100～140	n6
			—	>200～400	>140～280	p6
			—	—	>280～500	r6
		重负荷	—	>50～140	>50～140	m6⑤
			—	>140～200	>100～140	p6
			—	>200	>140～200	r6
			—	—	>200	r7
固定的内圈负荷	静止轴上的各种轮子、张紧轮绳索、振动筛、惯性振动器	所有负荷	所有尺寸			f6④
						g6
						h6
						j6
仅有轴向负荷			所有尺寸			j6 或 js6
圆锥孔轴承						
所有负荷	铁路机车车辆轴箱		装在退卸套上的所有尺寸			h8(IT5)③④
	一般机械转动		装在退卸套上的所有尺寸			h8(IT5)③④

注：①凡对精度有较高要求场合，应用 j5，k5，…代替 j5，k6，…；
　　②圆锥滚子轴承，角接触球轴承配合对游隙影响不大，可用 k6，m5 代替 k5，m5；
　　③重负荷下轴承游隙应选大于 0 组；
　　④凡有较高的精度或转速要求的场合，应选 h7(IT5)代替 h8(IT6)等；
　　⑤IT6，IT7 表示圆柱度公差数值

表7-15 向心轴承和外壳孔的配合 孔公差带代号

运转状态		负荷状态	其他状况	公差带[1]	
说 明	举 例			球轴承	滚子轴承
固定的外圈负荷	一般机械，铁路机车车辆轴箱、电动机、泵、曲轴主轴承	轻、正常重	轴向易移动，可采用部分式外壳	H7，G7[2]	
		冲击	轴向能移动，可采用整体或部分式外壳	J7，js7	
摆负荷		轻、正常			
		正常、重		K7	
		冲击		M7	
旋转的外圈负荷	张紧滑轮、轮毂轴承	轻	轴向不能移动，采用整体式外壳	J7	K7
		正常		K7，M7	M7，N7
		重		—	N7，P7

注：①并列公差带随尺寸的增大从左到右选择，对旋转精度有较高要求时，可相应提高一个公差等级；
②不适用部分式外壳

3. 配合表面的形位公差及表面粗糙度

为了保证轴承工作时的安装精度和旋转精度，还必须对与轴承相配的轴和外壳孔的配合表面提出形位公差及表面粗糙度要求。

（1）形状和位置公差。

轴承的内、外圈是薄壁件，易变形，尤其是超轻、特轻系列的轴承，其形状误差在装配后靠轴颈和外壳孔的正确形状可以得到矫正。为了保证轴承安装正确、转动平稳，通常对轴颈和外壳孔的表面提出圆柱度要求。为保证轴承工作时有较高的旋转精度，应限制与套圈端面接触的轴肩及外壳孔肩的倾斜，特别是在高速旋转的场合，从而避免轴承装配后滚道位置不正，旋转不稳，因此标准又规定了轴肩和外壳孔肩的端面圆跳动公差，见表7-16。

轴颈和外壳孔的表面粗糙，会使有效过盈量减小，接触刚度下降，而导致支承不良。为此，标准还规定了与轴承配合的轴颈和外壳孔的表面粗糙度要求，见表7-17。

表7-16 轴和外壳孔的形位公差

基本尺寸 /mm		圆柱度 t				端面圆跳动 t_1			
		轴颈		外壳孔		轴肩		外壳孔肩	
		轴承公差等级							
		0	6(6x)	0	6(6x)	0	6(6x)	0	6(6x)
超过	到	公差值/μm							
10	18	3.0	2.0	5	3.0	8	5	12	8
18	30	4.0	2.5	6	4.0	10	6	15	10
30	50	4.0	2.5	7	4.0	12	8	20	12
50	80	5.0	3.0	8	5.0	15	10	25	15
80	120	6.0	4.0	10	6.0	15	10	25	15

表 7 - 17　轴和壳体孔的粗糙度允许值

轴或轴承/mm		轴或外壳配合表面直径公差等级								
		IT7			IT6			IT5		
		表面粗糙度								
超过	到	Rz	$Ra/\mu m$		Rz	$Ra/\mu m$		Rz	$Ra/\mu m$	
			磨	车		磨	车		磨	车
	80	10	1.6	3.2	6.3	0.8	1.6	4	0.4	0.8
80	500	16	1.6	3.2	10	1.6	3.2	6.3	0.8	1.6
端面		25	3.2	6.3	25	3.2	6.3	10	1.6	3.2

4. 滚动轴承配合选择实例

例 7 - 1　在 C616 车床主轴后支承上,装有两个单列向心球轴承,其外形尺寸为 $d \times D \times B = 50$ mm $\times 90$ mm $\times 20$ mm。试选用轴承的精度等级、轴承与轴和壳体孔的配合,并标注在图样上。

解:(1)确定轴承的公差等级:

①C616 车床属于轻载普通车床,主轴承受轻载荷;

②C616 车床的旋转精度和转速较高,选择 6 级精度的滚动轴承。

(2)根据 C616 车床的工况特点,确定轴承与轴、轴承与壳体孔的配合:

①轴承内圈与主轴配合一起旋转,外圈装在壳体孔中不运动。

②主轴后支承主要承受齿轮传递力,故轴承内圈承受旋转负荷,配合应选紧些;外圈承受局部旋转负荷,配合略松。

③参考表 7 - 14、表 7 - 15 选出轴公差带为 $\phi50j5$,壳体孔公差带为 $\phi90J6$。

④机床主轴前轴承已轴向定位,若后轴承外圈与壳体孔配合无间隙,则不能补偿主轴由于温度变化引起的主轴的伸缩性,若外圈与壳体孔配合有间隙,会引起主轴跳动,影响车床的加工精度。为了满足使用要求,将壳体公差带提高一档,改用 $\phi90K6$。

⑤按滚动轴承国家标准,查表 7 - 10、表 7 - 11 得:6 级轴承单一平均内径偏差 (Δd_{mp}) 为 $\phi50_{-0.01}^{0}$ mm,单一平均外径偏差(ΔD_{mp}) $\phi90_{-0.013}^{0}$ mm。根据公差与配合国标 GB/T 1801—2009 查得,轴为 $\phi50j5_{-0.05}^{+0.06}$ mm,壳体孔为 $\phi90K6_{-0.018}^{+0.04}$ mm。

⑥绘出 C616 车床主轴后轴承的公差与配合图解,如图 7 - 7 所示,并将所选择的配合正确地标注在装配图上,如图 7 - 8 所示。注意在滚动轴承与轴、壳体孔的配合处只标注轴或壳体孔的公差带代号。

(3)按表 7 - 16、表 7 - 17 查出轴和壳体孔的形位公差和表面粗糙度允许值,标注在零件图上,如图 7 - 9 所示。

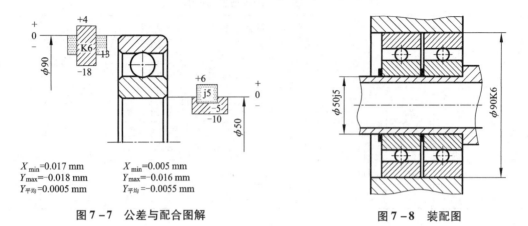

+4
K6
−13
−18
ϕ90
+6
j5
−5
−10
ϕ50
X_{min}=0.017 mm
Y_{max}=−0.018 mm
$Y_{平均}$=0.0005 mm
X_{min}=0.005 mm
Y_{max}=−0.016 mm
$Y_{平均}$=−0.0055 mm

图 7－7　公差与配合图解

ϕ50j5
ϕ90K6

图 7－8　装配图

0.006
$\phi 90^{+0.04}_{-0.018}$
Ra1.6
Ra0.63
0.0025
$\phi 50^{+0.06}_{-0.05}$
A
Ra1.25
0.008 A

(a)　　　　(b)

图 7－9　轴和壳体孔零件图

7.2　键和花键连接的精度设计及其检测

7.2.1　键连接的应用和种类

通过键使轴和带毂的轴上零件(如带轮、齿轮、蜗轮和联轴器等)结合在一起的连接称为键连接。键的主要作用是实现周向固定，以传递一定的运动和转矩。其中，根据需要键连接的零件之间也可以作轴向相对滑动，用做导向连接；有些还能实现轴向固定以传递轴向力。键连接属于可拆卸连接，在机械中应用极为广泛。

键的种类很多，应用最广泛的是平键，其次是楔键和半圆键。单键按结构类型不同主要可分为平键、半圆键、楔键，如图 7－10 所示。

(1)平键连接。普通平键两侧面为工作面，工作时依靠键的侧面与键槽接触传递转矩；并承受载荷，其结构如图 7－10(a)所示。这种键连接对中性好，结构简单，拆装方便，因此应用最为广泛。但这种键连接对轴上零件无轴向固定作用，零件的轴向固定需其他零件来完成。

按用途不同可分为普通平键、导向平键和滑键。

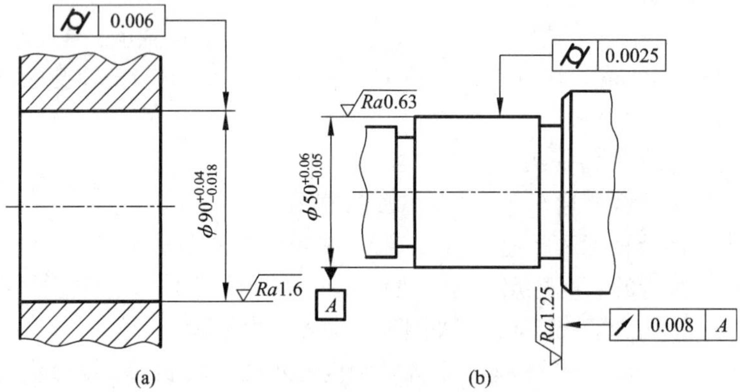

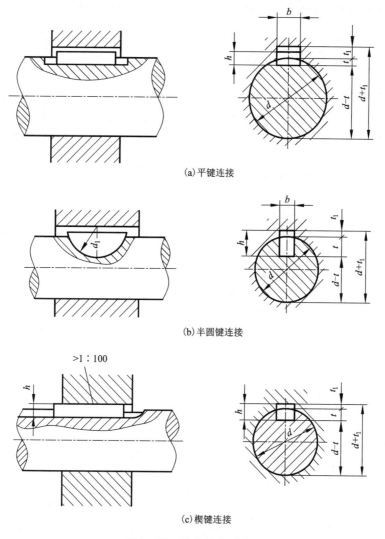

(a)平键连接

(b)半圆键连接

(c)楔键连接

图 7 – 10　键的结合型式

　　普通平键用于静连接，即轮毂与轴之间无相对移动的连接。按键的结构可分为 A 型(圆头)、B 型(方头)、C 型(半圆头)三类，见表 7 – 18。导向平键和滑键用于动连接，即轮毂与轴之间有轴向相对移动的连接。

　　(2)半圆键连接。半圆键用于静连接，键的侧面为工作面。其结构如图 7 – 10(b)所示，这种连接的优点是工艺性较好，缺点是轴上键槽较深，对轴的削弱较大，故主要用于轻载荷和锥形轴。

　　(3)楔键连接。楔键连接只用于静连接。其结构如图 7 – 10(c)所示，单键的型式和结构见表 7 – 18。

表 7 - 18　单键的型式及结构

类　型		图　形	类　型		图　形
平键	普通平键	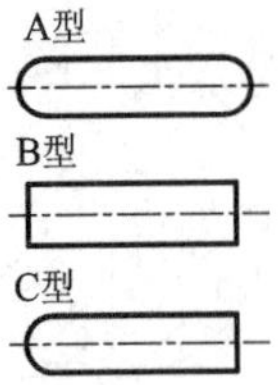 A型 B型 C型	半圆键		
	导向平键	A型 B型	楔键	普通楔键	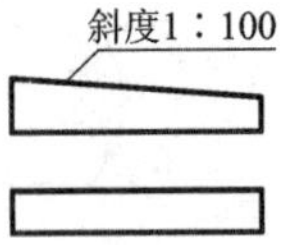 斜度1∶100
		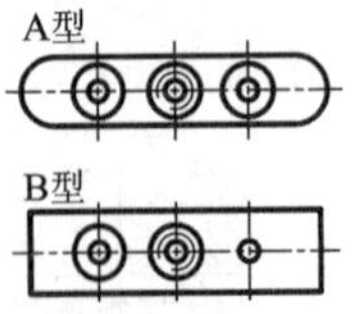		钩头楔键	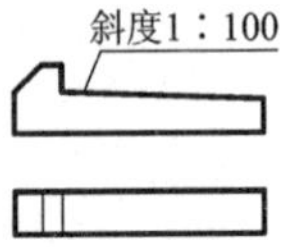 斜度1∶100
	滑键	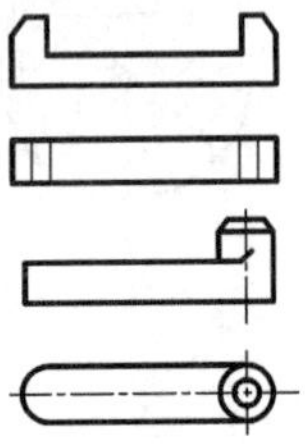	切向键		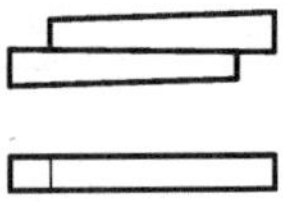

7.2.2　平键连接的精度设计

1. 平键连接的公差与配合

（1）尺寸公差带。

由图 7 - 10 可知，平键连接由键、轴和轮毂三个零件组成。b 为键和键槽的宽度，t 和 t_1 分别为轴槽和轮毂槽的深度，h 为键的高度，d 为轴槽和轮毂槽的直径。由于平键工作时是依靠键的侧面与键槽接触来传递转矩的，因此，国标规定平键连接的键和键槽宽度是配合尺寸，应规定为较严格的公差。其他尺寸为非配合尺寸。

键连接由于键侧面同时与轴槽和轮毂槽侧面同时接触而连接在一起，键宽同时要与轴槽和轮毂槽配合，键宽相当于广义的"轴"，而键槽宽则相当于广义的"孔"。且实际使用中又要求它们之间具有不同的配合性质，属于一轴多孔的配合情形，而键是标准件，所以根据《极限与配合》基轴制的选择原则，平键连接配合采用基轴制。其公差带见图 7 - 11。

为了保证键与键槽侧面接触良好而又便于拆装，键与键槽宽采用过渡配合或小间隙配合。其中，键与轴槽宽的配合应较紧，而键与轮毂槽宽的配合可较松。对于导向平键，要求键与轮毂槽之间作轴向相对移动，要有较好的导向性，因此宜采用具有适当间隙的间隙配合。

国家标准对键和键宽规定了三种基本连接，配合性质及其应用见表 7 - 19。

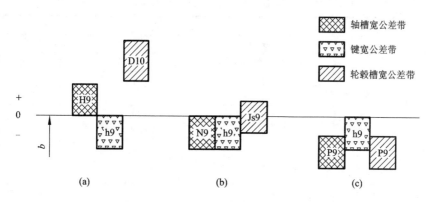

图 7－11　键宽与键槽宽 b 的公差带

表 7－19　平键连接的三种配合性质及其应用

配合种类	尺寸 b 的公差			应用范围
	键	轴槽	毂槽	
较松连接	h9	H9	D10	主要用于导向平键
一般连接		N9	Js9	键在轴上及轮毂中均固定，用于传递载荷不大的场合
较紧连接		P9	P9	键在轴上及轮毂中均固定，且较正常连接更紧。主要用于传递重载荷、冲击载荷及双向扭矩的场合

键宽 b 和键高 h（公差带按 h11）的公差值按其基本尺寸从国标中查取，键槽宽 B 及其他非配合尺寸公差规定见表 7－20、表 7－21。

表 7－20　平键的公称尺寸和槽深的尺寸及极限偏差（摘自 GB/T 1096—2003）　　　mm

轴颈	键	轴槽深 t			毂槽深 t_1		
基本尺寸 d	公称尺寸 $b \times h$	t		$d-t$	t_1		$d+t_1$
		公称	偏差		公称	偏差	
6 ~ 8	2 × 2	1.2			1		
>8 ~ 10	3 × 3	1.8			1.4		
>10 ~ 12	4 × 4	2.5	> +0.10	> －0.10	1.8	> +0.10	> +0.10
>12 ~ 17	5 × 5	3.0			2.3		
>17 ~ 22	6 × 6	3.5			2.8		
>22 ~ 30	8 × 7	4.0			3.3		
>30 ~ 38	10 × 8	5.0			3.3		
>38 ~ 44	12 × 8	5.0	> +0.20	> －0.20	3.3	> +0.20	> +0.20
>44 ~ 50	14 × 9	5.5			3.8		
>50 ~ 58	16 × 10	6.0			4.3		

表 7 – 21　平键、键及键槽剖面尺寸及公差（摘自 GB/T 1096—2003）　　　　　　　mm

轴	键	键槽											
		宽度B						深度				半径r	
		键宽 b	轴槽宽与毂槽宽的极限偏差					轴槽深t		毂槽深t₁			
公称直径 d	公称尺寸 b×h		较松联结		一般联结		较紧联结						
			轴H9	毂D10	轴N9	毂JS9	轴和毂P9	公称	偏差	公称	偏差	最大	最小
6~8	2×2	2	+0.025 0	+0.060 +0.020	-0.004 -0.029	±0.0125	-0.006 -0.031	1.2	+0.10	1	+0.10		
>8~10	3×3	3						1.8		1.4			
>10~12	4×4	4	+0.030 0	+0.078 +0.030	0 -0.030	±0.015	-0.012 -0.042	2.5		1.8			
>12~17	5×5	5						3.0		2.3			
>17~22	6×6	6						3.5		2.8			
>22~30	8×7	8	+0.036 0	+0.098 +0.040	0 -0.036	±0.018	-0.015 -0.051	4.0		3.3		0.16	0.25
>30~38	10×8	10						5.0		3.3			
>38~44	12×8	12	+0.043 0	+0.120 +0.050	0 -0.043	±0.0215	-0.018 -0.061	5.0		3.3			
>44~50	14×9	14						5.5	+0.20	3.8	+0.20	0.25	0.40
>50~58	16×10	16						6.0		4.3			
>58~65	18×11	18						7.0		4.4			
>65~75	20×12	20	+0.052 0	+0.149 +0.065	0 -0.052	±0.026	-0.022 0.074	7.5		4.9		0.40	0.60
>75~85	22×14	22						9.0		5.4			

注：①$(d-t)$ 和 $(d+t)$ 两个组合尺寸的偏差按相应的 d 和 t 的偏差选取，但 $(d-t)$ 偏差值应取负号；

②导向平键的轴槽与轮毂槽用较松键连接的公差

（2）键连接的形位公差。

为了键和键槽侧面之间有足够的接触面积，保证工作面受力均匀，避免装配困难，限制形位误差的影响，在国家标准中，对键和键槽的形位公差作了如下规定：

①轴槽和轮毂槽对轴线的对称度公差。根据键槽宽 b，一般按 GB/T 1184—2001《形状和位置公差》中对称度 7~9 级选取。

②当键长 L 与键宽 b 之比大于或等于 8 时，b 的两侧面在长度方向的平行度公差也按 GB/T 1184—2001《形状和位置公差》选取，当 $b \leqslant 6$ mm 时取 7 级；$b \geqslant 8$ 至 36 mm 时取 6 级；当 $b \geqslant 40$ mm 时取 5 级。

（3）键连接的表面粗糙度。

键槽和轮毂槽的表面粗糙度值要求为：键槽侧面取 Ra 为 1.6~6.3 μm；其他非配合面取 Ra 为 6.3 μm。

图 7–12 为正常连接的轴上键槽和轮毂槽的公差与表面粗糙度的标注示例。

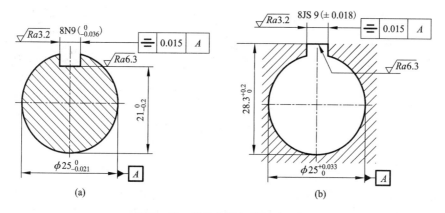

图 7 – 12　轴槽和轮毂槽标注示例

7.2.3　花键连接的应用、种类和定心方式

花键连接是多键结合，即具有多个均布键的轴（花键轴）与具有多个均布键槽的孔（花键孔）结合构成花键结合。花键连接与平键连接相比，其定心精度高，导向性好，承载能力强，因而广泛地应用于机床、汽车、拖拉机、工程机械和矿山机械生产中。花键连接由花键轴和花键孔两个零件组成，花键可用作固定连接，也可用作滑动连接。其种类也很多，按其键形不同，分为矩形花键［如图 7 – 13（a）所示］、渐开线花键［如图 7 – 13（b）所示］和三角形花键［如图 7 – 13（c）所示］。但应用最广的是矩形花键。它具有连接强度高、传递扭矩大、定心精度和滑动连接的导向精度高和移动时灵活性好，以及连接更可靠等特点。

花键分类、矩形花键
滚刀国标、花键量规

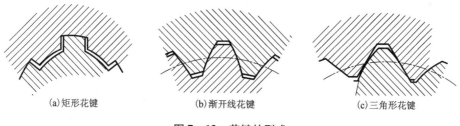

(a)矩形花键　　　　(b)渐开线花键　　　　(c)三角形花键

图 7 – 13　花键的型式

在矩形花键结合中，有大径结合面、小径结合面和键侧结合面等三个结合面，要使内、外花键的大径 D、小径 d、键宽 B 相应的结合面都同时耦合得很好，是相当困难的。因为这三个尺寸都会有制造误差，而且即使这三个尺寸都做得很准，但其相应的表面之间还会有位置误差。为了保证使用性能，改善加工工艺，只选择一个结合面作为主要配合面，对其规定较高的精度，以确定内外花键的配合性质，保证其同轴度（即定心精度），该表面称为定心表面。根据定心要素的不同，可分为三种定心方式：①按大径 D 定心；②按小径 d 定心；③按键宽 B 定心，如图 7 – 14 所示。

由于花键结合面的硬度通常要求较高，在加工过程中往往需要热处理。为保证定心表面的尺寸精度和形状精度，热处理后需进行磨削加工。从加工工艺性来看，小径便于磨削，较易保证较高的加工精度和表面硬度，能提高花键的耐磨性和使用寿命。GB 1144—2001《矩形

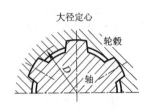
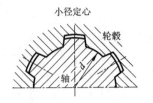
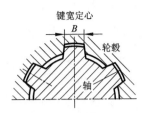

图 7 - 14　花键的定心方式

花键 尺寸、公差和检验》国家标准中，对矩形花键的定心方式只规定了小径定心方式。小径定心对定心小径规定了较高的精度要求，对非定心大径提出了较低的精度要求。装配后，大径处有较大的间隙。由于扭矩的传递是通过花键和花键槽的侧面进行的，国家标准对键侧尺寸规定了较高的尺寸精度。

7.2.4　矩形花键连接的精度设计与标注

1. 矩形花键的基本参数

（1）尺寸系列。

矩形花键连接由多表面构成，其主要结构尺寸有大径 D，小径 d、键宽和键槽宽 B，如图 7 - 15 所示。为便于加工和测量，键数规定为偶数，有 6 键、8 键、10 键三种。键数随小径增大而增多。按传递扭矩的大小，可分为轻系列、中系列和重系列。

轻系列：键数最少，键齿高度最小，主要用于机床制造工业。

中系列：主要用于拖拉机、汽车工业。

重系列：键数最多，键齿高度最大，主要用于重型机械。

轻、中系列合计 35 种规格。矩形花键的基本尺寸系列见表 7 - 22。

表 7 - 22　矩形花键的基本尺寸系列（参照 GB/T 1144—2001）　　　　　mm

d	轻　系　列				中　系　列			
	标记	N	D	B	标记	N	D	B
23	$6 \times 23 \times 26$	6	26	6	$6 \times 23 \times 28$	6	28	6
26	$6 \times 26 \times 30$	6	30	6	$6 \times 26 \times 32$	6	32	6
28	$6 \times 28 \times 32$	6	32	7	$6 \times 28 \times 24$	6	4	7
32	$8 \times 32 \times 36$	8	36	6	$8 \times 32 \times 38$	8	38	6
36	$8 \times 36 \times 40$	8	40	7	$8 \times 36 \times 42$	8	42	7
42	$8 \times 42 \times 46$	8	46	8	$8 \times 42 \times 48$	8	48	8
46	$8 \times 46 \times 50$	8	50	9	$8 \times 46 \times 54$	8	54	9
52	$8 \times 52 \times 58$	8	58	10	$8 \times 52 \times 60$	8	60	10
56	$8 \times 56 \times 62$	8	62	10	$8 \times 56 \times 65$	8	65	10
62	$8 \times 62 \times 67$	8	68	12	$8 \times 62 \times 72$	8	72	12
72	$10 \times 72 \times 78$	10	78	12	$10 \times 72 \times 82$	10	82	12

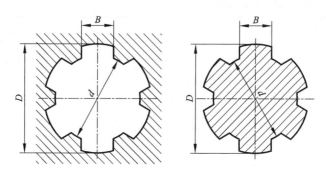

图 7 - 15　花键的主要尺寸

（2）矩形花键的尺寸公差。

为了减少加工和检验花键所用拉刀、量规的规格及数量，矩形花键连接采用基孔制。即内花键 d、D 和 B 的基本偏差不变，依靠改变外花键 d、D 和 B 的基本偏差，以获得不同松紧的配合。国家标准规定了内、外花键的三个主要参数：

大径 D、小径 d 和键槽宽度 B 的尺寸公差带如表 7 - 23 所示 。

矩形花键连接按其使用要求分为一般用途和精密传动两类。一般级多用于传递扭矩较大的汽车、拖拉机的变速箱中；精密级多用于机床变速箱中。规定了最松的滑动配合、较松的紧滑动配合以及较紧的固定配合。在选择配合时，定心精度要求高，传动转矩大，其间隙应小；内、外花键相对滑动，花键配合长度大，其间隙应大。表 7 - 23 给出了矩形花键三种配合型式供选用。图 7 - 16 为相应的公差带。

2. 矩形花键的形位公差和表面粗糙度

（1）矩形花键的形位公差。

加工内、外花键时，不可避免地会产生形位误差。为了防止形位误差给装配带来困难，影响定心精度，保证键侧和键槽侧受力均匀，故应对其形位误差要加以控制。国标对花键的形位公差按照公差原则作了如下规定。

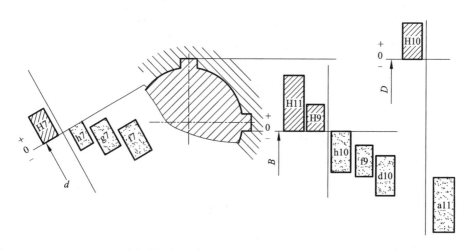

图 7 - 16　矩形花键的小径 d、大径 D 及键(槽)宽 B 的尺寸公差带

表 7 – 23　矩形花键的尺寸公差带（摘自 GB/T 1144—2001）

用途	内花键				外花键			装配型式
	小径 d	大径 D	键宽 B		小径 d	大径 D	键宽 B	
			拉削后不热处理	拉削后热处理				
一般用	H7	H10	H9	H11	f7	d10		滑动
					g7	f9		紧滑动
					h7	h10		固定
精密传动用	H5		H7　H9		f5	a11	d8	滑动
					g5		f7	紧滑动
					h5		h8	固定
	H6				f6		d8	滑动
					g6		f7	紧滑动
					h6		h8	固定

表 7 – 24　花键的位置度公差（t_1）（摘自 GB/T 1144—2001）

键槽宽或键宽 B/mm		3	3.5 ~ 6	7 ~ 10	12 ~ 18
		t_1/μm			
键槽宽		10	15	20	25
键宽	滑动、固定	10	15	20	25
	紧滑动	6	10	13	16

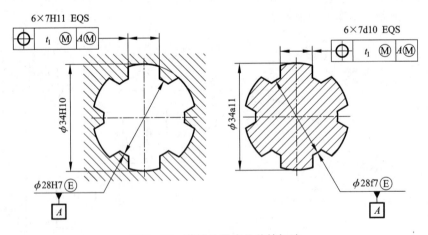

图 7 – 17　花键位置度公差的标注

①由于矩形花键的小径 d 即是配合尺寸，又是定心尺寸，因此，小径 d 应遵守包容要求。

156

②花键的位置度公差应遵守最大实体要求。位置度公差值 t_1 见表 7 – 24，标注方法见图 7 – 17。

③花键的对称度和等分度公差遵守独立原则。键宽的对称度公差按表 7 – 25 的规定，标注方法见图 7 – 18。花键的对称度和等分度公差只有在没有综合量规的情况下应用，一般适应于单项检验。

表 7 – 25　花键的对称度公差(t_2)（摘自 GB/T 1144—2001）　　　　　mm

键槽宽或键宽 B		3	3.5 ~ 6	7 ~ 10	12 ~ 18
t_2	一般	0.01	0.012	0.015	0.018
	精密传动	0.006	0.008	0.009	0.011

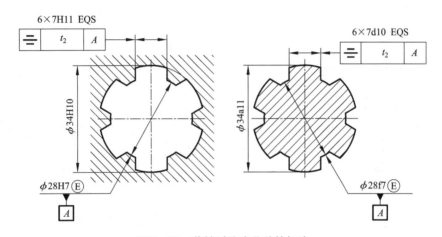

图 7 – 18　花键对称度公差的标注

④对较长的花键，可根据产品性能自行规定键侧对轴线的平行度公差。

对于精密传动用的内花键，当需要控制键侧配合间隙时，槽宽公差带可选用 H7，一般情况下可选用 H9。当内花键小径公差带为 H6 和 H7 时，允许与精度高一级的外花键配合。

（2）矩形花键的表面粗糙度。

矩形花键各表面的粗糙度如表 7 – 26 所列。

表 7 – 26　花键表面粗糙度推荐值/μm

加工表面	内花键	外花键
	$Ra \leqslant$	
小径	1.6	0.8
大径	6.3	3.2
键侧	6.3	1.6

3. 矩形花键连接的公差配合及选择

花键尺寸公差带选用的一般原则是：定心精度要求高或传递扭矩大时，应选用精密传动用的尺寸公差带。反之，可选用一般用的尺寸公差带。

内、外花键的配合(装配形式)分为滑动、较紧滑动和固定三种。其中，滑动连接的间隙较大；较紧滑动连接的间隙次之；固定连接的间隙最小。

表 7-27　矩形花键配合应用的推荐

应　用	固定连接		滑动连接	
	配合	特征及应用	配合	特征及应用
精密传动用	H5/h5	紧固程度较高，可传递大扭矩	H5/g5	滑动程度较低，定心精度高，传递扭矩大
	H6/h6	传递中等扭矩	H6/f6	滑动程度中等，定心精度较高，传递中等扭矩
一般用	H7/h7	紧固程度较低，传递扭矩较小，可经常拆卸	H7/f7	移动频率高，移动长度大，定心精度要求不高

内、外花键在工作中只传递扭矩而无相对轴向移动时，一般选用配合间隙最小的固定连接。除传递扭矩外，内、外花键之间还要有相对轴向移动时，应选用滑动或紧滑动连接。移动频繁，移动距离长，则应选用配合间隙较大的滑动连接，以保证运动灵活及配合面有足够的润滑油层。为保证定心精度要求，或为使工作表面载荷分布均匀及为减少反向所产生的空程和冲击，对定心精度要求高、传递转矩大、运转中需经常反转等的连接，则应用配合间隙较小的紧滑动连接。表 7-27 列出了几种配合应用情况的推荐，可供设计时参考。

4. 花键的标注

花键连接在图纸上的标注，按顺序包括以下项目：键数 N，小径 d，大径 D，键宽 B，花键公差带代号。示例如下：

花键规格：$N \times d \times D \times B$　　$6 \times 23 \times 26 \times 6$

花键副：$6 \times 23 \dfrac{H7}{f7} \times 26 \dfrac{H10}{a10} \times 6 \dfrac{H11}{d11}$　　GB/T 1144—2001

内花键：$6 \times 23H7 \times 26H10 \times 6H11$　　GB/T 1144—2001

外花键：$6 \times 23f7 \times 26a10 \times 6d11$　　GB/T 1144—2001

例 7-2　矩形花键的图样标注。

用数字与符号依次表示：键数 N、小径 d、大径 D 和键宽 B，中间均用乘号相连，即 $N \times d \times D \times B$。小径、大径和键宽的配合代号和公差代号在各自的基本尺寸之后。如图 7-19(a)为一花键副，其标注代号表示为：键数为 6，小径配合为 28H7/f7，大径配合为 34H10/a10，键宽配合为 7H11/d11。在零件图上，花键公差仍按花键规格顺序注出，如图 7-19(b)(c)。

158

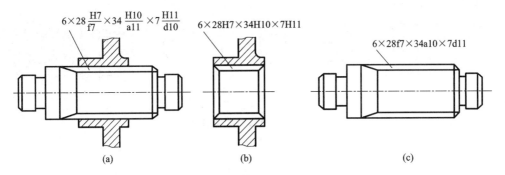

图 7-19 花键配合及公差带的图样标注

(a)装配图；(b)内花键；(c)外花键

7.2.5 键和花键的检测

1. 平键连接的检测

(1)键和槽宽尺寸：在单件、小批量生产中，一般用游标卡尺或千分尺等通用计量器具来测量。在大批量生产中，可用极限量规来测量。

(2)轴槽和轮毂槽深尺寸：在单件、小批量生产中，一般用游标卡尺或外径千分尺测量轴尺寸 $d-t$，用游标卡尺或内径千分尺测量轮毂尺寸 $d+t_1$。在大批量生产中，一般采用专用量具(即轮毂槽深度极限量规和轴槽深度极限量规)来测量。

(3)键槽对称度误差：在单件、小批量生产时，用分度头、型块、百分表测量。在大批量生产时，一般用综合量规(即轮毂槽对称度量规和轴槽对称度量规)来测量。

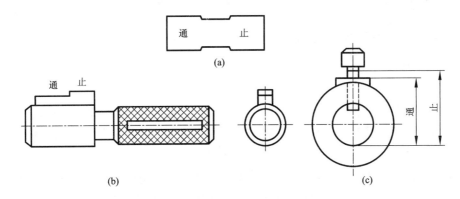

图 7-20 检测键槽尺寸的极限量规

(a)键槽宽量规；(b)轮毂槽深量规；(c)轴槽深量规

2. 花键的检测

花键的检测内容主要包括定心小径、键宽、大径三个参数的尺寸检测和形位误差检测。检测方法有综合检测法和单项检测法两种。

(1)综合检测法：采用形状与被测内花键或外花键相对应的综合塞规或环规、单项止端塞规或卡板进行检测的方法。如图 7-21 所示。

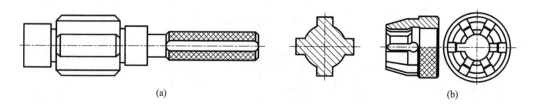

(a)　　　　　　　　　　　　　　　　　(b)

图 7 – 21　矩形花键位置量规

(a)花键塞规；(b)花键环规

①内花键的检验：用花键综合塞规同时检验小径、大径、键槽宽、大径对小径的同轴度和键槽的位置度等，以保证其配合要求和安装要求。并用单项止端塞规分别检验小径、大径、键槽宽，以保证其尺寸不超过最大极限尺寸。

②外花键的检验：用花键综合环规同时检验小径、大径、键宽、大径对小径的同轴度和键槽的位置度等，以保证其配合要求和安装要求。并用单项止端卡板分别检验小径、大径、键宽，以保证其实际尺寸不小于其最小极限尺寸。

（2）单项检测法：采用千分尺、游标卡尺、指示表等通用计量器具分别对定心小径、键宽（键槽宽）、大径三个参数的尺寸和形位误差进行检测的方法。具体检测与一般长度尺寸的检测类同。

7.3　螺纹连接的精度设计及其检测

圆柱螺纹结合的应用在工业生产中很普遍，尤其是普通螺纹结合的应用极为广泛。本节主要介绍普通螺纹的公差、配合与检测以及简介机床梯形螺纹丝杠、螺母的精度和公差。

7.3.1　螺纹的分类及使用要求

螺纹通常按用途分为以下三类。

（1）紧固螺纹。

紧固螺纹用于连接和紧固各种机械零件。如普通螺纹、过渡配合螺纹和过盈配合螺纹等，其中普通螺纹的应用最为普遍。紧固螺纹的使用要求是保证旋合性和连接强度。

（2）传动螺纹。

传动螺纹用于传递动力和位移。如梯形螺纹和锯齿形螺纹等，机床传动丝杠和量仪的测微螺杆上的螺纹。传动螺纹的使用要求是传递动力的可靠性和传递位移的准确性。

（3）紧密螺纹。

紧密螺纹用于使两个零件紧密连接而无泄漏的结合。如管螺纹，用于水管和煤气管道中的管件连接。紧密螺纹的使用要求是连接强度和密封性。

7.3.2　普通螺纹连接的主要参数

普通螺纹的牙型如图 7 – 22 所示，是指在通过螺纹轴线的剖面上螺纹的轮廓形状，由原始三角形形成，该三角形是高度为 H 的等边三角形，该三角形的底边平行于螺纹轴线。

普通螺纹的基本牙型如图 7 - 23 所示，是指按规定的高度，削平原始三角形的顶部和底部后形成的理论牙型，是规定螺纹极限偏差的基础。

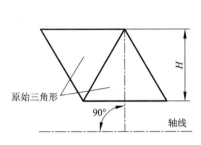

图 7 - 22　基本牙型的原始三角形

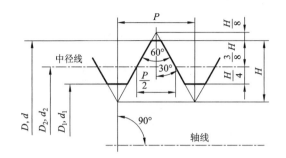

图 7 - 23　普通螺纹的基本牙型

普通螺纹的主要参数如下。

（1）大径：是指与外螺纹牙顶或内螺纹牙底相切的假想圆柱的直径。内、外螺纹大径的基本尺寸分别用代号 D 和 d 表示，且 $D = d$，普通螺纹的公称直径就是螺纹的大径的基本尺寸。

（2）小径：是指与外螺纹牙底或内螺纹牙顶相切的假想圆柱的直径。内、外螺纹小径的基本尺寸分别用代号 D_1 和 d_1 表示，且 $D_1 = d_1$。外螺纹的小径和内螺纹的大径统称底径，外螺纹的大径和内螺纹的小径统称顶径。

（3）中径：是一个假想圆柱的直径，该圆柱的母线通过牙型上沟槽和凸起宽度相等的地方。内、外螺纹中径的基本尺寸分别用代号 D_2 和 d_2，且 $D_2 = d_2$。

（4）螺距：是指相邻两牙在中径线上对应两点间的轴向距离。螺距的基本值用代号 P 表示。

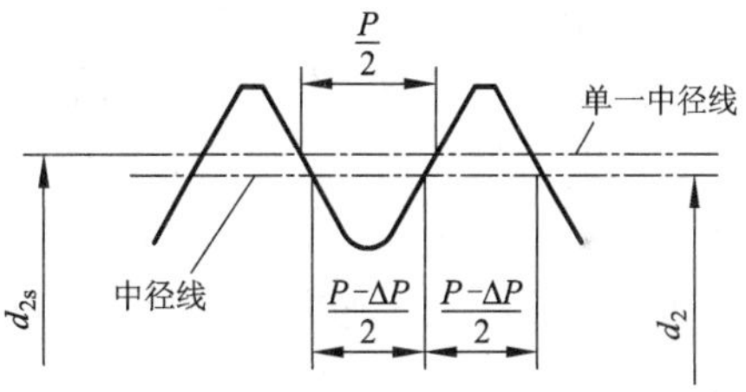

（5）单一中径：是一个假想圆柱的直径，该圆柱的母线通过牙型上沟槽宽度等于螺距基本值一半（$P/2$）的地方，内、外螺纹的单一中径分别用代号 D_{2s} 和 d_{2s} 表示。见图 7 - 24。

图 7 - 24　中径与单一中径

单一中径可以用三针法测得以表示螺纹的实际中径尺寸的数值。

（6）牙型角：是指在螺纹牙型上，相邻的两牙侧间的夹角，用代号 α 表示，如图 7 - 25 所示。牙型角的一半称为牙型半角。普通螺纹牙型半角为 30°。

（7）牙侧角：是指在螺纹牙型上，牙侧与螺纹轴线的垂线间的夹角，左、右牙侧分别用代号 α_1 和 α_2 表示，如图 7 - 26 所示。普通螺纹牙侧角的基本值是 30°。

（8）螺纹接触高度：是指在两个相互配合螺纹的牙型上，它们的牙侧重合部分在垂直于螺纹轴线方向上的距离。普通螺纹的接触高度的基本值等于 $5H/8$，如图 7 - 23 所示。

（9）螺纹旋合长度：是指两个相互配合的螺纹沿螺纹轴线方向相互旋合（重合）部分的长度。

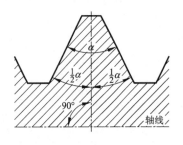

图 7 - 25　牙型角和牙型半角

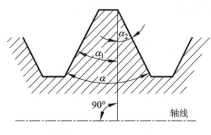

图 7 - 26　牙侧角

7.3.3　普通螺纹几何参数误差对互换性的影响

要实现普通螺纹的互换性，必须保证其良好的旋合性和足够的连接强度。旋合性是指相互结合的内、外螺纹能够自由旋入，并获得指定的配合性质。连接强度是指相互结合的内、外螺纹的牙侧能够均匀接触，具有足够的承载能力。

在螺纹加工过程中，其几何参数不可避免地会产生误差，因而影响其互换性。影响螺纹互换性的几何参数有螺纹的直径(包括大径、中径、小径)、螺距和牙型半角。

1. 螺纹直径偏差的影响

螺纹直径(包括大径、中径和小径)的偏差是指螺纹加工后直径的实际尺寸与螺纹直径的基本尺寸之差。由于相互配合的内、外螺纹直径的基本尺寸相同，因此，如果外螺纹直径的偏差大于内螺纹对应直径的偏差，则不能保证它们的旋合性；假如外螺纹直径的偏差比内螺纹对应直径的偏差小得多，尽管它们能够旋入，然而它们的接触高度会减小，从而导致它们的连接强度不足。由于螺纹的配合面是牙侧面，螺纹的三个直径参数中，中径偏差对螺纹互换性的影响是主要的，它决定螺纹结合的配合性质。所以，必须控制螺纹直径的实际尺寸，对直径规定适当的上、下偏差。

因此，相互结合的内、外螺纹在顶径处和底径处应分别留有适当的间隙，以保证它们能够自由旋合。为保证螺纹的连接强度，螺纹的牙底应制成圆弧形状。

2. 螺距误差的影响

螺距误差分为螺距偏差和螺距累积误差。螺距偏差 ΔP 是指螺距的实际值与其基本值 P 之差。螺距累积误差 ΔP_{Σ} 是指在规定的螺纹长度内，任意两同名牙侧与中线交点间的实际轴向距离与其基本值之差中的最大绝对值。螺距累积误差 ΔP_{Σ} 对螺纹互换性的影响比螺距偏差 ΔP 更大。

如图 7 - 27 所示，相互结合的内、外螺纹，假设内螺纹为理想牙型(内螺纹的实际轴向距离 $L_{内} = nP$，P 为螺距的基本值)，与其相配合的外螺纹仅存在螺距误差，它的 n 个螺距的实际轴向距离大于其基本值 nP，因此外螺纹的螺距累积误差为 $\Delta P_{\Sigma} = |L_{外} - nP|$。$\Delta P_{\Sigma}$ 使内、外螺纹牙侧产生干涉而不能旋合。

为了使具有螺距累积误差 ΔP_{Σ} 的外螺纹能够旋入理想的内螺纹，保证其旋合性，应将外螺纹的干涉部分削掉，使其牙侧上的 B 点移至与内螺纹牙侧上的 C 点接触(螺牙另一侧的间隙不变)。即将外螺纹的中径减小一个数值 f_P，使外螺纹轮廓刚好能被内螺纹轮廓包容。

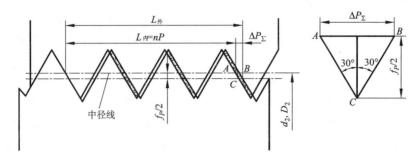

图 7 - 27　螺距累积误差对旋合性的影响

同理，假设外螺纹为理想牙型，如内螺纹存在螺距累积误差 ΔP_Σ，那么为保证其旋合性，应将内螺纹的中径增大一个数值 F_P。

f_P（或 F_P）称为螺距误差的中径当量。由图 7 - 27 中的 $\triangle ABC$ 可求出：

$$f_P（或 F_P）= 1.732\Delta P_\Sigma \qquad (7-1)$$

3. 牙侧角偏差的影响

牙侧角偏差是指牙侧角的实际值与其基本值之差，它包括螺纹牙侧的形状误差和牙侧相对于螺纹轴线的垂线的位置误差。

如图 7 - 28 所示，相互结合的内、外螺纹的牙侧角的基本值均为 30°，假设内螺纹 1 为理想螺纹，而外螺纹 2 仅存在牙侧角偏差。图中，左牙侧角偏差 $\Delta \alpha_1$ 为负，右牙侧角偏差 $\Delta \alpha_2$ 为正，使内、外螺纹牙侧产生干涉而不能旋合。

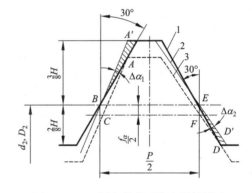

图 7 - 28　牙侧角偏差对旋合性的影响

为了消除干涉，保证旋合性，应将外螺纹的干涉部分削掉，把外螺纹螺牙沿垂直于螺纹轴线方向移动 $f_\alpha/2$ 至虚线 3 处，使外螺纹轮廓刚好能被内螺纹轮廓包容。即将外螺纹的中径减小一个数值 f_α。同样，当内螺纹存在牙侧角偏差时，为了保证旋合性，应将内螺纹中径增大一个数值 F_α。f_α（或 F_α）称为牙侧角偏差的中径当量。

如图 7 - 28 所示，$\triangle ABC$ 的边长 $BC = AA'$，$\triangle DEF$ 的边长 $EF = DD'$，在 $\triangle ABC$ 和 $\triangle DEF$ 中应用正弦定理，当牙型半角为 30°时，$H = \sqrt{3}\,P/2$，经整理、运算并进行单位换算后得：

$$f_\alpha（或 F_\alpha）= 0.073P(K_1|\Delta \alpha_1| + K_2|\Delta \alpha_2|)\ \mu m \qquad (7-2)$$

式中：系数 K_1、K_2 的数值分别取决于 $\Delta \alpha_1$、$\Delta \alpha_2$ 的正、负号。螺距基本值 P 的单位为 mm；牙侧角偏差 $\Delta \alpha_1$、$\Delta \alpha_2$ 的单位为分（′）。

对于外螺旋，当 $\Delta \alpha_1$（或 $\Delta \alpha_2$）为正值时，在中径与小径之间的牙侧产生干涉，相应的系数 K_1（或 K_2）取 2；当 $\Delta \alpha_1$（或 $\Delta \alpha_2$）为负值时，在中径与大径之间的牙侧产生干涉，相应的系数 K_1（或 K_2）取 3。

对于内螺旋，当 $\Delta \alpha_1$（或 $\Delta \alpha_2$）为正值时，在中径与小径之间的牙侧产生干涉，相应的系数 K_1（或 K_2）取 3；当 $\Delta \alpha_1$（或 $\Delta \alpha_2$）为负值时，在中径与大径之间的牙侧产生干涉，相应的系

数 K_1（或 K_2）取 2。

增大内螺纹中径或减小外螺纹中径可以消除牙侧角偏差，虽可保证旋合，但会使内、外螺纹牙侧接触面积减少，载荷相对集中到接触部位，造成接触压力增大，降低螺纹的连接强度。

4. 作用中径对螺纹旋合性的影响

影响螺纹旋合性的主要因素是中径偏差、螺纹误差和牙侧角偏差。它们的综合结果可用作用中径表示。在规定的旋合长度内，恰好包容实际外螺纹的假想内螺纹的中径，称为该外螺纹的作用中径，用代号 d_{2m} 表示；恰好包容实际内螺纹的假想外螺纹中径，称为内螺纹的作用中径，用代号 D_{2m} 表示。

当外螺纹存在螺纹累积误差和牙侧角偏差时，需将它的中径减小 $(f_p + f_\alpha)$，才能与理想的内螺纹旋合。同样，当内螺纹存在螺距累积误差和牙侧角偏差时，需将它的中径增大 $(F_p + F_\alpha)$。

如图 7 – 29 所示，所谓的假想螺纹是具有理想的螺距、牙侧角和牙型高度，并且分别在牙顶处和牙底处留有间隙，以保证它包容实际螺纹，使两者的大径、小径处不发生干涉。

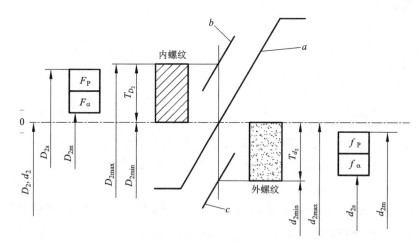

图 7 – 29　螺纹作用中径

外螺纹和内螺纹的作用中径分别按下式计算：

$$d_{2m} = d_{2s} + (f_p + f_\alpha) \qquad (7 - 3)$$
$$D_{2m} = D_{2s} - (F_p + F_\alpha) \qquad (7 - 4)$$

由此可见，内、外螺纹能够自由旋合的条件是：$d_{2m} \leqslant D_{2m}$，或者外螺纹 d_{2m} 不大于其中径最大极限尺寸，内螺纹 D_{2m} 不小于其中径最小极限尺寸。

5. 普通螺纹合格性的判断原则（泰勒原则）

螺纹的检测，应针对螺纹的不同使用场合、螺纹加工条件和生产批量的大小，由设计者决定采用何种检验手段，以判断被检测螺纹合格与否。

小批量螺纹的检测，可以用工具显微镜、螺纹千分尺、三针法等分别测出螺纹的单一中径、螺距误差和牙侧角偏差。对生产批量较大的螺纹，可以按泰勒原理使用螺纹量规检测，判断被测螺纹的旋合性和连接强度合格与否。

164

如图 7 - 30 所示，泰勒原则指为了保证旋合性，实际螺纹的作用中径应不超出最大实体牙型的中径；为了保证连接强度，该实际螺纹任何部位的单一中径应不超出最小实体牙型的中径。

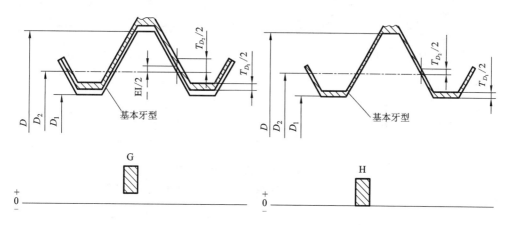

图 7 - 30　泰勒原则

最大和最小实体牙型是指在螺纹中径公差范围内，分别具有材料量最多和最小并且具有与基本牙型一致的螺纹牙型。外螺纹的最大和最小实体牙型中径分别等于其中径最大和最小极限尺寸 d_{2max}，d_{2min}，内螺纹的最大和最小实体牙型中径分别等于其中中径最小和最大极限尺寸 D_{2min}，D_{2max}。

按照泰勒原则，螺纹中径的合格性条件如下：

外螺纹为 $$d_{2m} \leqslant d_{2max} \text{ 且 } d_{2s} \geqslant d_{2min} \tag{7 - 5}$$

内螺纹为 $$D_{2m} \geqslant D_{2min} \text{ 且 } D_{2s} \leqslant D_{2max} \tag{7 - 6}$$

7.3.4　普通螺纹的公差与基本偏差

普通螺纹的公差带与尺寸公差带一样，其位置由基本偏差决定，大小由公差等级决定；螺纹的公差精度则由公差带和旋合长度决定。普通螺纹国家标准《GB/T 197—2003 普通螺纹公差》规定了普通螺纹配合是最小间隙为零以及具有保证间隙的螺纹公差带、旋合长度和公差精度。

普通螺纹公差带是沿基本牙型的牙侧、牙顶和牙底分布的公差带，由基本偏差和公差两个要素构成，在垂直于螺纹轴线的方向计量其大、中、小径的极限偏差和公差值。

1. 螺纹的基本偏差

螺纹的基本偏差用来确定公差带相对于基本牙型的位置。《GB/T 197—2003 普通螺纹公差》对于螺纹的中径和顶径规定了基本偏差，并且它们的数值相同。如图 7 - 31 所示，对内螺纹规定了代号为 G，H 的两种基本偏差，均为下偏差 EI；如图 7 - 32 所示（图 d_{3max} 为外螺纹实际小径的最大允许值），对于外螺纹规定代号为 e，f，g，h 的四种基本偏差，均为上偏差 es。

2. 螺纹的公差

螺纹公差用来确定公差带的大小，它表示螺纹直径的尺寸允许的变动范围。普通螺纹国

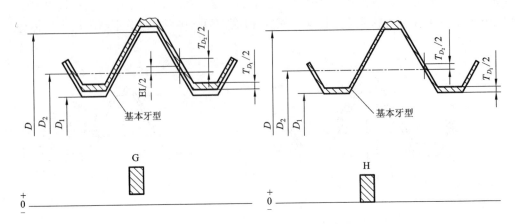

图 7-31 内螺纹公差带的位置

T_{D_1}—内螺纹小径公差；T_{D_2}—内螺纹中径公差；EI—内螺纹中径基本偏差

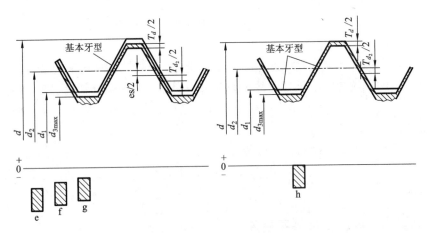

图 7-32 外螺纹公差带的位置

T_d—外螺纹大径公差；T_{d_2}—外螺纹中径公差；es—外螺纹中径基本偏差

家标准 GB/T 197—2003 对螺纹中径和顶径(外螺纹顶径为大径，内螺纹顶径为小径)分别规定了若干公差等级，见表 7-28。其中，3 级精度最高，9 级精度最低。

表 7-28 螺纹的公差等级

螺纹直径	公差等级
内螺纹中径 D_2	4、5、6、7、8
内螺纹小径 D_1	4、5、6、7、8
外螺纹中径 d_2	3、4、5、6、7、8、9
外螺纹大径 d	4、6、8

中径公差就具有三个功能：控制中径本身的尺寸偏差，还控制螺距误差和牙侧角偏差。

无须单独规定螺距公差和牙侧角公差。

公差带代号是有螺纹的中径和顶径的公差等级代号和基本偏差代号组合而成的。标注时中径公差带代号在前,顶径公差带代号在后。例如,5H6H 表示内螺纹中径公差带代号为5H、顶径(小径)公差带代号为 6H。如果中径公差带代号和顶径公差带代号相同,则标注时只写一个,例如 6f 表示外螺纹中径与顶径(大径)公差带代号相同。

3. 螺纹的旋合长度

普通螺纹国家标准 GB/T 197—2003 规定了短旋合长度 S、中等旋合长度 N 及长旋合长度 L 三种旋合长度。通常采用中等旋合长度,为了加强连接强度,可选择长旋合长度,对空间位置受到限制或受力不大的螺纹,可选择短旋合长度。

表 7 - 29　普通螺纹的推荐公差带(参照 GB/T 197—2003)

公差精度	内 螺 纹 公 差 带			外 螺 纹 公 差 带		
	S	N	L	S	N	L
精密	4H	5H	6H	(3h4h)	**4h** (4g)	(5h4h) (5g4g)
中等	**5H** (5G)	6H **6G**	**7H** (7G)	(5g6g) (5h6h)	**6e** **6f** 6g 6h	(7e6e) (7g6g) (7h6h)
粗糙	—	7H (7G)	8H (8G)	—	(8e) 8g	(9e8e) (9g8g)

注:①选用顺序依次为:粗字体公差带、一般字体公差带、括弧内的公差带。
　　②带方框的粗字体公差带用于大量生产的紧固件螺纹

【小常识】确定普通螺纹的公差带代号之后,其中径和顶径的极限尺寸可在国家标准《GB/T 15756—2008 普通螺纹 极限尺寸》中查取。需提请注意的是,当外螺纹采用板牙套丝、内螺纹采用丝锥攻丝时,制订外螺纹毛坯大径、内螺纹毛坯小径的工艺尺寸就应考虑到挤压变形。二战中,苏联的男同志大都上前线去了,女同志在工厂做工,由于缺乏生产经验,按螺纹的顶径极限尺寸制造螺纹毛坯,结果在加工螺纹时由于挤压变形造成许多板牙、丝锥的崩刃和折断。

7.3.5　普通螺纹的公差精度设计与标注

1. 普通螺纹的公差精度设计

普通螺纹国家标准《GB/T 197—2003 普通螺纹 公差》根据螺纹的公差带和旋合长度两个因素,规定了螺纹的公差精度,分为精密级、中等级和粗糙级。表 7 - 29 为该国标规定的不同公差精度宜采用的公差带,同一公差精度的螺纹的旋合长度越长,则公差等级就应越低。设计时一般用途的螺纹可按中等旋合长度 N 选取螺纹公差带。对配合性质要求稳定或有定心精度要求的螺纹连接,应采用精度级。对于螺纹加工较困难的零件部位,例如在深盲孔内加工螺纹,则应采用粗糙级。除特殊情况外,标准规定以外的其他公差带不应选用。

为了保证螺纹副有足够的螺纹接触高度，保证螺纹的连接强度，螺纹副应优先选用 H/g，H/h 或 G/h 配合。对于公称直径小于 1.4 mm 的螺纹，应采用 5H/6h，4H/6h 或更精密的配合。

2. 普通螺纹标注

普通螺纹的完整标记由螺纹代号 M、尺寸代号(公称直径×螺距，单位为 mm)、公差代号及旋合长度代号、旋向代号组成，尺寸代号、公差带代号、旋合长度组代号和旋向代号之间各用短横线"—"分开。标注螺纹时应注意：粗牙螺纹不标注其螺距数值；中等旋合长度代号 N 不标注，右旋螺纹部标注旋向代号，对于中等公差精度螺纹，公称直径 D(或 d)≥1.6 mm 的 5H，6h 公差带的代号不标注。

细牙螺纹应标出螺距，粗牙螺纹不标出螺距。例如：

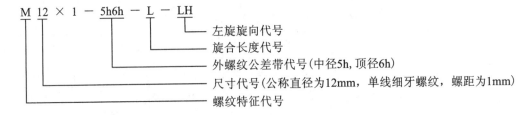

在装配图上，内、外螺纹配合的标记，内螺纹公差带代号在前，外螺纹公差带代号在后，中间用斜线分开。例如，M20×2—7H/7g6g—L。

3. 螺纹的表面粗糙度轮廓要求

螺纹牙侧表面粗糙度轮廓要求主要根据中径公差等级确定。

例 7 -3 有一普通外螺纹 M12×1，加工后测量得单一中径 d_{2s} = 11.275 mm，螺距累积误差 ΔP_{Σ} = |-30| μm，左、右牙侧角偏差 $\Delta \alpha_1$ = +40′，$\Delta \alpha_2$ = -30′。试计算该螺纹的作用中径 d_{2m}，并按泰勒原则判断该螺纹合格与否。

解：

(1)确定中径的极限尺寸：

查国标，得中径基本尺寸 d_2 = 11.350 mm，中径公差 T_{d2} = 118 μm 和基本偏差 es = -26 μm。由此可得中径的最大和最小极限尺寸为：

$$d_{2\max} = d_2 + \text{es} = 11.350 - 0.026 = 11.324 \text{ mm}$$
$$d_{2\min} = d_2 - T_{d2} = 11.324 - 0.118 = 11.206$$

(2)计算作用中径：

由式(7 -1)计算螺距误差中径当量：

$$f_p = 1.732 \Delta P_{\Sigma} = 1.732 \times 0.03 = 0.052 \text{ mm}$$

由式(7 -2)计算牙侧角偏差中径当量：

$$\begin{aligned} f_{\alpha} &= 0.073P(K_1 |\Delta \alpha_1| + K_2 |\Delta \alpha_2|) \\ &= 0.073 \times 1(2 \times |+40′| + 3 \times |-30′|) \\ &= 12.4 \text{ μm} \approx 0.012 \text{ mm} \end{aligned}$$

由式(7 -3)计算作用中径：

$$d_{2m} = d_{2s} + (f_p + f_{\alpha}) = 11.275 + (0.052 + 0.012) = 11.339 \text{ mm}$$

(3)判断被测螺纹合格与否：

$d_{2s} = 11.275$ mm $> d_{2\min} = 11.206$ mm，该螺纹的连接强度合格；但 $d_{2m} = 11.339$ mm $> d_{2\max} = 11.324$ mm，该外螺纹的旋合性不合格。结论：该螺纹不合格。

7.3.6　梯形螺纹的精度设计与标注

1. 梯形螺纹的基本牙型

机床采用梯形螺纹丝杠和螺母作为传动和定位，其特点是精度要求高，特别是对螺距公差（或螺旋线公差）的要求。GB/T 5796.1—2005《梯形螺纹 基本牙型》规定的梯形螺纹是由原始三角形截去顶部和底部所形成，其原始三角形为顶角等于 30° 的等腰三角形。为了储存润滑油及保证梯形螺纹传动的灵活性，必须使内外螺纹配合后在大径和小径间留有一个保证间隙 α_c，

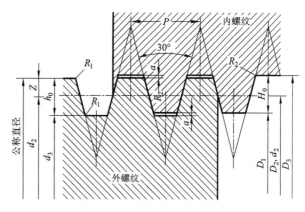

图 7 - 33　梯形螺纹的基本牙型

分别在内外螺纹的牙底上，由基本牙型让出一个大小等于 α_c 的间隙，如图 7 - 33 所示。

2. 梯形螺纹的公差等级与基本偏差

GB/T 5796.4—2005《梯形螺纹 公差》规定了内外螺纹的大、中、小径的公差等级，如表 7 - 30 所示：

表 7 - 30　梯形螺纹的公差等级

直径	公差等级	直径	公差等级
内螺纹小径 D_1	4	外螺纹中径 d_2	(6)7, 8, 9
外螺纹大径 d	4	外螺纹小径 d_3	7, 8, 9
内螺纹中径 D_2	7, 8, 9		

该标准对内螺纹的大径 D_4、中径 D_2 和小径 D_1 只规定了一种基本偏差 H（下偏差）其值为零；对外螺纹的中径 d_2 规定了 h，e 和 c 三种基本偏差，对大径 d 和小径 d_3 规定了一种基本偏差 h，其中 h 的基本偏差（上偏差）为 0，e 和 c 的基本偏差（上偏差）为负。

3. 梯形螺纹的标记

梯形螺纹的标记如下：

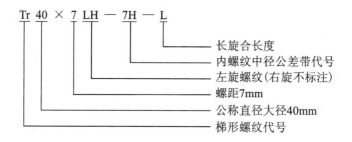

梯形螺纹副的标记如下：

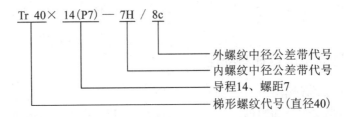

机床行业制定了 JB/T 2886—1992《机床梯形螺纹丝杠、螺母技术条件》(以下简称机标)。

机标对机床丝杠和螺母分别规定了 7 个精度等级，分别用阿拉伯数字 3，4，5，6，7，8，9 表示。其中 3 级精度最高，9 级最低。

各级精度的应用如下：3，4 级用于超高精度的坐标镗床和坐标磨床的传动、定位丝杠和螺母；5，6 级用于高精度的齿轮磨轮、螺纹磨床和丝杠车床的主传动丝杠和螺母；7 级用于精密螺纹车床、齿轮机床、镗床、外圆磨床和平面磨床等的传动丝杠和螺母；8 级用于普通车床和普通铣床的进给丝杠和螺母；9 级用于带分度盘的进给机构的丝杠和螺母。其各精度规定的公差或极限偏差项目，除螺距公差，牙型半角极限偏差，大径和中径以及小径公差外，还增加了丝杆螺旋线公差(只用于 4，5 和 6 级的高精度丝杆)，丝杆全长上中径尺寸变动量公差和丝杆中径跳动公差。

7.3.7 螺纹的检测

螺纹是多几何参数要素，检测方法可分为综合检验和单项测量两类。

1. 综合检验

螺纹的综合检验是指用螺纹量规检验被测螺纹各个几何参数的误差的综合结果。用普通螺纹量规的通规检验被测螺纹的作用中径(含底径)，用普通螺纹止规检验被测螺纹的单一中径，使用光滑极限量规检验被测螺纹顶径的实际尺寸。

检验内螺纹用的量规称为螺纹塞规，检验外螺纹用的量规称为螺纹环规。螺纹量规的设计应符合泰勒原则。如图 7-34 和图 7-35 所示，螺纹量规通规模拟被测螺纹的最大实体牙型，检验被测螺纹的作用中径是否超出其最大实体牙型的中径，并同时检验被测螺纹底径的实际尺寸是否超出其最大实体尺寸。所以，通规应具有完整的牙型，并且其螺纹的长度应等于被测螺纹的旋合长度。止规用来检验被测螺纹的单一中径是否超出其最小实体牙型的中径，因此止规采用截短牙型，并且只有 2~3 个螺距的螺纹长度，以减少牙侧偏差和螺距误差

螺纹量规

对检验结果的影响。

如果通规能够旋合通过整个被测螺纹，则认为旋合性合格，否则为不合格；如果其止规不能旋入或不能完全旋入被测螺纹(只允许与被测螺纹的两端旋合，旋合量不得超过两个螺距)，则认为连接强度合格，否则为不合格。

螺纹量规通规、止规以及检验螺纹顶径用的光滑极限量规的设计计算，见 GB/T 3934—2003《普通螺纹量规 技术条件》中的规定。

2. 单项测量

螺纹的单项测量是指分别对被测螺纹的各个几何参数进行测量，单项测量主要用于测量精

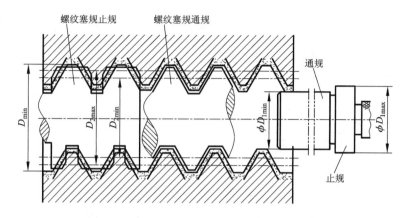

图 7 - 34　用螺纹塞规和光滑极限塞规检验内螺纹

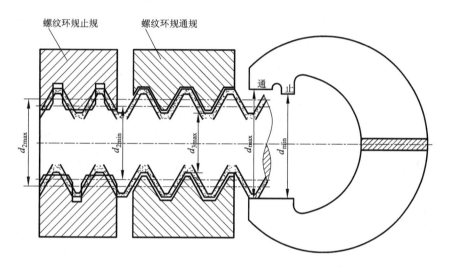

图 7 - 35　用螺纹环规和光滑极限卡规检验外螺纹

密螺纹、螺纹量规、螺纹刀具、丝杠螺纹和进行工艺分析。常用的单项测量方法有以下几种。

（1）三针测量外螺纹单一中径。

如图 7 - 36（a）所示，将三根直径相同的精密圆柱量针分别放入被测螺纹直径方向的两个沟槽中，与牙型两侧面接触，然后用指示式量仪测量这三根量针外侧母线之间的距离（针距）M。由测得的针距 M、被测螺纹螺距的基本值 P、牙型半角 $\alpha/2$ 和量针直径 d_0 计算被测螺纹的单一中径 d_{2s}：

$$d_{2s} = M - d_0 \left[1 + \frac{1}{\sin\frac{\alpha}{2}} \right] + \frac{P}{2}\cot\frac{\alpha}{2} \qquad (7-7)$$

由式（7 - 7）可知，影响螺纹单一中径测量精度的因素有：针距 M 的测量误差、量针的尺寸偏差和形状误差、被测螺纹的螺距偏差和牙侧角偏差。为了避免牙侧角偏差对测量结果的影响，应使量针与被测螺纹牙型沟槽的两个接触点间的轴向距离等于螺距基本值的一半（$P/2$），如图 7 - 36（b）所示，可得最佳的量针直径 d_0 的计算公式如下：

$$d_0 = \frac{P}{2\cos\frac{\alpha}{2}} \qquad\qquad (7-8)$$

三针法测量外螺纹单一中径属于间接测量法。

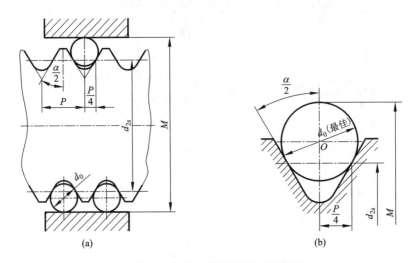

图 7-36　三针法测量外螺纹单一中径

（2）影像法测量外螺纹几何参数。

影像法测量外螺纹几何参数是指用工具显微镜将被测外螺纹牙型轮廓放大成像，按被测外螺纹的影像来测量其螺距、牙侧角和中径，也可测量其大径和小径。

（3）用螺纹千分尺测量外螺纹中径。

螺纹千分尺是测量低精度外螺纹中径的常用量具。如图 7-37 所示，它的构造与普通外径千分尺相似，只是在两量砧上分别安装了可更换的 V 形槽测头 2 和锥形测头 3。螺纹千分尺带有一套不同规格的测头，以测量不同螺距的外螺纹中径。

当将 V 形槽测头和锥形测头安装在内径千分尺上时，也可测量内螺纹的中径。

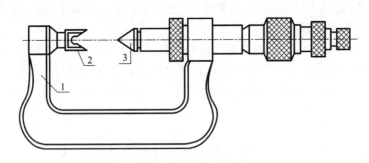

图 7-37　螺纹千分尺

1—千分尺体；2—V 形槽测头；3—锥形测头

7.4　圆锥结合的精度设计与标注

　　圆锥结合是机器、仪器和工具中常用的典型机构。圆锥配合与圆柱配合相比较,圆锥体配合在结构上要复杂些,影响其互换性的参数较多。在圆柱体配合中,影响互换性的只有直径一个因素,而圆锥体配合中,圆锥素线与其轴线成一角度,圆锥是由直径、锥度和长度构成的多尺寸要素,所以在圆锥配合中影响互换性的因素比较多。

　　学习圆锥结合必须了解圆锥几何参数对互换性的影响,掌握圆锥公差及其给定方法并会正确选用。

7.4.1　概述

1. 圆锥配合的特点

圆锥配合与圆柱配合相比较具有下列特点:

(1)内、外两圆锥配合,能自动定心,易保证内、外圆锥体的轴心线具有较高的同轴度,能快速装拆,即使是多次装拆,同轴度要求也易达到。

(2)圆锥体配合的间隙和过盈,可以随内、外轴体的轴向相互位置不同而得到调整,且能补偿零件的磨损,延长其使用寿命。但它不适用于孔、轴轴向相互位置要求较高的配合。

(3)圆锥体的配合具有较好的自锁性和密封性。

(4)圆锥体配合结构上比较复杂,影响互换性的参数较多,因此,在加工和检验方面也较圆柱配合困难。

2. 圆锥体配合的种类

圆锥配合是指基本尺寸相同的内、外圆锥直径之间,由于结合松紧不同形成的相互关系。可分为下列三种配合。

(1)间隙配合。

间隙配合是指具有间隙的配合。这类配合,零件容易拆装,间隙的大小可以在装配时和使用中通过内、外圆锥的轴向相对位移来调整。间隙配合主要用于有相对传动的机构中,如圆锥滑动轴承。这种配合的一般锥度为 1:20 ~ 1:8。

(2)过渡配合。

过渡配合是指可能具有间隙,也可能具有过盈的配合。其中,要求内、外圆锥紧密接触,间隙为零或稍有过盈的配合称为紧密配合,它用于对中定心或密封。这类配合主要用于保证定心精度或密封,可以防止漏水和漏气。如内燃机中阀门与阀门座的配合,为使圆锥面紧密接触,必须把内、外锥体配对研磨,故配合零件不能完全互换。这种配合的锥度较大,如阀门座一般采用90°锥角。

(3)过盈配合。

过盈配合是指具有过盈的配合。过盈的大小也可以通过内、外圆锥的轴向相对位移来调整。这类配合可在轴向力的作用下,以很小的过盈量产生较大的摩擦力传递转矩。例如铣床主轴锥孔与铣刀锥柄的连接。

3. 圆锥配合中的基本参数

圆锥分内圆锥(圆锥孔)和外圆锥(圆锥轴)两种。其参数和代号见图 7-38。

（1）圆锥角 α。

圆锥角是指在通过圆锥轴线的截面内，两条素线间的夹角；$\alpha/2$ 称为斜角。

（2）圆锥直径。

圆锥直径是指圆锥在垂直于其轴线的截面上的直径。常用的有最大圆锥直径 D、最小圆锥直径 d 和给定截面圆锥直径 d_x。

（3）圆锥长度 L。

圆锥长度是指最大圆锥直径截面与最小圆锥直径截面之间的轴向距离。

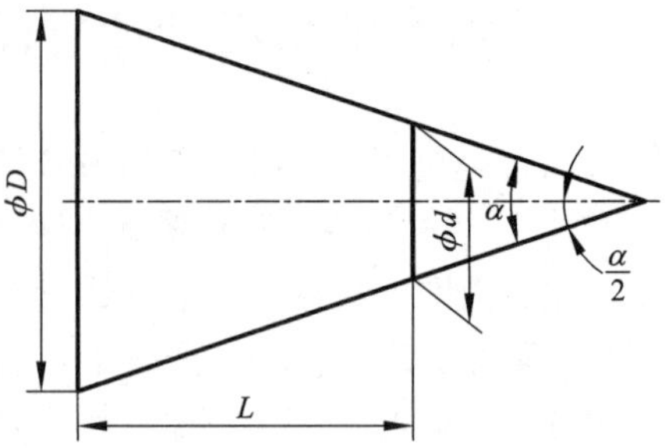

图 7-38　圆锥的主要几何参数

（4）锥度 C。

锥度 C 是指两个垂直于圆锥轴线的截面的直径之差与该截面的轴向距离之比。例如最大圆锥直径 D 与最小圆锥直径 d 之差与圆锥长度 L 之比，即

$$C = \frac{D-d}{L} \qquad\qquad (7-9)$$

锥度 C 和锥角 α 的关系为

$$C = 2\tan\frac{\alpha}{2} = 1 : \frac{1}{2}\cot\frac{\alpha}{2} \qquad\qquad (7-10)$$

锥度关系式是圆锥的基本公式。

在零件图上，锥度一般用比例或分数的形式表示，如 1:20 或 1/20。在图样上标注了锥度，就不必标注圆锥角，两者不应重复标注。

7.4.2　锥度、锥角系列和圆锥公差

1. 锥度和锥角系列

为了减少加工圆锥零件所用的定值刀具、量具的种类和规格，标准规定了锥度和锥角的系列，设计时应采用标准系列中列出的标准锥度 C 和标准锥角 α。表 7-31 为 GB/T 157—2001 给出的一般用途的锥度和锥角系列。设计时应优先选用第一系列，不满足要求时才选用第二系列。表 7-32 为 GB/T 157—2001 给出的特殊用途圆锥的锥度和锥角系列。

2. 圆锥公差

圆锥公差标准适用的锥度 1:3～1:500，圆锥长度 6～630 mm 的光滑圆锥零件。标准中的锥角公差也适用于棱锥的角度。

圆锥公差分为圆锥直径公差、圆锥角公差、圆锥的形状公差及给定截面圆锥直径公差。

（1）圆锥直径公差 T_D。

圆锥直径公差是指圆锥直径允许的变动量，即最大圆锥直径 D_{max}（或 d_{max}）与最小圆锥直径 D_{min}（或 d_{min}）之差。

在圆锥轴向截面内，两个极限圆锥 B 所限定的区域就是圆锥直径的公差带 Z。其中极限圆锥是指允许的最大和最小圆锥，直径分别为最大极限尺寸和最小极限尺寸的两个圆锥，这两个圆锥共轴，并在任意截面上最大和最小直径之差都相等，即其圆锥角相同。如图 7-39 所示。

174

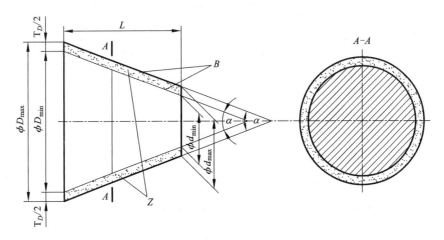

图 7 - 39　极限圆锥和圆锥直径公差带

表 7 - 31　一般用途的圆锥(摘自 GB/T 157—2001)

基本值		推算值			应 用 举 例
系列 1	系列 2	锥角 α		锥角 C	
120°		—	—	1:0.288675	节气阀、汽车、拖拉机阀门
90°		—	—	1:0.500000	重型顶尖,重型中心孔,阀的阀销锥体
	75°	—	—	1:0.651613	埋头螺钉,小于 10 的螺锥
60°		—	—	1:0.866025	顶尖,中心孔,弹簧夹头,埋头钻
45°		—	—	1:1.207107	埋头、半埋头铆钉
30°		—	—	1:1.866025	摩擦轴节,弹簧卡头,平衡块
1:3		18°55′28.7″	18.924644°	—	受力方向垂直于轴线易拆开的连接
	1:4	14°15′0.1″	14.250033°	—	
1:5		11°25′16.3″	11.421186°	—	受力方向垂直于轴线的连接,锥形摩擦离合器,磨床主轴
	1:6	9°31′38.2″	9.527283°	—	
	1:7	8°10′16.4″	8.171234°	—	
	1:8	7°9′9.6″	7.152669°	—	重型机床主轴
1:10		5°43′29.3″	5.724810°	—	受轴向力和扭转力的连接处,主轴承受轴向力
	1:12	4°46′18.8″	4.771888°	—	
	1:15	3°49′15.9″	3.818305°	—	承受轴向力的机件,如机车十字头轴
1:20		2°51′51.1″	2.864192°	—	机床主轴,刀具刀杆尾部,锥形铰刀,心轴
1:30		1°54′34.9″	1.909683°	—	锥形铰刀,套式铰刀,扩孔钻的刀杆,主轴颈
1:50		1°8′45.2″	1.145877°	—	锥销,手柄端部,锥形铰刀,量具尾部
1:100		34′22.6″	0.572953°	—	受静变负载不拆开的连接件,如心轴等
1:120		17′11.3″	0.286478°	—	导轨镶条,受震及冲击负载不拆开的连接件
1:500		6′52.5″	0.114592°	—	

表 7 - 32   特定用途的圆锥(摘自 GB/T 157—2001)

基本值	推 算 值			说　明
	圆锥角 α		锥度 C	
7:24	16°35′39.4″	167.594290°	1:3.428571	机床主轴,工具配合
1:19.002	3°0′52.4″	3.014554°	—	莫氏锥度 No.5
1:19.180	2°59′11.7″	2.9865900°	—	莫氏锥度 No.6
1:19.212	2°58′53.8″	2.981618°	—	莫氏锥度 No.0
1:19.254	2°58′30.4″	2.975117°	—	莫氏锥度 No.4
1:19.922	2°52′31.5″	2.875401°	—	莫氏锥度 No.3
1:20.020	2°51′40.8″	2.861332°	—	莫氏锥度 No.2
1:20.047	2°51′26.9″	2.857480°	—	莫氏锥度 No.1

圆锥直径公差 T_D 是以基本圆锥直径(通常取大端直径 D)作为基本尺寸规定的尺寸公差,其数值可按 GB/T 1800.3—1998 选取。

有配合要求的圆锥结合,一般采用基孔制,标准公差选用 IT5 ~ IT8。至于无配合要求的圆锥,其偏差可选用双向对称标注,例如 $\phi80js10(\pm0.06)$。

(2)圆锥角公差 AT

圆锥角公差是指锥角的允许变动量,即最大与最小圆锥角之差。在圆锥轴向截面内,由最大 α_{max} 和最小极限圆锥角 α_{min} 所限定的区域,称为圆锥角公差带。如图 7 - 40 所示。

通常情况下当功能上无特殊要求时,则圆锥角误差由圆锥直径来限制。如果对锥角有更严格的要求时,则应另行规定锥角公差或锥度公差。

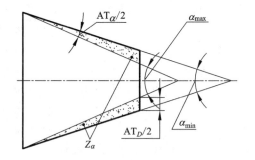

图 7 - 40   圆锥角公差带

圆锥角公差共分 12 个公差等级,公差等级从高至低分别以 AT1,AT2,…,AT12 表示。

圆锥角公差 AT,当圆锥角公差以弧度或角度为单位时,用代号 AT_α 表示;以长度为单位时,用代号 AT_D 表示。其值见表 7 - 33。AT_α 值与圆锥直径无关,而与圆锥长度 L 有关。对于同一公差等级,L 越长,则圆锥角精度越容易保证,故 AT_α 值就规定的越小。

AT_D 和 AT_α 的换算关系为

$$AT_D = AT_\alpha \times L \times 10^{-3} \qquad (7-11)$$

圆锥角的极限偏差可按单向取值($\alpha_0^{+AT_a}$ 或 $\alpha_{-AT_a}^0$)或者双向对称取值($\alpha \pm AT_\alpha/2$)。为了保证内、外圆锥接触的均匀性,圆锥角公差带通常采用对称于基本圆锥角分布。

(3)圆锥的形状公差 T_F。

圆锥的形状公差包括素线直线度公差和横截面圆度公差。在图样上可以标注圆锥的这两项形状公差或其中某一项公差。

①圆锥素线直线度公差。在任一轴向截面内,允许实际素线形状的最大变动量。圆锥素线直线公差带是在给定截面上,距离为公差值 T_F 的两条平行直线间的区域。

②圆锥度公差带。在任一横截面内,允许截面形状的最大变动量。截面圆度公差带是半径差为公差值 T_F 的两个同心圆之间的区域。

圆锥的这两项公差值可按 GB/T 1184—1996 选取。

表 7 – 33　圆锥角公差(摘自 GB/T 11334—2005)

基本圆锥长度		AT5			AT6			AT7		
L/mm		AT_α		AT_D	AT_α		AT_D	AT_α		AT_D
大于	至	/μrad	/(′)(″)	/μm	/μrad	/(′)(″)	/μm	/μrad	/(′)(″)	/μm
25	40	160	33″	>4.0 ~6.3	250	52″	>6.3 ~10.0	40	1′22″	>10.0 ~16.0
40	63	125	26″	>5.0 ~8.0	200	41″	>8.0 ~12.5	315	1′05″	>12.5 ~20.0
63	100	100	21″	>6.3 ~10.0	160	33″	>10.0 ~16.0	250	52″	>16.0 ~25.0
100	160	80	16″	>8.0 ~12.5	125	26″	>12.5 ~20.0	200	41″	>20.0 ~32.0
160	250	63	13″	>10.0 ~16.0	100	21″	>16.0 ~25.0	160	33″	>25.0 ~40.0

基本圆锥长度		AT8			AT9			AT10		
L/mm		AT_α		AT_D	AT_α		AT_D	AT_α		AT_D
大于	至	/μrad	/(′)(″)	/μm	/μrad	/(′)(″)	/μm	/μrad	/(′)(″)	/μm
25	40	630	2′10″	>16.0 ~20.5	1000	3′26″	<25 ~40	1600	5′30″	>40 ~63
40	63	500	1′43″	>20.0 ~32.0	800	2′45″	>32 ~50	1250	4′18″	>50 ~80
63	100	400	1′22″	>25.0 ~40.0	630	2′10″	>40 ~63	1000	3′26″	>63 ~100
100	160	315	1′05″	>32.0 ~50.0	500	1′43″	>50 ~80	800	2′45″	>80 ~125
160	250	250	52″	>40.0 ~63.0	400	1′22″	>63 ~100	630	2′10″	>100 ~160

注:1. 1 μrad 等于半径为 1 m、弧长为 1 μm 所对应的圆心角。5 μrad≈1″, 300 μrad≈1′。

　　2. 查表示例 1:L 为 63 mm,选用 AT7,查表得 AT_α 为 315 μrad 或 1′05″,则 AT_D 为 20 μm。示例 2:L 为 50 mm,选用 AT7,查表得 AT_α 为 315 μrad 或 1′05″,则 $AT_D = AT_\alpha \times L \times 10^{-3} = 315 \times 50 \times 10^{-3} = 15.75$ μm,取 AT_D 为 15.8 μm

(4)给定截面圆锥直径公差 T_{DS}。

给定截面圆锥直径公差是指在垂直圆锥轴线的给定截面内,圆锥直径允许的变动量。其公差带为在给定的圆锥截面内,由两个同心圆所限定的区域。

3. 圆锥公差的给定方法

圆锥有四个公差项目,设计圆锥配合时不必全部给出,应根据零件的功能要求从中选取所需要的公差项目。我国的国家标准 GB/T 11334—2005 规定了两种圆锥公差的给定方法。

(1)给定圆锥的理论正确圆锥角 α(或锥度 C)和圆锥直径公差 T_D。

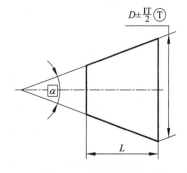

图 7 –41　圆锥标注

用圆锥直径公差确定两个极限圆锥,将圆锥角误差和圆锥形状误差确定在此公差带内,这相当于包容要求。标注时应在圆锥极限偏差后面加注符号Ⓣ,如图 7 –41 所示。

如果对圆锥角公差和圆锥形状公差有更高要求,可再加注圆锥角公差 AT 和圆锥形状公差 T_F,但 AT 和 T_F 只能占 T_D 的一部分,也可以通过压缩 T_D 的方法达到设计要求,视加工和检验的具体情况而定。

这种给定方法是设计中常采用的一种方法，适用于有配合要求的内、外圆锥体。

（2）同时给出给定截面圆锥直径公差T_{DS}和圆锥角公差 AT。

T_{DS}只用于控制给定截面的圆锥直径误差，给定的圆锥角公差 AT 只用来控制圆锥角误差。两种公差各自独立，圆锥应分别满足要求，按独立原则解释。当对圆锥形状精度要求较高时，再单独给出圆锥形状公差T_F，一般情况下可不标注。

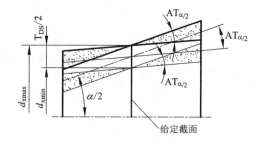

图 7 - 42　给定截面圆锥直径公差和圆锥角公差

T_{DS}和 AT 的关系见图 7 - 42 所示。当给定截面圆锥直径d_{xmax}时，圆锥角公差带为上边两对顶三角形内的区域；当给定截面圆锥直径d_{xmin}时，圆锥角公差带为下边两对顶三角形内的区域。圆锥角公差带随d_x实际尺寸浮动。

7.4.3　圆锥结合的精度设计

1. 圆锥配合的形成方式

圆锥配合的特点是可通过调整内、外圆锥之间的轴向相对位置而得到各种性质的配合。按照确定内、外圆锥最终的轴向相对位置采用的方式，圆锥配合的形成可分为下列两种方式。

（1）结构型圆锥配合。

由内、外圆锥本身的结构或基面距（内、外圆锥基准平面之间的距离）确定装配后的轴向位置，来得到指定的圆锥配合。这种形成方式可获间隙配合、过渡配合和过盈配合。

例如图 7 - 43 是靠外圆锥的轴肩 2 与内圆锥端面 1 的接触，使两者的轴向位置确定，从而得到指定的间隙配合。图 7 - 44 是通过基面距 a 来确定两者的轴向位置，从而获得指定过盈的配合。

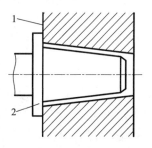

图 7 - 43　由结构形成的圆锥间隙配合

1—内圆锥端面；2—外圆锥轴肩

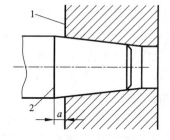

图 7 - 44　由基面距形成的圆锥过盈配合

1—内圆锥端面；2—外圆锥轴截交线

结构型圆锥配合的内、外圆锥的轴向相对的位置是确定的，它们的配合性质取决于内外圆锥的直径公差带。其极限间隙或过盈以及配合公差的计算，与光滑圆柱配合相同。

（2）位移型圆锥配合。

位移型圆锥配合指规定内、外圆锥的轴向相对位移或产生位移的轴向力的大小，以确定内、外圆锥的轴向位置，从而获得指定的圆锥配合。例如图 7 - 45 所示的圆锥配合，由内、外圆锥不受轴向力的情况下相接触的实际初始位置P_a开始，内圆锥作一定的轴向位移E_a，达到终止位置P_f即可获得指定的间隙配合。图 7 - 46 所示圆锥配合，则是由初始位置P_a开始，对内圆锥施加一定的装配轴向力 F，使内圆锥产生轴向位移到终止位置 P_f，即可获得指定的过盈配合。

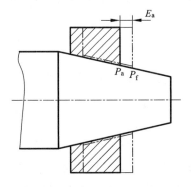 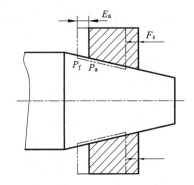

图 7 – 45　由轴向位移形成的圆锥间隙配合　　图 7 – 46　由施加装配轴向力形成的圆锥过盈配合

2. 圆锥配合的精度设计方法

结构型圆锥配合或位移型圆锥配合的精度设计，均可按照给定圆锥的理论正确圆锥角 α（或锥度 C）和圆锥直径公差 T_D 的方法设计。

（1）结构型圆锥配合的精度设计。

由于结构型圆锥配合的轴向相对位置是确定的，配合性质主要取决于内、外圆锥的直径公差带，因此其精度设计方法与光滑圆柱的轴、孔配合相同。

①公差等级的选择。按 GB/T 1800.3—1998 选取公差等级。

②基准制的选择。优先采用基孔制，即内圆锥直径的基本偏差取 H。

③配合的选择。当采用基孔制时，则主要确定外圆锥直径的基本偏差，根据极限间隙或过盈的大小，以确定外圆锥直径的基本偏差，从而获得其配合。圆锥直径的配合还可以从 GB/T 1801—1999 中规定的优先和常用配合中选取。

当圆锥配合的接触精度要求较高时，可给出圆锥角公差和圆锥形状公差。其数值可从表 7 – 33 及 GB/T 13319—1991 的相应表格中选取，但其数值应小于圆锥直径公差。

（2）位移型圆锥配合的精度设计。

位移型圆锥配合的配合性质是由轴向位移或轴向装配力决定的，因而圆锥直径公差带仅影响初始位置，但不影响其配合性质。

对位移型圆锥配合，内、外圆锥直径的极限偏差，采用 H/h 或 JS/js。轴向位移极限值计算式为

间隙配合

$$E_{a\max} = X_{\max}/C \tag{7 – 12}$$

$$E_{a\min} = X_{\min}/C \tag{7 – 13}$$

过盈配合

$$E_{a\max} = Y_{\max}/C \tag{7 – 14}$$

$$E_{a\min} = Y_{\min}/C \tag{7 – 15}$$

轴向位移公差

$$T_E = E_{\max} - E_{\min} \qquad\qquad (7-16)$$

例 7 - 4　有一位移型圆锥配合，锥度 C 为 1:20，内、外圆锥的基本直径为 60 mm，要求装配后得到 H7/u6 的配合性质。试计算由初始位置开始的最小与最大轴向位移。

解：按 $\phi60$H7/u6，由 GB/T 1801—1999 查得 $Y_{\min} = -0.057$ mm，$Y_{\max} = -0.106$ mm

按式(7 - 14)和(7 - 15)计算得：

最小轴向位移　　　　$E_{a\min} = Y_{\min}/C = 0.057 \times 20 = 1.14$（mm）

最大轴向位移　　　　$E_{a\max} = Y_{\max}/C = 0.106 \times 20 = 2.12$（mm）

3. 圆锥配合精度设计举例

例 7 - 5　某铣床主要轴端与齿轮孔连接，采用圆锥加平键的连接方式，其基本圆锥直径为大端直径 $D = \phi88$ mm，锥度 $C = 1:15$。试确定此圆锥的配合及内外圆锥体的公差。

解：由于此圆锥配合采用圆锥加平键的连接方式，即主要靠平键传递转矩，因而圆锥面主要起定位作用。所以，圆锥公差可按标准规定的第一种方法给定，即只需给出圆锥理论正确的圆锥角 α（或锥度 C），和圆锥直径公差 T_D。此时，锥角误差和圆锥形状误差都由圆锥直径公差 T_D 来控制。

（1）确定公差等级。圆锥直径的标准公差一般为 IT5 ~ IT8。从满足使用要求和加工的经济性出发，外圆锥直径标准公差选 IT7，内圆锥直径标准公差选 IT8。

（2）确定基准制。对于结构型圆锥配合，标准推荐优先采用基孔制，则内圆锥直径的基本偏差取 H，其公差带代号为 H8，即 $\phi88$H8 $= \phi88^{+0.054}_{0}$（由 GB/T 1800.3—1998 查得）。

（3）确定圆锥配合。由圆锥直径误差的影响分析可知，为使内、外锥体配合时轴向位移两变化量最小，则外圆锥直径的基本偏差可选 k 即可满足要求。此时，外圆锥直径公差带代号为 k7，即 $\phi88$k7 $= \phi88^{+0.038}_{+0.003}$（由 GB/T 1800.3—1998 查得）。

由于锥角和圆锥的形状误差都控制在直径公差带内，标注时应在圆锥直径的极限偏差后加注符号 Ⓣ，如图 7 - 47 所示。

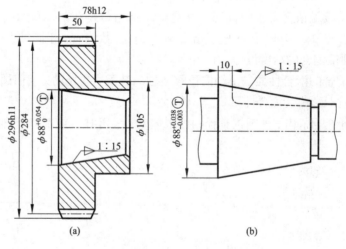

图 7 - 47　内、外圆锥连接

（a）锥孔齿轮；（b）圆锥轴端

7.4.4 角度和锥度的检测

1. 直接测量圆锥角

直接测量圆锥角是指用光学测角仪、万能角度尺等计量器具测量圆锥角的实际数值。

万能角度尺与圆锥量规

2. 用量规检验圆锥角偏差和基面距偏差

圆锥量规分为圆锥塞规和环规，在成批生产中用于检验内、外圆锥工件的锥度和基面距偏差。

用圆锥量规检验，通常是按照圆锥量规相对于被检验工件端面的轴向移动（基面距偏差）来判断是否合格，为此，在圆锥量规的大端或小端刻有两条相距为 Z 值的小台阶，而 Z 值相当于工件的基面距公差。如图 7-48、图 7-49 所示。

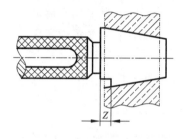

图 7-48 用圆锥塞规检验内圆锥角偏差

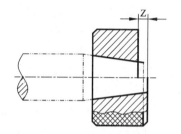

图 7-49 用圆锥环规检验外圆锥角偏差

由于圆锥配合时，通常是锥角公差要求高，直径公差要求低，所以，当用圆锥量规检验时，首先以单项检验锥度，采用涂色法，即在圆锥塞规（环规）工作表面素线全长上，涂 3～4 条极薄的显示剂（红丹或蓝油），然后轻轻地和工件对研，来回旋转应小于 180°，根据显示剂接触面积的位置和大小来判断锥角的实际值合格与否。其次再用圆锥塞规（环规）按基面距偏差作综合的检验，被检验工件的最大圆锥直径处于圆锥塞规（环规）两条刻线之间，则表示该综合结果合格。

3. 间接测量圆锥角或锥度

间接测量圆锥角和锥度是指测量与被测锥角或锥度有一定函数关系的若干线性尺寸，然后通过函数关系计算出被测圆锥角的实际值或锥度值。通常使用指示式计量器具和正弦尺、量块、滚子、钢球进行测量。

练 习 题

7-1 滚动轴承与轴颈和外壳孔的配合与圆柱体的同名配合有何不同？其标注有何特殊规定？

7-2 选择滚动轴承与轴颈和外壳孔的配合时应考虑哪些因素？

7-3 某机床变速箱中，有一与矩形花键轴连接的滑动齿轮，经常需要沿花键轴作轴向的移动，花键定心表面硬度在 HAC40 以上，矩形花键的基本尺寸为 6×23×28×6。试求：（1）确定该矩形花键连接的配合类型及花键孔、轴三个主要参数的公差带代号；（2）确定内、外花键各尺寸的极限偏差；（3）确定内外花键的形位公差。

第8章
渐开线圆柱齿轮精度设计及其检测

【概述】

◎目的：了解渐开线圆柱齿轮精度标准及其应用。

◎要求：①了解渐开线圆柱齿轮传动的精度要求；②了解齿轮误差产生的原因及误差特性；③了解渐开线圆柱齿轮精度标准的特点及其选用和标注；④掌握渐开线圆柱齿轮传动精度的设计的基本方法；⑤了解渐开线圆柱齿轮的检测方法及设备。

◎重点：影响齿轮运动精度的误差分析及各项评定指标的目的与作用。

◎难点：各项评定指标之间的相互关系。

相对于带、链、摩擦、液压等传动形式，齿轮传动具有功率范围大、传动效率高、圆周速度高、传动比准确、使用寿命长、结构尺寸小等一系列特点，故在机器和仪器的机械传动形式中所占比重最大，也最为常见。国际上，动力齿轮传动装置正沿着小型化、高速化、低噪声、高可靠性的方向发展。

齿轮传动的精度与齿轮、轴、轴承和箱体的制造精度以及整个传动装置的安装精度有关。齿轮本身的质量和性能，除依赖于合理而先进的设计方法外，主要决定于齿轮制造水平的高低。齿轮精度标准规定了不同等级齿轮加工误差的限制范围，是齿轮产品质量的重要保证。我国已颁布的大多数齿轮国家标准均已与国际接轨，达到了国际通用技术水平。

渐开线圆柱齿轮传动是各种齿轮传动类型中应用最为广泛的。学习和研究渐开线圆柱齿轮精度设计及其检测，必须了解齿轮精度标准的突出特点：对齿轮传动使用要求的分析研究是建立齿轮精度标准体系的前提；对齿轮传动制造误差的分析研究是建立齿轮精度标准体系的基础；而齿轮传动的测量项目是构成齿轮精度标准体系的主体。

8.1 齿轮传动的使用要求

齿轮传动的作用主要是在一定速度下传递运动和扭矩，其使用要求可分为传动精度与齿侧间隙两方面，而传动精度要求又可分为传递运动的准确性（即运动精度）、传动的平稳性（即平稳性精度）和载荷分布的均匀性（即接触精度）。

1. 传递运动的准确性

如图 8-1 所示，齿轮副传动比 i 在理论上为常数 z_2/z_1，即主动齿轮转过一个角度 φ_1，从动齿轮应相应准确地转过一个角度 $\varphi_2 = \varphi_1/i$。而在实际齿轮传动中，由于齿轮本身加工误差（如齿廓相对于旋转中心分布不均，且渐开线也不是理论的渐开线）以及安装误差的存在，致使从动齿轮的实际转角 φ_2' 偏离了应转过的理论角度 φ_2，从而引起转角误差 $\Delta\varphi_2 = \varphi_2' - \varphi_2$。在齿轮传动的一转范围内，从动齿轮必然会产生最大的转角误差 $\Delta\varphi_\Sigma$。

传递运动的准确性，就是要求主、从动齿轮相对运动的准确协调，齿轮在一转范围内，最大的转角误差限制在使用情况所允许的范围。读数与分度齿轮主要用于测量仪器的读数装置、精密机床的分度机构及伺服系统的传动装置，这类齿轮的工作载荷与转速都不大，主要的使用要求是传递运动的准确性，要求分度误差在一转中不超过 1 角分，有的甚至几角秒。

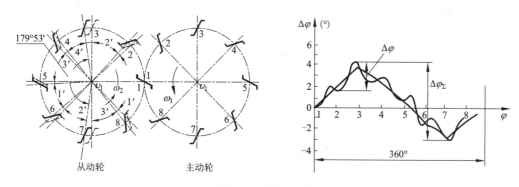

图 8-1　转角误差

2. 传动的平稳性

一对理想渐开线齿轮的传动比，不但在传动的全过程中可保持恒定，而且在任何瞬时都可保持恒定。但实际齿轮由于受齿形误差、齿距误差等影响，传动比在任何时刻都不会恒定，即转过很小的角度都会引起转角误差。在齿轮传动的过程中，瞬时传动比的变化是噪声、冲击、振动的根源。

传动的平稳性，就是要求齿轮在转过一齿或一齿距角的最大转角误差应不超过一定的限度，以控制瞬时传动比变动，保证齿轮工作的平稳性。对于高速动力齿轮，如高速汽车、汽轮机、飞机上的齿轮，它们的圆周速度高达 $60 \sim 120 \ \text{m/s}$，则特别要求运转平稳，对噪声、冲击、振动等要求十分严格。

3. 载荷分布的均匀性

齿轮传动中，由于受各种误差的影响，啮合轮齿的工作齿面不可能沿齿向和齿高全部均匀接触，如图 8-2 所示。若接触面积过小，则该部分齿面承受载荷过大，产生应力集中，会造成齿面过早磨损或轮齿断裂，降低齿轮的寿命。

载荷分布的均匀性，就是要求限制轮齿工作齿面的实际接触面积对理论接触面积的百分比，以保

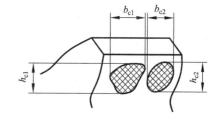

图 8-2　接触面积

证啮合时齿面接触良好。传递动力的齿轮，如轧钢机、起重机及矿山机械中的齿轮，主要用于传递扭矩，它们的使用要求主要是载荷分布的均匀性。

4. 齿侧间隙的合理性

齿轮副在实际传动中，工作齿面必须保持接触才能实现传递运动和动力，而非工作齿面间必须留有一定的间隙，即齿侧间隙（简称侧隙），如图 8-3 所示。侧隙的作用主要是贮存润滑油，补偿齿轮副的安装与加工误差，以及补偿弹性变形和发热变形所引起的尺寸变动，

以保证齿轮能自由回转，防止轮齿卡死。

对侧隙的要求与对传动精度的要求有所不同，但侧隙的大小也受齿轮的加工误差和安装误差的影响，故与传动精度有一定的联系。侧隙的大小主要由控制齿厚减薄量的方法来保证。

由以上分析可知，不同用途的齿轮，对其传动质量要求的着眼点不同，对传递运动的准确性、传动的平稳性、载荷分布的均匀性和齿侧间隙就可以有不同的要求，这就构成了齿轮精度标准体系的前提。

【注意】齿轮精度标准主要考虑齿轮传动的使用要求，包括对单个齿轮和一对齿轮传动的要求，

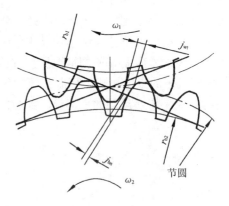

图 8 - 3　齿侧间隙

概括为运动精度、平稳性精度、接触精度和侧隙等四个方面。这些要求目前尚局限于几何参数的精度要求，而且基本上是静态精度要求。在有些国家的齿轮公差制中，已有充实其他物理、机械性能参数的公差，并有向动态精度过渡的明显趋势。

8.2　渐开线圆柱齿轮的加工误差

插齿与滚齿工艺对比

渐开线圆柱齿轮齿形的制造方法有铸造法、锻造法、轧制法、压力加工法、电加工法以及应用最为广泛的金属切削法。就金属切削法而言，不论使用哪种机床切削加工渐开线圆柱齿轮的齿形，其加工原理均可归纳为成形法(亦称仿型法)和范成法(亦称滚切法、展成法或包络法)两大类。成形法是采用与被切齿轮齿槽形状相同的成形刀具，逐齿间断分度仿型加工(如铣削、刨削、磨削)或整齿仿型加工(如拉削)齿轮的齿形，一般作为粗加工或半精加工，用于单件小批量生产和修配工作中加工精度不高的齿轮。而范成法是按齿轮啮合传动的原理来进行的，加工出来的齿形轮廓是刀具切削刃运动轨迹的包络线，齿数不同的齿轮，只要模数和齿形角相同，都可以用同一把刀具来加工。用范成原理加工齿形的方法有滚齿、插齿、梳齿、剃齿、珩齿或磨齿等，可作为齿形精加工或光整加工。鉴于滚齿是直齿和斜齿渐开线圆柱齿轮加工方法中生产率较高、应用最广的一种加工方法，现以滚齿加工为例，介绍渐开线圆柱齿轮的制造误差与误差来源。

滚齿机的加工原理如图 8 - 4 所示。齿轮滚刀是按螺旋齿轮啮合原理加工齿轮的，相当于一对螺旋齿轮作无侧隙强制性的啮合。为此，必须根据工件和滚刀的螺旋角大小和方向来确定滚刀的安装角，以保证刀齿运动方向与被切齿轮的轮齿方向一致，如图 8 - 4(b)所示。切削时，滚齿机具有切削运动(滚刀的旋转运动)、分齿运动(使工件分齿)、垂直进给运动(滚刀沿工件轴线方向移动以切出全部齿长)、差动运动(加工斜齿轮时使工作台产生附加回转运动以形成螺旋线)。此外，滚刀还能径向移动(一般手动)，以便分多次进给切出齿廓。

滚齿加工是一个十分复杂的过程，产生误差的因素很多，造成误差的原因主要是机床—滚刀—齿坯—安装的各种周期性误差(包括以齿轮转一周为周期的长周期误差、以机床分度蜗杆及刀具转一周为周期的短周期误差)以及一些非周期性的偶然误差。由于非周期性的偶然误差所占齿轮误差的比重较小，故一般不作考虑。

图 8-4(a)中, 用安装偏心来表示构成滚齿误差的主要因素: 以 $e_几$ 表示齿坯的几何偏心; 以 $e_运$ 表示分度蜗轮的运动偏心; 以 $e_{蜗杆}$ 表示分度蜗杆的运动偏心; 以 $e_刀$ 表示刀具径向跳动、安装倾斜等高频误差。

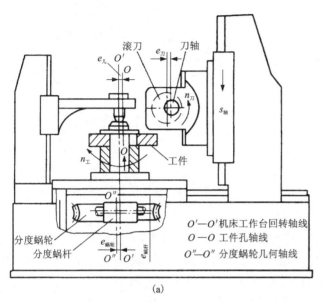

分度蜗轮
分度蜗杆

$O'—O'$ 机床工作台回转轴线
$O—O$ 工件孔轴线
$O''—O''$ 分度蜗轮几何轴线

(a)

(b)

图 8-4　滚齿加工

8.2.1　影响运动精度的加工误差分析

齿轮牙齿的分布位置不均匀就会产生运动误差, 这种误差是长周期的, 主要原因是在加工中滚刀和被切齿轮的相对位置和相对运动发生了变化: 相对位置的变化(几何偏心)产生齿轮的径向误差; 相对运动的变化(运动偏心)产生齿轮的切向误差。

1. 径向误差

先了解几何偏心的概念, 对于盘形齿轮而言, 就是由于齿坯本身的几何偏心(内孔与齿顶圆不同心, 而加工时找正齿顶圆)、滚齿心轴与机床工作台回转中心不重合、齿坯内孔与滚齿心轴间有间隙、齿坯定位端面与内孔轴线不垂直等因素; 对于轴类齿轮而言, 就是由于齿坯本身的几何偏心(两中心孔的公共轴线与齿顶圆不同心, 而加工时找正齿顶圆)、两顶尖的公共轴线与机床工作台回转中心不重合等因素, 引起齿坯夹紧后几何中心(盘形齿轮为内孔轴线, 轴类齿轮为两中心孔的公共轴线)相对于工作台回转中心所产生的偏心。几何偏心的结果, 使切削时滚刀相对于齿坯几何中心的距离时远时近, 切出的齿槽有深有浅, 根圆、基圆与内孔、齿顶圆均不同心, 即实际齿廓相对于理论位置沿径向发生了位移, 如图 8-5 所示。几何偏心所引起的齿距不均匀误差按正弦规律变化, 它的最大误差与最小误差出现在与偏心相差 $\pm\pi/2$ 相位角的方向上, 参见图 8-12。齿轮的径向误差通常采用测量齿圈径向跳动来测出。

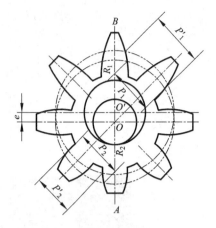

图 8-5 几何偏心引起的径向误差

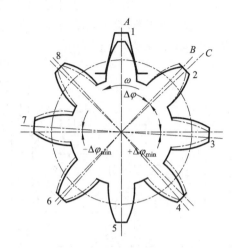

图 8-6 运动偏心引起的切向误差

2. 切向误差

先了解运动偏心的概念，由于滚齿机分度蜗轮与工作台的回转中心不重合，引起工作台在回转中发生转角误差，并复映给齿轮。运动偏心的结果是使齿坯在切齿过程中产生周期性的不均匀回转，由于齿坯与滚刀的相对位置并不改变，故根圆、齿顶圆与齿坯几何中心同心，但切出的轮齿有肥有瘦，即实际齿廓相对于理论位置沿基圆的切线方向发生了位移，如图 8-6 所示。齿轮的切向误差通常采用基圆的切线（即公法线）来测得。

综上所述，齿圈径向跳动和公法线长度变动分别反映轮齿相对于几何中心在径向和切向上的分布不均匀，只要这两者同时限制，就能代替齿轮的运动精度要求。

8.2.2 影响齿轮工作平稳性的加工误差分析

齿轮存在的短周期误差如齿形误差、基节偏差和齿距偏差等，会引起每一瞬时的转角误差，从而影响齿轮的工作平稳性精度。

1. 齿形误差

齿形误差的常见形式如图 8-7 所示。

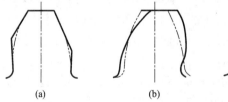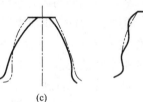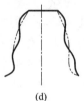

(a)   (b)   (c)   (d)

图 8-7 齿形误差的常见形式

(a) 出棱；(b) 不对称；(c) 齿形角误差；(d) 周期误差

齿形出棱是由于制造或重磨滚刀时容屑槽不等分、滚刀安装径向振摆过大以及刀架主轴（即刀杆）轴向窜动过大而造成。

齿形不对称是由于滚刀前刀面刃磨时导程误差较大、滚刀安装时刀架扳动角度不正确、滚刀安装时没有对中工件回转轴线而引起。

齿形角误差是由于滚刀本身齿形角误差较大、滚刀刃磨时刀刃直线不通过刀具中心以及刀架扳角误差而造成。

齿形周期误差是指齿面相对于理论渐开线呈周期性变化，主要原因有：滚刀安装后径向和轴向跳动太大，工作台分度蜗杆轴向窜动较大，分齿挂轮安装偏心或齿面有磕碰，刀架滑板松动，工件装夹不合理产生振动等。

研究表明，齿形误差会引起与啮合频率相同的传动误差及噪声，是引起啮合频率上噪声分量的主要原因。

2. 基节偏差

基节偏差即基圆齿距的误差，主要原因有：滚刀的轴向齿距误差、齿形误差，滚刀前刀面的非径向性和非轴向性误差，分度蜗轮副的齿距误差，齿坯安装的几何偏心，刀架扳动角度不正确，多头滚刀的分度误差等。

研究表明，基节偏差会引起一对齿过渡到另一对齿啮合时传动比的突变。

3. 齿距偏差

引起齿距偏差的主要原因有：滚刀的径向和轴向跳动，分度蜗杆和分度蜗轮的齿距误差，齿坯安装的几何偏心等。

研究表明，齿距偏差为随机误差，产生的噪声频率与啮合频率不同，不会提高啮合频率上的噪声幅度，但会加宽齿轮噪声音频的带宽。

4. 齿形误差、基节偏差、齿距偏差三者之间的关系

齿形误差、基节偏差和齿距偏差的关系是互为影响的，弄清楚三者之间的关系有助于对影响齿轮工作平稳性误差项目的理解与选择评定。

由齿轮的啮合原理可知

$$P_b = P_t \cos\alpha$$

式中：P_b——基节；

P_t——齿距；

α——分度圆上的齿形角。微分上式可得

$$\Delta P_b = \Delta P_t \cdot \cos\alpha - \pi m_t \cdot \sin\alpha \cdot \Delta\alpha$$

即　　　　　　　　$$\Delta P_t = (\Delta P_b + \pi m_t \cdot \sin\alpha \cdot \Delta\alpha)/\cos\alpha$$

式中：ΔP_t——齿距偏差；

ΔP_b——基节偏差；

$\Delta\alpha$——齿形角误差，可反映齿形误差。

所以有一种观点认为，齿距偏差是基节偏差和齿形误差的函数，即齿距偏差是基节偏差和齿形误差的综合反映，为保证齿轮传动的平稳性，可控制齿轮的齿距偏差。但由前述内容可知，这个观点中的齿形误差仅包含了齿形角误差，故有失偏颇。

易被齿轮工作者接受的观点为，齿形误差、齿距偏差均会引起基节变化，而所有这些影响都可反映在齿轮渐开线法线方向的变化，这一瞬时变化，除了用齿形误差、齿距偏差来综合评定外，还可通过测量齿轮单面啮合时的一齿切向综合偏差来评定。

由于在生产实际中一般严格控制了滚刀制造时的轴向齿距误差、齿形角误差及滚刀前刀

面的非径向性和非轴向性误差，又较少采用多头滚刀，故滚齿时产生的基节偏差通常相对较小，而齿形误差相对较大。

8.2.3 影响接触精度的加工误差分析

齿轮在啮合过程中，沿着齿向和齿高方向接触情况的好坏，直接影响齿轮载荷分布的均匀性、工作平稳性及使用寿命。滚齿时，影响齿高方向接触精度的是齿形误差和基节偏差，影响齿宽方向接触精度的是齿向误差。产生齿向误差的主要原因有：滚齿机刀架导轨与工作台回转轴线存在平行度误差，如图8-8所示；由于滚齿心轴、齿坯基准端面跳动及垫圈两端面不平行等引起的齿坯安装歪斜，如图8-9所示；滚切斜齿轮时机床差动挂轮的计算误差等。

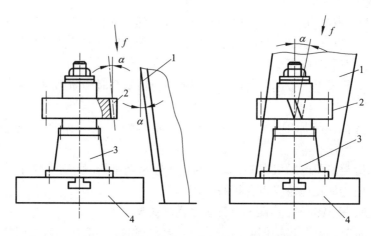

图8-8 刀架导轨误差对齿向误差的影响
1—刀架导轨；2—齿坯；3—夹具底座；4—机床工作台

【小常识】如果没有刀架导轨误差和齿坯安装歪斜对齿向误差的影响，则滚切出来的斜齿轮分度圆螺旋角应为

$$\beta_{实际} = \arcsin\left(i_{差动} \cdot \frac{m_n k}{差动定数}\right)$$

$$= \arcsin\left(\frac{a_2 c_2}{b_2 d_2} \cdot \frac{m_n k}{差动定数}\right)$$

式中：k——滚刀头数；不同型号的滚齿机差动定数不一样，如 Y37 为 5.96831，Y38 为 7.95775，Y3150E 为 9；

$a_2 \sim d_2$——差动挂轮，生产实际中限于已有挂轮的齿数、个数及挂轮轴中心距；

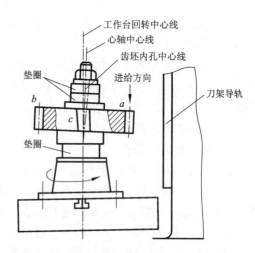

图8-9 齿坯安装歪斜对齿向误差的影响

$i_{差动}$——一般只精确至小数点后第 5 位或第 4 位，从而会产生齿向误差。

8.2.4　齿面粗糙度

滚齿加工中,由于齿坯材质硬度不均匀、热处理方法不当、滚刀磨钝或黏附刀瘤、切削用量不合理、冷却效能不高、刀架松动、各传动环节间隙过大、装夹刚性不够等因素,引起齿面出现撕裂、啃齿、直波纹、横波纹、斜波纹及呈鱼鳞状等现象(如图 8-10 所示),容易导致齿面磨损,渐开线齿廓遭到破坏,齿侧间隙增大,影响传动平稳性和轮齿强度。

图 8-10　滚齿齿面粗糙度缺陷

8.2.5　关于渐开线圆柱齿轮误差的分类

前述内容基于对传动精度的影响,对渐开线圆柱齿轮的滚齿误差进行了分类。当然,也可以按以下方式分类:

(1)按误差的种类可分为尺寸误差、形状误差、位置误差和表面粗糙度;

(2)按误差的方向特性可分为切向误差、径向误差和轴向误差;

(3)按包含误差因素的多少可分为单项误差和综合误差;

(4)按误差在齿轮一转中出现的周期可分为长周期误差和短周期误差(或按误差在齿轮一转中出现的频率分为低频误差和高频误差);

(5)按影响齿轮互换性的误差来源可分为单个齿轮的制造误差和齿轮副的安装误差。

一方面,单个齿轮的制造误差使得齿轮的各设计参数发生变化,影响传动质量,因此可以考虑规定能反映加工误差的齿轮误差参数作为评定指标。另一方面,齿轮的传动质量最终应体现在其工作状态上,因此可规定能直接反映齿轮传动使用要求的齿轮副误差作为评定指标。了解这一点,才能对齿轮精度标准体系的基础有清醒的认识。

8.3　渐开线圆柱齿轮的精度

渐开线圆柱齿轮精度的标准体系由两项标准、一项配套标准和四个指导性技术文件组成。两项标准为 GB/T 10095.1—2008《圆柱齿轮 精度制 第 1 部分:轮齿同侧齿面偏差的定义和允许值》和 GB/T 10095.2—2008《圆柱齿轮 精度制 第 2 部分:径向综合偏差与径向跳动的定义和允许值》;一项配套标准为 GB/T 13924—2008《渐开线圆柱齿轮精度 检验细则》;四个指导性技术文件为 GB/Z 18620.1—2008《圆柱齿轮 检验实施规范 第 1 部分:轮齿同侧齿面的检验》、GB/Z 18620.2—2008《圆柱齿轮 检验实施规范 第 2 部分:径向综合偏差、径向跳动、齿厚和侧隙的检验》、GB/Z 18620.3—2008《圆柱齿轮 检验实施规范 第 3 部分:齿轮坯、轴中心距和轴线平行度的检验》和 GB/Z 18620.4—2008《圆柱齿轮 检验实施规范 第 4 部分:表面结构和轮齿接触斑点的检验》。

8.3.1 轮齿同侧齿面偏差的定义

GB/T 10095.1—2008《圆柱齿轮 精度制 第1部分：轮齿同侧齿面偏差的定义和允许值》规定了单个渐开线圆柱齿轮轮齿同侧齿面的精度制，适用于单个齿轮同侧齿面的每个要素，而不包括齿轮副。

1. 齿距偏差

（1）单个齿距偏差 f_{pt}（individual circular pitch deviation）。

在端平面上，接近齿高中部的一个与齿轮轴线同心的圆上，实际齿距与理论齿距的代数差，如图8-11所示。单个齿距偏差是短周期误差，影响齿轮传动的平稳性精度。

（2）齿距累积偏差 F_{pk}。

任意 k 个齿距的实际弧长与理论弧长的代

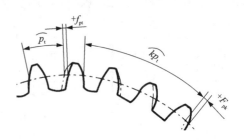

图8-11 单个齿距偏差与齿距累积偏差

数差，理论上等于这 k 个齿距的各单个齿距偏差的代数和，见图8-11。该偏差的允许值适用于齿距数 k 为2到 $z/8$ 范围的弧段，通常 k 取 $z/8$ 就足够了。齿距累积偏差影响齿轮传动的运动精度，是为了防止齿数较多、精度较高的齿轮在较小的转角内产生过大的转角误差，多用于传动比较大的齿轮副中的大齿轮和高速齿轮。

（3）齿距累积总偏差 F_p（total accumulative pitch deviation）。

齿轮同侧齿面任意弧段（$k=1$ 至 $k=z$）内的最大齿距累积偏差，它表现为齿距累积偏差曲线的总幅值。图8-12为采用齿轮测量中心检测出来的某渐开线圆柱齿轮左、右侧齿面的齿距累积总偏差。齿距累积总偏差为长周期误差，反映齿轮传动的运动精度，是齿圈径向跳动和公法线长度变动的近似综合。

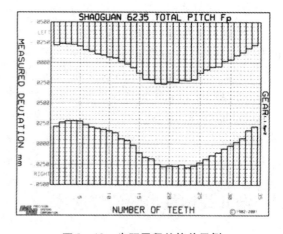

图8-12 齿距累积总偏差示例

2. 齿廓偏差

齿廓偏差指实际齿廓偏离设计齿廓的量，在端平面内且垂直于渐开线齿廓的方向计值。齿廓偏差是短周期误差，影响齿轮传动的平稳性精度。

轮齿修形与K形图

这里齿廓即为前面所说的齿形。国标对设计齿廓的定义为：符合设计规定的齿廓，当无其他限定时，是指端面齿廓。在读者的印象中，无论是直齿还是斜齿渐开线圆柱齿轮，其端面齿廓理论上均应为渐开线，那么设计齿廓究竟指的是什么呢？实际上，为使高速重载齿轮运转能较为平稳，减少由轮齿受载变形和热变形引起的啮合冲击，并改善齿面的润滑状况及获得较为均匀的载荷分布，在高速重载渐开线圆柱齿轮的设计中引入了齿轮误差动力学理论和现代动态设计方法，即基于热变形理论、接触变形理论和实际使用效果，采用了齿轮修形技术（包括设计齿廓和设计螺旋线），设计出来的齿廓不再为标准的渐开线，而为变形的渐开线形式，如修缘齿形、凸齿形等。所以，设计齿廓实际上有标准渐开线和修形渐开线两种形式。在齿廓曲线图中，未经修形渐开线的平均齿廓迹线一般为直线，而修形渐开线的平均齿廓迹线为以最小二乘法确定的曲线。

（1）齿廓总偏差 F_α（tooth profile total deviation）。

在计值范围内，包容实际齿廓迹线的两条设计齿廓迹线间的距离，如图 8-13(a)所示。图中，L_a—齿廓计值范围；L_{AE}—齿廓有效长度；L_{AF}—齿廓可用长度；$L_a = L_{AE} \times 92\%$，$L_{AE} \times 8\%$ 称减薄区，可参考图 8-14 所示的渐开线齿廓偏差展开图。

（2）齿廓形状偏差 $f_{f\alpha}$（form deviation of tooth profile）。

在计值范围内，包容实际齿廓迹线的，与平均齿廓迹线完全相同的两条曲线间的距离，且两条曲线与平均齿廓迹线的距离为常数，如图 8-13(b)所示。

（3）齿廓倾斜偏差 $f_{H\alpha}$（angle deviation of tooth profile）。

在计值范围内，两端与平均齿廓迹线相交的两条设计齿廓迹线间的距离，见图 8-13(c)。

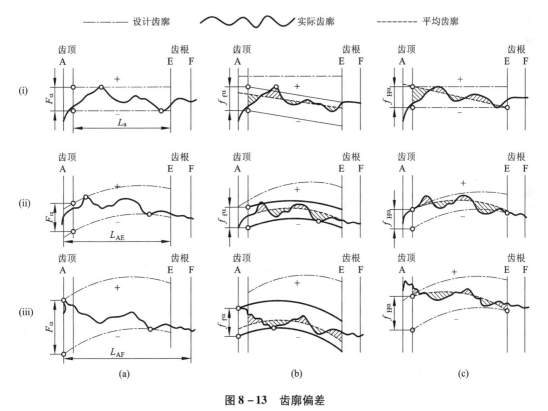

图 8-13　齿廓偏差

（a）齿廓总偏差；（b）齿廓形状偏差；（c）齿廓倾斜偏差

在齿廓偏差的定义中，充分考虑了形状和位置的作用，偏差规定有计值范围，齿顶有小部分要求负偏差，可以避免顶刃啮合现象，达到不修形而有修形的效果。图 8-13(ⅰ)中，设计齿廓为不修形的渐开线，实际齿廓在减薄区内具有偏向体内的负偏差；图 8-13(ⅱ)中，设计齿廓为修形的渐开线，实际齿廓在减薄区内具有偏向体内的负偏差；图 8-13(ⅲ)中，设计齿廓为修形的渐开线，实际齿廓在减薄区内具有偏向体外的正偏差。国标规定，对于减薄区段，在评定齿廓总偏差和齿廓形状偏差时，正偏差必须计入偏差值，而负偏差的允许值可放大为 L_a 段规定允许值的 3 倍。

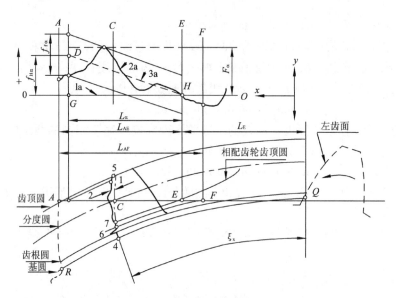

图 8 - 14　渐开线齿廓偏差展开图

3. 螺旋线偏差

螺旋线偏差指在端面基圆切线方向上测得的实际螺旋线偏离设计螺旋线的量。该偏差主要影响齿轮传动的接触精度。

该项目就是前面所说的齿向误差，定义没有实质性变化，但显得更加科学、合理和严密。考虑到螺旋线偏差对齿轮接触精度的影响，将螺旋线总偏差分为螺旋线形状偏差和螺旋线倾斜偏差。国标对设计螺旋线的定义为：符合设计规定的螺旋线。设计螺旋线可以是修正的圆柱螺旋线，包括鼓形线、齿端修薄及其他修形曲线。所以，设计螺旋线实际上有未修形螺旋线和修形螺旋线两种形式。在螺旋线曲线图中，未修形螺旋线的平均螺旋线迹线一般为直线，而修形螺旋线的平均螺旋线迹线为以最小二乘法确定的曲线。

（1）螺旋线总偏差 F_β（spiral total deviation）。

在计值范围内包容实际螺旋线迹线的两条设计螺旋线迹线间的距离，如图 8 - 15(a)所示。计值范围 L_β 指在轮齿两端处各减去 5% 的齿宽或减去一个模数长度后得到的两者中最小值，齿宽两端 $b - L_\beta$ 的范围称减薄区。

（2）螺旋线形状偏差 $f_{f\beta}$（form deviation of spiral）。

在计值范围内，包容实际螺旋线迹线的，与平均螺旋线迹线完全相同的两条曲线间的距离，且两条曲线与平均螺旋线迹线的距离为常数，如图 8 - 15(b)所示。

（3）螺旋线倾斜偏差 $f_{H\beta}$（angle deviation of spiral）。

在计值范围的两端与平均螺旋线迹线相交的两条设计螺旋线迹线间的距离，见图 8 - 15(c)。

192

在螺旋线偏差的定义中，也充分考虑了形状和位置的作用，偏差规定有计值范围，齿端有小部分要求负偏差，可以避免中凹现象，达到不修形而有修形的效果。图 8－15（ⅰ）中，设计螺旋线为不修形的螺旋线，实际螺旋线在减薄区内具有偏向体内的负偏差；图 8－13（ⅱ）中，设计螺旋线为修形的螺旋线，实际螺旋线在减薄区内具有偏向体内的负偏差；图 8－13（ⅲ）中，设计螺旋线为修形的渐开线，实际螺旋线在减薄区内具有偏向体外的正偏差。国标规定，对于减薄区段，在评定螺旋线总偏差和螺旋线形状偏差时，正偏差必须计入偏差值，而负偏差的允许值可放大为 L_β 段规定允许值的 3 倍。

【小常识】国内外各齿轮厂家将其产品的设计齿廓、设计螺旋线的制定方法和修形量都视作技术秘密，在一般资料中是难以获得的。

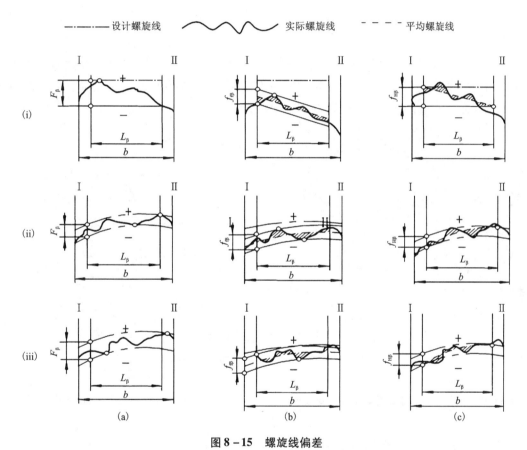

图 8－15　螺旋线偏差

（a）螺旋线总偏差；（b）螺旋线形状偏差；（c）螺旋线倾斜偏差

4. 切向综合偏差

（1）切向综合总偏差 F_i'（tangential composite deviation）

被测齿轮在单面啮合综合检查仪上与测量齿轮单面啮合检验时，被测齿轮一转内，齿轮分度圆上实际圆周位移与理论圆周位移的最大差值，如图 8－16 所示。

测量齿轮是理想精确齿轮（见图 8－17），也可以是理想精确的蜗杆（见图 8－18）。在检测过程中，有一定的侧隙和轻微而足够的载荷，使得只有同侧齿面的单面接触。切向综合总

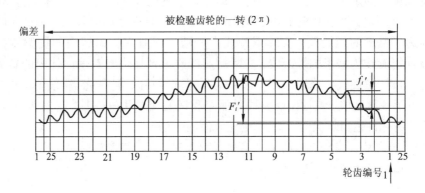

图 8 – 16　切向综合偏差

偏差属于长周期误差，是齿轮一转中的最大转角误差，直接反映齿轮传动的准确性。单啮测量状态与齿轮工作的实际状态近似，且测量是连续的，既反映切向和径向误差，又反映基节和齿形等误差，因此它是一个较完善的综合指标。

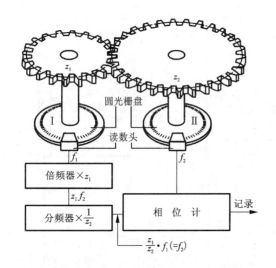

图 8 – 17　测量齿轮为理想精确齿轮的单啮仪

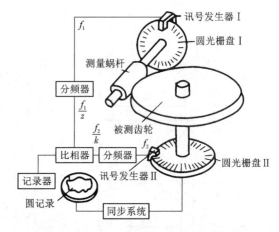

图 8 – 18　测量齿轮为理想精确蜗杆的单啮仪

（2）一齿切向综合偏差 f_i'（tangential tooth – to – tooth composite deviation）。

在一个齿距内的切向综合偏差值，如图 8 – 16 所示。一齿切向综合偏差显然属于短周期误差，它直接反映齿轮一齿距角内的转角差，是评定运动平稳性的理想指标。

8.3.2　径向综合偏差与径向跳动的定义

GB/T 10095.2—2008《圆柱齿轮 精度制 第 2 部分：径向综合偏差与径向跳动的定义和允许值》规定了单个渐开线圆柱齿轮径向综合偏差与径向跳动的精度制。

1. 径向综合偏差

径向综合偏差的测量值受到测量齿轮的精度和被测齿轮与测量齿轮（理想精确齿轮）的

总重合度的影响。检验径向综合偏差时，测量齿轮应在有效长度 L_{AE} 上与被测齿轮啮合。

（1）径向综合总偏差 F_i''（radial composite deviation）。

在双面啮合综合检查仪上进行径向综合检验时［见图 8 – 19（a）］，被测齿轮的左右齿面靠弹力作用同时与测量齿轮接触（即实现无侧隙啮合），并转过一整圈时出现的中心距最大值和最小值之差，如图 8 – 19（b）所示。径向综合总偏差属于长周期误差，主要反映齿轮的径向误差对齿轮传动准确性的影响，但它也同时反映了齿廓偏差、基节偏差和齿距偏差对双啮中心距的影响，因此是综合误差，不能等同于齿圈径向跳动。

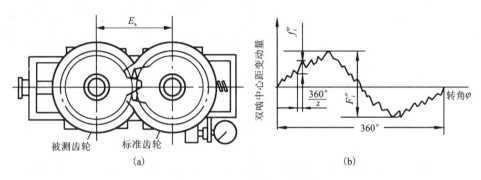

图 8 – 19　径向综合偏差的测量

与 F_i' 可单独作为齿轮传动准确性的评定指标不同的是，由于 F_i'' 未能反映切向误差对运动精度的影响，故一般不单独使用，但在生产实际中可以据此迅速得到关于生产用的机床、工具或齿坯装夹而导致质量缺陷方面的信息。

（2）一齿径向综合总偏差 f_i''（radial tooth – to – tooth composite error）。

一齿径向综合偏差是被测齿轮与测量齿轮啮合一整圈（径向综合检验）时，对应一个齿距（$360°/z$）的径向综合偏差值，如图 8 – 19（b）所示。该项目有助于揭示齿廓偏差（通常为齿廓倾斜偏差）和齿距偏差，反映齿轮工作的平稳性。

2. 径向跳动 F_r（teeth radial run – out）

齿轮径向跳动为测头（球形、圆柱形或锥形）相继置于每个齿槽内时，从它到齿轮轴线的最大和最小径向距离之差，如图 8 – 20（a）图所示。检查时测头在近似齿高中部与左右齿面接触，根据测量数值可画出如图 8 – 20（b）图所示的径向跳动曲线图。径向跳动大体上是由 2 倍偏心量组成，另外再加上齿距偏差和齿廓偏差的影响。该项目主要反映齿轮的几何偏心，是检测齿轮传动准确性的项目，由于同样未能反映切向误差对运动精度的影响，故一般不能单独使用。对于需要在极小侧隙下运行的齿轮及用于测量径向综合偏差的测量齿轮来说，控制齿轮的径向跳动是十分重要的。

8.3.3　渐开线圆柱齿轮的精度制的构成

1. 精度制

GB/T 10095.1—2008 和 GB/T 10095.2—2008 对齿距偏差、齿廓偏差、螺旋线偏差、切向综合偏差和径向跳动规定了 13 个精度等级，其中 0 级最高，而 12 级最低。对径向综合偏差，GB/T 10095.2—2008 规定了 9 个精度等级，其中 4 级最高，而 12 级最低。

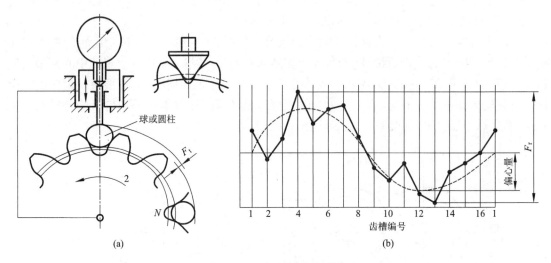

图 8 - 20　径向跳动的测量

GB/T 10095.2—2008强调：径向综合偏差的允许值仅适用于产品齿轮与测量齿轮的啮合检查，而不适用于两个产品齿轮啮合的测量；对径向综合偏差测量结果所确定的精度等级，并不意味着与 GB/T 10095.1—2008 中的要素偏差将遵守同样的等级。

当文件需叙述齿轮精度要求时，应注明 GB/T 10095.1—2008 或 GB/T 10095.2—2008。

2. 偏差的允许值

把测量出的偏差允许值表中的数值进行比较，以评定齿轮精度等级。表中的数值是对5级精度规定的公式(见表8-1)以级间公比$\sqrt{2}$计算出来的。5 级精度的未圆整的计算值乘以$2^{0.5(Q-5)}$，即可得任一精度等级的待求值，式中 Q 是待求值的精度等级。表 8 - 2 ~ 表 8 - 12 列出的所有数值均按圆整规则进行过圆整。

对于没有提供数值表的齿距累积偏差 F_{pk} 的允许值，可按上述原则推算得到。

3. 有效性

应用 GB/T 10095.1—2008 对齿轮进行精度设计时，一般各项偏差的允许值取相同的精度等级。当然，亦可按协议对工作和非工作齿面，或对不同偏差项目规定不同的精度等级。

除另有规定，均在接近齿高中部和(或)齿宽中部的位置测量。当允许值的数值很小，尤其是小于 5 μm 时，要求测量仪器具有足够的精度，以确保测量值能达到要求的重复精度。

除另有规定，齿廓与螺旋线偏差应至少测三个齿的两侧齿面，这三个齿应取在沿齿轮圆周近似三等分位置处。单个齿距偏差则需对每个轮齿的两侧都进行测量。

表 8 - 1 列出的计算公式中，其法向模数 m_n、分度圆直径 d 和齿宽 b 的值，均代入它们各自尺寸分段的几何平均值。在计算一齿切向综合偏差的允许值时，式中的 k 值是：当总重合度 $\varepsilon_r < 4$ 时，$k = 0.2(\varepsilon_r + 4)/\varepsilon_r$；当 $\varepsilon_r \geq 4$ 时，$k = 0.4$。

196

表 8 − 1　5 级精度齿轮偏差允许值的计算公式

各项偏差项目	项目符	计 算 公 式
单个齿距偏差	f_{pt}	$\pm f_{pt} = \pm \left[0.3(m_n + 0.4\sqrt{d}) + 4\right]$
齿距累积偏差	F_{pk}	$\pm F_{pk} = \pm (f_{pt} + 1.6\sqrt{(k-1)m_n})$
齿距累积总偏差	F_p	$F_p = 0.3m_n + 1.25\sqrt{d} + 7$
齿廓总偏差	F_α	$F_\alpha = 3.2\sqrt{m_n} + 0.22\sqrt{d} + 0.7$
齿廓形状偏差	$f_{f\alpha}$	$f_{f\alpha} = 2.5\sqrt{m_n} + 0.17\sqrt{d} + 0.5$
齿廓倾斜偏差	$f_{H\alpha}$	$\pm f_{H\alpha} = \pm (2\sqrt{m_n} + 0.14\sqrt{d} + 0.5)$
螺旋线总偏差	F_β	$F_\beta = 0.1\sqrt{d} + 0.63\sqrt{b} + 4.2$
螺旋线形状偏差	$f_{f\beta}$	$f_{f\beta} = 0.07\sqrt{d} + 0.45\sqrt{b} + 3$
螺旋线倾斜偏差	$f_{H\beta}$	$\pm f_{H\beta} = \pm (0.07\sqrt{d} + 0.45\sqrt{b} + 3)$
切向综合总偏差	F_i'	$F_i' = F_p + f_i'$
一齿切向综合偏差	f_i'	$f_i' = k(4.3 + f_{pt} + F_\alpha) = k(9 + 0.3m_n + 3.2\sqrt{m_n} + 0.34\sqrt{d})$
径向综合总偏差	F_i''	$F_i'' = 3.2m_n + 1.01\sqrt{d} + 6.4$
一齿径向综合总偏差	f_i''	$f_i'' = 2.96m_n + 0.01\sqrt{d} + 0.8$
径向跳动	F_r	$F_r = 0.8F_p$

8.3.4　渐开线圆柱齿轮偏差的允许值

渐开线圆柱齿轮偏差的允许值见表 8 − 2 ~ 表 8 − 12,其中表 8 − 2 ~ 表 8 − 9 摘自 GB/T 10095.1—2008,表 8 − 10 ~ 表 8 − 12 摘自 GB/T 10095.2—2008。

表 8 − 2　单个齿距偏差 $\pm f_{pt}$　　　　　　　　　　　　　　　　　　　　　μm

分度圆直径 d/mm	模数 m_n/mm	精 度 等 级												
		0	1	2	3	4	5	6	7	8	9	10	11	12
$5 \leqslant d \leqslant 20$	$0.5 \leqslant m_n \leqslant 2$	0.8	1.2	1.7	2.3	3.3	4.7	6.5	9.5	13.0	19.0	26.0	37.0	53.0
	$2 < m_n \leqslant 3.5$	0.9	1.3	1.8	2.6	3.7	5.0	7.5	10.0	15.0	21.0	29.0	41.0	59.0
$20 < d \leqslant 50$	$0.5 \leqslant m_n \leqslant 2$	0.9	1.2	1.8	2.5	3.5	5.0	7.0	10.0	14.0	20.0	28.0	40.0	56.0
	$2 < m_n \leqslant 3.5$	1.0	1.4	1.9	2.7	3.9	5.5	7.5	11.0	15.0	22.0	31.0	44.0	62.0
	$3.5 < m_n \leqslant 6$	1.1	1.5	2.1	3.0	4.3	6.0	8.5	12.0	17.0	24.0	34.0	48.0	68.0
	$6 < m_n \leqslant 10$	1.2	1.7	2.5	3.5	4.9	7.0	10.0	14.0	20.0	28.0	40.0	56.0	79.0

分度圆直径 d/mm	模数 m_n/mm	精 度 等 级												
		0	1	2	3	4	5	6	7	8	9	10	11	12
50 < d ≤ 125	0.5 ≤ m_n ≤ 2	0.9	1.3	1.9	2.7	3.8	5.5	7.5	11.0	15.0	21.0	30.0	43.0	61.0
	2 < m_n ≤ 3.5	1.0	1.5	2.1	2.9	4.1	6.0	8.5	12.0	17.0	23.0	33.0	47.0	66.0
	3.5 < m_n ≤ 6	1.1	1.6	2.3	3.2	4.6	6.5	9.0	13.0	18.0	26.0	36.0	52.0	73.0
	6 < m_n ≤ 10	1.3	1.8	2.6	3.7	5.0	7.5	10.0	15.0	21.0	30.0	42.0	59.0	84.0
125 < d ≤ 280	0.5 ≤ m_n ≤ 2	1.1	1.5	2.1	3.0	4.2	6.0	8.5	12.0	17.0	24.0	34.0	48.0	67.0
	2 < m_n ≤ 3.5	1.1	1.6	2.3	3.2	4.6	6.5	9.0	13.0	18.0	26.0	36.0	51.0	73.0
	3.5 < m_n ≤ 6	1.2	1.8	2.5	3.5	5.0	7.0	10.0	14.0	20.0	28.0	40.0	56.0	79.0
	6 < m_n ≤ 10	1.4	2.0	2.8	4.0	5.5	8.0	11.0	16.0	23.0	32.0	45.0	64.0	90.0
280 < d ≤ 560	0.5 ≤ m_n ≤ 2	1.2	1.7	2.4	3.3	4.7	6.5	9.5	13.0	19.0	27.0	38.0	54.0	76.0
	2 < m_n ≤ 3.5	1.3	1.8	2.5	3.6	5.0	7.0	10.0	14.0	20.0	29.0	41.0	57.0	81.0
	3.5 < m_n ≤ 6	1.4	1.9	2.7	3.9	5.5	8.0	11.0	16.0	22.0	31.0	44.0	62.0	88.0
	6 < m_n ≤ 10	1.5	2.2	3.1	4.4	6.0	8.5	12.0	17.0	25.0	35.0	49.0	70.0	99.0

表 8-3 齿距累积总偏差 F_p μm

分度圆直径 d/mm	模数 m_n/mm	精 度 等 级												
		0	1	2	3	4	5	6	7	8	9	10	11	12
5 < d ≤ 20	0.5 ≤ m_n ≤ 2	2.0	2.8	4.0	5.5	8.0	11.0	16.0	23.0	32.0	45.0	64.0	90.0	127.0
	2 < m_n ≤ 3.5	2.1	2.9	4.2	6.0	8.5	12.0	17.0	23.0	33.0	47.0	66.0	94.0	133.0
20 < d ≤ 50	0.5 ≤ m_n ≤ 2	2.5	3.5	5.0	7.0	10.0	14.0	20.0	29.0	41.0	57.0	81.0	115.0	162.0
	2 < m_n ≤ 3.5	2.6	3.7	5.0	7.5	10.0	15.0	21.0	30.0	42.0	59.0	84.0	119.0	168.0
	3.5 < m_n ≤ 6	2.7	3.9	5.5	7.5	11.0	15.0	22.0	31.0	44.0	62.0	87.0	123.0	174.0
	6 < m_n ≤ 10	2.9	4.1	6.0	8.0	12.0	16.0	23.0	33.0	46.0	65.0	93.0	131.0	185.0
50 < d ≤ 125	0.5 ≤ m_n ≤ 2	3.3	4.6	6.5	9.0	13.0	18.0	26.0	37.0	52.0	74.0	104.0	147.0	208.0
	2 < m_n ≤ 3.5	3.3	4.7	6.5	9.5	13.0	19.0	27.0	38.0	53.0	76.0	107.0	151.0	214.0
	3.5 < m_n ≤ 6	3.4	4.9	7.0	9.5	14.0	19.0	28.0	39.0	55.0	78.0	110.0	156.0	220.0
	6 < m_n ≤ 10	3.6	5.0	7.0	10.0	14.0	20.0	29.0	41.0	58.0	82.0	116.0	164.0	231.0
125 < d ≤ 280	0.5 ≤ m_n ≤ 2	4.3	6.0	8.5	12.0	17.0	24.0	35.0	49.0	69.0	98.0	138.0	195.0	276.0
	2 < m_n ≤ 3.5	4.4	6.0	9.0	12.0	18.0	25.0	35.0	50.0	70.0	100.0	141.0	199.0	282.0
	3.5 < m_n ≤ 6	4.5	6.5	9.0	13.0	18.0	25.0	36.0	51.0	72.0	102.0	144.0	204.0	288.0
	6 < m_n ≤ 10	4.7	6.5	9.5	13.0	19.0	26.0	37.0	53.0	75.0	106.0	149.0	211.0	299.0
280 < d ≤ 560	0.5 ≤ m_n ≤ 2	5.5	8.0	11.0	16.0	23.0	32.0	46.0	64.0	91.0	129.0	182.0	257.0	364.0
	2 < m_n ≤ 3.5	6.0	8.0	12.0	16.0	23.0	33.0	46.0	65.0	92.0	131.0	185.0	261.0	370.0
	3.5 < m_n ≤ 6	6.0	8.5	12.0	17.0	24.0	33.0	47.0	66.0	94.0	133.0	188.0	266.0	376.0
	6 < m_n ≤ 10	6.0	8.5	12.0	17.0	24.0	34.0	48.0	68.0	97.0	137.0	193.0	274.0	387.0

表 8－4　齿廓总偏差 F_α　　　　　　　　　　　　　　　　　　　μm

分度圆直径	模数	精 度 等 级												
d/mm	m_n/mm	0	1	2	3	4	5	6	7	8	9	10	11	12
$5\leqslant d\leqslant20$	$0.5\leqslant m_n\leqslant2$	0.8	1.1	1.6	2.3	3.2	4.6	6.5	9.0	13.0	18.0	26.0	37.0	52.0
	$2<m_n\leqslant3.5$	1.2	1.7	2.3	3.3	4.7	6.5	9.5	13.0	19.0	26.0	37.0	53.0	75.0
$20<d\leqslant50$	$0.5\leqslant m_n\leqslant2$	0.9	1.3	1.8	2.6	3.6	5.0	7.5	10.0	15.0	21.0	29.0	41.0	58.0
	$2<m_n\leqslant3.5$	1.3	1.8	2.5	3.6	5.0	7.0	10.0	14.0	20.0	29.0	40.0	57.0	81.0
	$3.5<m_n\leqslant6$	1.6	2.2	3.1	4.4	6.0	9.0	12.0	18.0	25.0	35.0	50.0	70.0	99.0
	$6<m_n\leqslant10$	1.9	2.7	3.8	5.5	7.5	11.0	15.0	22.0	31.0	43.0	61.0	87.0	123.0
$50<d\leqslant125$	$0.5\leqslant m_n\leqslant2$	1.0	1.5	2.1	2.9	4.1	6.0	8.5	12.0	17.0	23.0	33.0	47.0	66.0
	$2<m_n\leqslant3.5$	1.4	2.0	2.8	3.9	5.5	8.0	11.0	16.0	22.0	31.0	44.0	63.0	89.0
	$3.5<m_n\leqslant6$	1.7	2.4	3.4	4.8	6.5	9.5	13.0	19.0	27.0	38.0	54.0	76.0	108.0
	$6<m_n\leqslant10$	2.0	2.9	4.1	6.0	8.0	12.0	16.0	23.0	33.0	46.0	65.0	92.0	131.0
$125<d\leqslant280$	$0.5\leqslant m_n\leqslant2$	1.2	1.7	2.4	3.5	4.9	7.0	10.0	14.0	20.0	28.0	39.0	55.0	78.0
	$2<m_n\leqslant3.5$	1.6	2.2	3.2	4.5	6.5	9.0	13.0	18.0	25.0	36.0	50.0	71.0	101.0
	$3.5<m_n\leqslant6$	1.9	2.6	3.7	5.5	7.5	11.0	15.0	21.0	30.0	42.0	60.0	84.0	119.0
	$6<m_n\leqslant10$	2.2	3.2	4.5	6.5	9.0	13.0	18.0	25.0	36.0	50.0	71.0	101.0	143.0
$280<d\leqslant560$	$0.5\leqslant m_n\leqslant2$	1.5	2.1	2.9	4.1	6.0	8.5	12.0	17.0	23.0	33.0	47.0	66.0	94.0
	$2<m_n\leqslant3.5$	1.8	2.6	3.6	5.0	7.5	10.0	15.0	21.0	29.0	41.0	58.0	82.0	116.0
	$3.5<m_n\leqslant6$	2.1	3.0	4.2	6.0	8.5	12.0	17.0	24.0	34.0	48.0	67.0	95.0	135.0
	$6<m_n\leqslant10$	2.5	3.5	4.9	7.0	10.0	14.0	20.0	28.0	40.0	56.0	79.0	112.0	158.0

表 8－5　齿廓形状偏差 $f_{f\alpha}$　　　　　　　　　　　　　　　　　　　μm

分度圆直径	模数	精 度 等 级												
d/mm	m_n/mm	0	1	2	3	4	5	6	7	8	9	10	11	12
$5\leqslant d\leqslant20$	$0.5\leqslant m_n\leqslant2$	0.6	0.9	1.3	1.8	2.5	3.5	5.0	7.0	10.0	14.0	20.0	28.0	40.0
	$2<m_n\leqslant3.5$	0.9	1.3	1.8	2.6	3.6	5.0	7.0	10.0	14.0	20.0	29.0	41.0	58.0
$20<d\leqslant50$	$0.5\leqslant m_n\leqslant2$	0.7	1.0	1.4	2.0	2.8	4.0	5.5	8.0	11.0	16.0	22.0	32.0	45.0
	$2<m_n\leqslant3.5$	1.0	1.4	2.0	2.8	3.9	5.5	8.0	11.0	16.0	22.0	31.0	44.0	62.0
	$3.5<m_n\leqslant6$	1.2	1.7	2.4	3.4	4.8	7.0	9.5	14.0	19.0	27.0	39.0	54.0	77.0
	$6<m_n\leqslant10$	1.5	2.1	3.0	4.2	6.0	8.5	12.0	17.0	24.0	34.0	48.0	67.0	95.0
$50<d\leqslant125$	$0.5\leqslant m_n\leqslant2$	0.8	1.1	1.6	2.3	3.2	4.5	6.5	9.0	13.0	18.0	26.0	36.0	51.0
	$2<m_n\leqslant3.5$	1.1	1.5	2.1	3.0	4.3	6.0	8.5	12.0	17.0	24.0	34.0	49.0	69.0
	$3.5<m_n\leqslant6$	1.3	1.8	2.6	3.7	5.0	7.5	10.0	15.0	21.0	29.0	42.0	59.0	83.0
	$6<m_n\leqslant10$	1.6	2.2	3.2	4.5	6.5	9.0	13.0	18.0	25.0	36.0	51.0	72.0	101.0
$125<d\leqslant280$	$0.5\leqslant m_n\leqslant2$	0.9	1.3	1.9	2.7	3.8	5.5	7.5	11.0	15.0	21.0	30.0	43.0	60.0
	$2<m_n\leqslant3.5$	1.2	1.7	2.4	3.4	4.9	7.0	9.5	14.0	19.0	28.0	39.0	55.0	78.0
	$3.5<m_n\leqslant6$	1.4	2.0	2.9	4.1	6.0	8.0	12.0	16.0	23.0	33.0	46.0	65.0	93.0
	$6<m_n\leqslant10$	1.7	2.4	3.5	4.9	7.0	10.0	14.0	20.0	28.0	39.0	55.0	78.0	111.0
$280<d\leqslant560$	$0.5\leqslant m_n\leqslant2$	1.1	1.6	2.3	3.2	4.5	6.5	9.0	13.0	18.0	26.0	36.0	51.0	72.0
	$2<m_n\leqslant3.5$	1.4	2.0	2.8	4.0	5.5	8.0	11.0	16.0	22.0	32.0	45.0	64.0	90.0
	$3.5<m_n\leqslant6$	1.6	2.3	3.3	4.6	6.5	9.0	13.0	18.0	26.0	37.0	52.0	74.0	104.0
	$6<m_n\leqslant10$	1.9	2.7	3.8	5.5	7.5	11.0	15.0	22.0	31.0	43.0	61.0	87.0	123.0

分度圆直径 d/mm	模数 m_n/mm	精度 等 级												
		0	1	2	3	4	5	6	7	8	9	10	11	12
$5 \leqslant d \leqslant 20$	$0.5 \leqslant m_n \leqslant 2$	0.5	0.7	1.0	1.5	2.1	2.9	4.2	6.0	8.5	12.0	17.0	24.0	33.0
	$2 < m_n \leqslant 3.5$	0.7	1.0	1.5	2.1	3.0	4.2	6.0	8.5	12.0	17.0	24.0	34.0	47.0
$20 < d \leqslant 50$	$0.5 \leqslant m_n \leqslant 2$	0.6	0.8	1.2	1.6	2.3	3.3	4.6	6.5	9.5	13.0	19.0	26.0	37.0
	$2 < m_n \leqslant 3.5$	0.8	1.1	1.6	2.3	3.2	4.5	6.5	9.0	13.0	18.0	26.0	36.0	51.0
	$3.5 < m_n \leqslant 6$	1.0	1.4	2.0	2.8	3.9	5.5	8.0	11.0	15.0	22.0	32.0	45.0	63.0
	$6 < m_n \leqslant 10$	1.2	1.7	2.4	3.4	4.8	7.0	9.5	14.0	19.0	27.0	39.0	55.0	78.0
$50 < d \leqslant 125$	$0.5 \leqslant m_n \leqslant 2$	0.7	0.9	1.3	1.9	2.6	3.7	5.5	7.5	11.0	15.0	21.0	30.0	42.0
	$2 < m_n \leqslant 3.5$	0.9	1.2	1.8	2.5	3.5	5.0	7.0	10.0	14.0	20.0	28.0	40.0	57.0
	$3.5 < m_n \leqslant 6$	1.1	1.5	2.1	3.0	4.3	6.0	8.5	12.0	17.0	24.0	34.0	48.0	68.0
	$6 < m_n \leqslant 10$	1.3	1.8	2.6	3.7	5.0	7.5	10.0	15.0	21.0	29.0	41.0	58.0	83.0
$125 < d \leqslant 280$	$0.5 \leqslant m_n \leqslant 2$	0.8	1.1	1.6	2.2	3.1	4.4	6.0	9.0	12.0	18.0	25.0	35.0	50.0
	$2 < m_n \leqslant 3.5$	1.0	1.4	2.0	2.8	4.0	5.5	8.0	11.0	16.0	23.0	32.0	45.0	64.0
	$3.5 < m_n \leqslant 6$	1.2	1.7	2.4	3.3	4.7	6.5	9.5	13.0	19.0	27.0	38.0	54.0	76.0
	$6 < m_n \leqslant 10$	1.4	2.0	2.8	4.0	5.5	8.0	11.0	16.0	23.0	32.0	45.0	64.0	90.0
$280 < d \leqslant 560$	$0.5 \leqslant m_n \leqslant 2$	0.9	1.3	1.9	2.6	3.7	5.5	7.5	11.0	15.0	21.0	30.0	42.0	60.0
	$2 < m_n \leqslant 3.5$	1.2	1.6	2.3	3.3	4.6	6.5	9.0	13.0	18.0	26.0	37.0	52.0	74.0
	$3.5 < m_n \leqslant 6$	1.3	1.9	2.7	3.8	5.5	7.5	11.0	15.0	21.0	30.0	43.0	61.0	86.0
	$6 < m_n \leqslant 10$	1.6	2.2	3.1	4.4	6.5	9.0	13.0	18.0	25.0	35.0	50.0	71.0	100.0

表 8－7 螺旋线总偏差 F_β　　　　　　　　　　　　　　　　　　　　　　　　　　μm

分度圆直径 d/mm	齿宽 b/mm	精度 等 级												
		0	1	2	3	4	5	6	7	8	9	10	11	12
$5 \leqslant d \leqslant 20$	$4 \leqslant b \leqslant 10$	1.1	1.5	2.2	3.1	4.3	6.0	8.5	12.0	17.0	24.0	35.0	49.0	69.0
	$10 < b \leqslant 20$	1.2	1.7	2.4	3.4	4.9	7.0	9.5	14.0	19.0	28.0	39.0	55.0	78.0
	$20 < b \leqslant 40$	1.4	2.0	2.8	3.9	5.5	8.0	11.0	16.0	22.0	31.0	45.0	63.0	89.0
	$40 < b \leqslant 80$	1.6	2.3	3.3	4.6	6.5	9.5	13.0	19.0	26.0	37.0	52.0	74.0	105.0
$20 < d \leqslant 50$	$4 \leqslant b \leqslant 10$	1.1	1.6	2.2	3.2	4.5	6.5	9.0	13.0	18.0	25.0	36.0	51.0	72.0
	$10 < b \leqslant 20$	1.3	1.8	2.5	3.6	5.0	7.0	10.0	14.0	20.0	29.0	40.0	57.0	81.0
	$20 < b \leqslant 40$	1.4	2.0	2.9	4.1	5.5	8.0	11.0	16.0	23.0	32.0	46.0	65.0	92.0
	$40 < b \leqslant 80$	1.7	2.4	3.4	4.8	6.5	9.5	13.0	19.0	27.0	38.0	54.0	76.0	107.0
$50 < d \leqslant 125$	$4 \leqslant b \leqslant 10$	1.2	1.7	2.4	3.3	4.7	6.5	9.5	13.0	19.0	27.0	38.0	53.0	76.0
	$10 < b \leqslant 20$	1.3	1.9	2.6	3.7	5.5	7.5	11.0	15.0	21.0	30.0	42.0	60.0	84.0
	$20 < b \leqslant 40$	1.5	2.1	3.0	4.2	6.0	8.5	12.0	17.0	24.0	34.0	48.0	68.0	95.0
	$40 < b \leqslant 80$	1.7	2.5	3.5	4.9	7.0	10.0	14.0	20.0	28.0	39.0	56.0	79.0	111.0
$125 < d \leqslant 280$	$4 \leqslant b \leqslant 10$	1.3	1.8	2.5	3.6	5.0	7.0	10.0	14.0	20.0	29.0	40.0	57.0	81.0
	$10 < b \leqslant 20$	1.4	2.0	2.8	4.0	5.5	8.0	11.0	16.0	22.0	32.0	45.0	63.0	90.0
	$20 < b \leqslant 40$	1.6	2.2	3.2	4.5	6.5	9.0	13.0	18.0	25.0	36.0	50.0	71.0	101.0
	$40 < b \leqslant 80$	1.8	2.6	3.6	5.0	7.5	10.0	15.0	21.0	29.0	41.0	58.0	82.0	117.0
$280 < d \leqslant 560$	$10 < b \leqslant 20$	1.5	2.1	3.0	4.3	6.0	8.5	12.0	17.0	24.0	34.0	48.0	68.0	97.0
	$20 < b \leqslant 40$	1.7	2.4	3.4	4.8	6.5	9.5	13.0	19.0	27.0	38.0	54.0	76.0	108.0
	$40 < b \leqslant 80$	1.9	2.7	3.9	5.5	7.5	11.0	15.0	22.0	31.0	44.0	62.0	87.0	124.0

表 8 - 8　螺旋线形状偏差 $f_{f\beta}$ 和螺旋线倾斜偏差 $\pm f_{H\beta}$　　μm

分度圆直径 d/mm	齿宽 b/mm	精 度 等 级												
		0	1	2	3	4	5	6	7	8	9	10	11	12
5≤d≤20	4≤b≤10	0.8	1.1	1.5	2.2	3.1	4.4	6.0	8.5	12.0	17.0	25.0	35.0	49.0
	10<b≤20	0.9	1.2	1.7	2.5	3.5	4.9	7.0	10.0	14.0	20.0	28.0	39.0	56.0
	20<b≤40	1.0	1.4	2.0	2.8	4.0	5.5	8.0	11.0	16.0	22.0	32.0	45.0	64.0
	40<b≤80	1.2	1.7	2.3	3.3	4.7	6.5	9.5	13.0	19.0	26.0	37.0	53.0	75.0
20<d≤50	4≤b≤10	0.8	1.1	1.6	2.3	3.2	4.5	6.5	9.0	13.0	18.0	26.0	36.0	51.0
	10<b≤20	0.9	1.3	1.8	2.5	3.6	5.0	7.0	10.0	14.0	20.0	29.0	41.0	58.0
	20<b≤40	1.0	1.4	2.0	2.9	4.1	6.0	8.0	12.0	16.0	23.0	33.0	46.0	65.0
	40<b≤80	1.2	1.7	2.4	3.4	4.8	7.0	9.5	14.0	19.0	27.0	38.0	54.0	77.0
50<d≤125	4≤b≤10	0.8	1.2	1.7	2.4	3.4	4.8	6.5	9.5	13.0	19.0	27.0	38.0	54.0
	10<b≤20	0.9	1.3	1.9	2.7	3.8	5.5	7.5	11.0	15.0	21.0	30.0	43.0	60.0
	20<b≤40	1.1	1.5	2.1	3.0	4.3	6.0	8.5	12.0	17.0	24.0	34.0	48.0	68.0
	40<b≤80	1.2	1.8	2.5	3.5	5.0	7.0	10.0	14.0	20.0	28.0	40.0	56.0	79.0
125<d≤280	4≤b≤10	0.9	1.3	1.8	2.5	3.6	5.0	7.0	10.0	14.0	20.0	29.0	41.0	58.0
	10<b≤20	1.0	1.4	2.0	2.8	4.0	5.5	8.0	11.0	16.0	23.0	32.0	45.0	64.0
	20<b≤40	1.1	1.6	2.2	3.2	4.5	6.5	9.0	13.0	18.0	25.0	36.0	51.0	72.0
	40<b≤80	1.3	1.8	2.6	3.7	5.0	7.5	10.0	15.0	21.0	29.0	42.0	59.0	83.0
280<d≤560	10<b≤20	1.1	1.5	2.2	3.0	4.3	6.0	8.5	12.0	17.0	24.0	34.0	49.0	69.0
	20<b≤40	1.2	1.7	2.4	3.4	4.8	7.0	9.5	14.0	19.0	27.0	38.0	54.0	77.0
	40<b≤80	1.4	1.9	2.7	3.9	5.5	8.0	11.0	16.0	22.0	31.0	44.0	62.0	88.0

表 8 - 9　f_i'/k 的比值　　μm

分度圆直径 d/mm	模数 m_n/mm	精 度 等 级												
		0	1	2	3	4	5	6	7	8	9	10	11	12
5≤d≤20	0.5≤m_n≤2	2.4	3.4	4.8	7.0	9.5	14.0	19.0	27.0	38.0	54.0	77.0	109.0	154.0
	2<m_n≤3.5	2.8	4.0	5.5	8.0	11.0	16.0	23.0	32.0	45.0	64.0	91.0	129.0	182.0
20<d≤50	0.5≤m_n≤2	2.5	3.6	5.0	7.0	10.0	14.0	20.0	29.0	41.0	58.0	82.0	115.0	163.0
	2<m_n≤3.5	3.0	4.2	6.0	8.5	12.0	17.0	24.0	34.0	48.0	68.0	96.0	135.0	191.0
	3.5<m_n≤6	3.4	4.8	7.0	9.5	14.0	19.0	27.0	38.0	54.0	77.0	108.0	153.0	217.0
	6<m_n≤10	3.9	5.5	8.0	11.0	16.0	22.0	31.0	44.0	63.0	89.0	125.0	177.0	251.0
50<d≤125	0.5≤m_n≤2	2.7	3.9	5.5	8.0	11.0	16.0	22.0	31.0	44.0	62.0	88.0	124.0	176.0
	2<m_n≤3.5	3.2	4.5	6.5	9.0	13.0	18.0	25.0	36.0	51.0	72.0	102.0	144.0	204.0
	3.5<m_n≤6	3.6	5.0	7.0	10.0	14.0	20.0	29.0	40.0	57.0	81.0	115.0	162.0	229.0
	6<m_n≤10	4.1	6.0	8.0	12.0	16.0	23.0	33.0	47.0	66.0	93.0	132.0	186.0	263.0
125<d≤280	0.5≤m_n≤2	3.0	4.3	6.0	8.5	12.0	17.0	24.0	34.0	49.0	69.0	97.0	137.0	194.0
	2<m_n≤3.5	3.5	4.9	7.0	10.0	14.0	20.0	28.0	39.0	56.0	79.0	111.0	157.0	222.0
	3.5<m_n≤6	3.9	5.5	7.5	11.0	15.0	22.0	31.0	44.0	62.0	88.0	124.0	175.0	247.0
	6<m_n≤10	4.4	6.0	9.0	12.0	18.0	25.0	35.0	50.0	70.0	100.0	141.0	199.0	281.0
280<d≤560	0.5≤m_n≤2	3.4	4.8	7.0	9.5	14.0	19.0	27.0	39.0	54.0	77.0	109.0	154.0	218.0
	2<m_n≤3.5	3.8	5.5	7.5	11.0	15.0	22.0	31.0	44.0	62.0	87.0	123.0	174.0	246.0
	3.5<m_n≤6	4.2	6.0	8.5	12.0	17.0	24.0	34.0	48.0	68.0	96.0	136.0	192.0	271.0
	6<m_n≤10	4.8	6.5	9.5	13.0	19.0	27.0	38.0	54.0	76.0	108.0	153.0	216.0	305.0

表 8-10 径向综合总偏差 F''_i μm

分度圆直径 d/mm	模数 m_n/mm	精度等级								
		4	5	6	7	8	9	10	11	12
$5 \leqslant d \leqslant 20$	$0.2 \leqslant m_n \leqslant 0.5$	7.5	11	15	21	30	42	60	85	120
	$0.5 < m_n \leqslant 0.8$	8.0	12	16	23	33	46	66	93	131
	$0.8 < m_n \leqslant 1.0$	9.0	12	18	25	35	50	70	100	141
	$1.0 < m_n \leqslant 1.5$	10	14	19	27	38	54	76	108	153
	$1.5 < m_n \leqslant 2.5$	11	16	22	32	45	63	89	126	179
	$2.5 < m_n \leqslant 4.0$	14	20	28	39	56	79	112	158	223
$20 < d \leqslant 50$	$0.2 \leqslant m_n \leqslant 0.5$	9.0	13	19	26	37	52	74	105	148
	$0.5 < m_n \leqslant 0.8$	10	14	20	28	40	56	80	113	160
	$0.8 < m_n \leqslant 1.0$	11	15	21	30	42	60	85	120	169
	$1.0 < m_n \leqslant 1.5$	11	16	23	32	45	64	91	128	181
	$1.5 < m_n \leqslant 2.5$	13	18	26	37	52	73	103	146	207
	$2.5 < m_n \leqslant 4.0$	16	22	31	44	63	89	126	178	251
	$4.0 < m_n \leqslant 6.0$	20	28	39	56	79	111	157	222	314
	$6.0 < m_n \leqslant 10.0$	26	37	52	74	104	147	209	295	417
$50 < d \leqslant 125$	$0.2 \leqslant m_n \leqslant 0.5$	12	16	23	33	46	66	93	131	185
	$0.5 < m_n \leqslant 0.8$	12	17	25	35	49	70	98	139	197
	$0.8 < m_n \leqslant 1.0$	13	18	26	36	52	73	103	146	206
	$1.0 < m_n \leqslant 1.5$	14	19	27	39	55	77	109	154	218
	$1.5 < m_n \leqslant 2.5$	15	22	31	43	61	86	122	173	244
	$2.5 < m_n \leqslant 4.0$	18	25	36	51	72	102	144	204	288
	$4.0 < m_n \leqslant 6.0$	22	31	44	62	88	124	176	248	351
	$6.0 < m_n \leqslant 10.0$	28	40	57	80	114	161	227	321	454
$125 < d \leqslant 280$	$0.2 \leqslant m_n \leqslant 0.5$	15	21	30	42	60	85	120	170	240
	$0.5 < m_n \leqslant 0.8$	16	22	31	44	63	89	126	178	252
	$0.8 < m_n \leqslant 1.0$	16	23	33	46	65	92	131	185	261
	$1.0 < m_n \leqslant 1.5$	17	24	34	48	68	97	137	193	273
	$1.5 < m_n \leqslant 2.5$	19	26	37	53	75	106	149	211	299
	$2.5 < m_n \leqslant 4.0$	21	30	43	61	86	121	172	243	343
	$4.0 < m_n \leqslant 6.0$	25	36	51	72	102	144	203	287	406
	$6.0 < m_n \leqslant 10.0$	32	45	64	90	127	180	255	360	509
$280 < d \leqslant 560$	$0.2 \leqslant m_n \leqslant 0.5$	19	28	39	55	78	110	156	220	311
	$0.5 < m_n \leqslant 0.8$	20	29	40	57	81	114	161	228	323
	$0.8 < m_n \leqslant 1.0$	21	29	42	59	83	117	166	235	332
	$1.0 < m_n \leqslant 1.5$	22	30	43	61	86	122	172	243	344
	$1.5 < m_n \leqslant 2.5$	23	33	46	65	92	131	185	262	370
	$2.5 < m_n \leqslant 4.0$	26	37	52	73	104	146	207	293	414
	$4.0 < m_n \leqslant 6.0$	30	42	60	84	119	169	239	337	477
	$6.0 < m_n \leqslant 10.0$	36	51	73	103	145	205	290	410	580

表 8 - 11 一齿径向综合偏差 f_i'' μm

分度圆直径 d/mm	模数 m_n/mm	精度等级								
		4	5	6	7	8	9	10	11	12
5≤d≤20	0.2≤m_n≤0.5	1.0	2.0	2.5	3.5	5.0	7.0	10	14	20
	0.5<m_n≤0.8	2.0	2.5	4.0	5.5	7.5	11	15	22	31
	0.8<m_n≤1.0	2.5	3.5	5.0	7.0	10	14	20	28	39
	1.0<m_n≤1.5	3.0	4.5	6.5	9.0	13	18	25	36	50
	1.5<m_n≤2.5	4.5	6.5	9.5	13	19	26	37	53	74
	2.5<m_n≤4.0	7.0	10	14	20	29	41	58	82	115
20<d≤50	0.2≤m_n≤0.5	1.5	2.0	2.5	3.5	5.0	7.0	10	14	20
	0.5<m_n≤0.8	2.0	2.5	4.0	5.5	7.5	11	15	22	31
	0.8<m_n≤1.0	2.5	3.5	5.0	7.0	10	14	20	28	40
	1.0<m_n≤1.5	3.0	4.5	6.5	9.0	13	18	25	36	51
	1.5<m_n≤2.5	4.5	6.5	9.5	13	19	26	37	53	75
	2.5<m_n≤4.0	7.0	10	14	20	29	41	58	82	116
	4.0<m_n≤6.0	11	15	22	31	43	61	87	123	174
	6.0<m_n≤10.0	17	24	34	48	67	95	135	190	269
50<d≤125	0.2≤m_n≤0.5	1.5	2.0	2.5	3.5	5.0	7.5	10	15	21
	0.5<m_n≤0.8	2.0	3.0	4.0	5.5	8.0	11	16	22	31
	0.8<m_n≤1.0	2.5	3.5	5.0	7.0	10	14	20	28	40
	1.0<m_n≤1.5	3.0	4.5	6.5	9.0	13	18	26	36	51
	1.5<m_n≤2.5	4.5	6.5	9.5	13	19	26	37	53	75
	2.5<m_n≤4.0	7.0	10	14	20	29	41	58	82	116
	4.0<m_n≤6.0	11	15	22	31	44	62	87	123	174
	6.0<m_n≤10.0	17	24	34	48	67	95	135	191	269
125<d≤280	0.2≤m_n≤0.5	1.5	2.0	2.5	3.5	5.5	7.5	11	15	21
	0.5<m_n≤0.8	2.0	3.0	4.0	5.5	8.0	11	16	22	32
	0.8<m_n≤1.0	2.5	3.5	5.0	7.0	10	14	20	29	41
	1.0<m_n≤1.5	3.0	4.5	6.5	9.0	13	18	26	36	52
	1.5<m_n≤2.5	4.5	6.5	9.5	13	19	27	38	53	75
	2.5<m_n≤4.0	7.5	10	15	21	29	41	58	82	116
	4.0<m_n≤6.0	11	15	22	31	44	62	87	124	175
	6.0<m_n≤10.0	17	24	34	48	67	95	135	191	270
280<d≤560	0.2≤m_n≤0.5	1.5	2.0	2.5	4.0	5.5	7.5	11	15	22
	0.5<m_n≤0.8	2.0	3.0	4.0	5.5	8.0	11	16	23	32
	0.8<m_n≤1.0	2.5	3.5	5.0	7.5	10	15	21	29	41
	1.0<m_n≤1.5	3.5	4.5	6.5	9.0	13	18	26	37	52
	1.5<m_n≤2.5	5.0	6.5	9.5	13	19	27	38	54	76
	2.5<m_n≤4.0	7.5	10	15	21	29	41	59	83	117
	4.0<m_n≤6.0	11	15	22	31	44	62	88	124	175
	6.0<m_n≤10.0	17	24	34	48	68	96	135	191	271

表 8 − 12　径向跳动 F_r μm

分度圆直径 d/mm	模数 m_n/mm	精 度 等 级												
		0	1	2	3	4	5	6	7	8	9	10	11	12
$5 \leq d \leq 20$	$0.5 \leq m_n \leq 2.0$	1.5	2.5	3.0	4.5	6.5	9.0	13	18	25	36	51	72	102
	$2.0 < m_n \leq 3.5$	1.5	2.5	3.5	4.5	6.5	9.5	13	19	27	38	53	75	106
$20 < d \leq 50$	$0.5 \leq m_n \leq 2.0$	2.0	3.0	4.0	5.5	8.0	11	16	23	32	46	65	92	130
	$2.0 < m_n \leq 3.5$	2.0	3.0	4.5	6.0	8.5	12	17	24	34	47	67	95	134
	$3.5 < m_n \leq 6.0$	2.0	3.5	4.5	6.0	9.0	12	17	25	35	49	70	99	139
	$6.0 < m_n \leq 10$	2.5	3.5	4.5	6.5	9.5	13	19	26	37	52	74	105	148
$50 < d \leq 125$	$0.5 \leq m_n \leq 2.0$	2.5	4.0	5.0	7.5	10	15	21	29	42	59	83	118	167
	$2.0 < m_n \leq 3.5$	2.5	4.0	5.5	7.5	11	15	21	30	43	61	86	121	171
	$3.5 < m_n \leq 6.0$	3.0	4.0	5.5	8.0	11	16	22	31	44	62	88	125	176
	$6.0 < m_n \leq 10$	3.0	4.0	6.0	8.0	12	16	23	33	46	65	92	131	185
$125 < d \leq 280$	$0.5 \leq m_n \leq 2.0$	3.5	5.0	7.0	10	14	20	28	39	55	78	110	156	221
	$2.0 < m_n \leq 3.5$	3.5	5.0	7.0	10	14	20	28	40	56	80	113	159	225
	$3.5 < m_n \leq 6.0$	3.5	5.0	7.0	10	14	20	29	41	58	82	115	163	231
	$6.0 < m_n \leq 10$	3.5	5.5	7.5	11	15	21	30	42	60	85	120	169	239
$280 < d \leq 560$	$0.5 \leq m_n \leq 2.0$	4.5	6.5	9.0	13	18	26	36	51	73	103	146	206	291
	$2.0 < m_n \leq 3.5$	4.5	6.5	9.0	13	18	26	37	52	74	105	148	209	296
	$3.5 < m_n \leq 6.0$	4.5	6.5	9.5	13	19	27	38	53	75	106	150	213	301
	$6.0 < m_n \leq 10$	5.0	7.0	9.5	14	19	27	39	55	77	109	155	219	310

【注意】下述内容是对渐开线圆柱齿轮精度标准体系(以下简称为 2008 标准体系)的解读。

①GB/T 10095.1—2008 和 GB/T 10095.2—2008《圆柱齿轮 精度制》等同采用 ISO 1328—1：1995 和 ISO 1328—2：1997,于 2008 年 3 月 31 日发布,2008 年 9 月 1 日实施。两标准应用者,应不分企业规模、专家地位及齿轮工作岗位(设计、工艺、制造、检验、销售、使用和维护等),都要以标准文本为依据。该两项标准是把单个圆柱齿轮作为独立商品,不包括齿轮副。商品质量以精度等级区分,在相应精度等级的允许值内,都是合格品,只有偏差超过允许值的才是不合格品,因此标准中把理论要求值与实际值的相差统称为"偏差",合格品内的偏差没有"误"的含义。

②旧标准 GB 10095—1988(以下简称为 1988 标准)的检验项目有 22 个,分三个公差组,有 17 个检验组,在应用中存在以下现象:如同一公差组采用不同的检验组,则检出的精度等级不同;如同一公差组采用相同的精度等级和不同的检验组,则会有不同的实际传动应用效果。2008 标准体系文本中没有公差组、检验组的概念,圆柱齿轮的传动精度是由轮齿同侧齿面偏差确定的,文本明确规定:把测量出的偏差与单个齿距偏差 $\pm f_{pt}$、齿距累积总偏差 F_p、齿廓总偏差 F_α、螺旋线总偏差 F_β 四项允许值做比较,以评定齿轮精度等级。当圆柱齿轮用于高速运转时,需再增加齿距累积偏差 F_{pk} 项目。

③切向综合偏差不是强制性的检验项目。当供需双方同意,且有符合规定的测量齿轮和

装置时，可以用一齿切向综合偏差 f_i' 和切向综合总偏差 F_i' 替代 $\pm f_{pt}$，F_{pk} 和 F_p 的测量。

④齿廓与螺旋线的形状偏差 $f_{f\alpha}$，$f_{f\beta}$ 和倾斜偏差 $f_{H\alpha}$，$f_{H\beta}$ 也不是强制性的检验项目。倾斜偏差的特性在于，如一对啮合齿轮的斜率相等并且符号相同，则其偏差就可以相互抵消，也就是在总偏差不变情况下可以改善倾斜偏差，这无形中提高了齿轮的运转性能和强度。故 GB/T 10095.1—2008 中齿廓和螺旋线总偏差的允许值，在模数 m_n 为 2～40、分度圆直径 d 为 20 mm 以上、齿宽 b 为 10 mm 以上、精度为 5～9 级的大致范围内，比 1988 标准放松了半级左右，利于提高经济效益。$f_{f\alpha}$，$f_{f\beta}$ 和 $f_{H\alpha}$，$f_{H\beta}$ 由制造者掌握作为有用的资料和评定值使用，不但可以提高圆柱齿轮应用质量和减少制造成本，也是对制造商知识产权的承认。对用户来说，只要总偏差得到保证即可。

⑤在批量生产中，每个圆柱齿轮都用 GB/T 10095.1—2008 的规定项目进行检验是不经济的，因此制定了 GB/T 10095.2—2008。要说明的是，径向综合偏差和径向跳动包含了左侧和右侧齿面综合偏差的成分，想依此确定同侧齿面的单项偏差是不可能的，但生产实际中可以据此迅速得到关于生产用的机床、工具或齿坯装夹而导致质量缺陷方面的信息。GB/T 10095.2—2008 主要用于大批量生产的齿轮，具体应用方法是：用某一种工艺方法生产出来第一批齿轮，为了掌握其是否符合所规定的精度等级，需进行详细检验；在此之后，按此法接下去生产出来的齿轮有什么变化，就可用测量径向综合偏差或径向跳动来发现，而不必重复进行 GB/T 10095.1—2008 规定项目的详细检验。当已测量径向综合偏差时，就不必再检查径向跳动。

⑥2008 标准体系取消了 1988 标准所列的公法线长度变动、基节偏差、接触线误差及轴向齿距偏差等四个检验项目，而仅在 GB/T 13924—2008《渐开线圆柱齿轮精度 检验细则》的"附录 E 替代项目的检验"中进行了介绍，故在齿轮精度设计与检测工作中均可不涉及该四个项目。1988 标准所列的其他项目在 2008 标准体系中均有体现，尽管对其术语、定义及符号作了相应改动。

8.4　渐开线圆柱齿轮精度的设计方法

2008 标准体系对单个齿轮规定了 13 个精度等级，其中 0～2 级齿轮要求非常高，属于未来发展级；3～5 级称为高精度等级；6～8 级称为中精度等级，使用最多；9 为较低精度等级；10～12 为低精度等级。渐开线圆柱齿轮的精度设计主要解决如下问题：正确选择齿轮精度等级；正确设计齿侧间隙；正确设计齿坯精度；正确设计齿轮各面的表面粗糙度；正确设计齿轮副精度。

8.4.1　渐开线圆柱齿轮精度等级的选择

1. 选择原则

（1）在给定的技术文件中，将所要求的齿轮精度等级规定为 GB/T 10095.1—2008 的某个精度等级，如无其他说明时，单个齿距偏差、齿距累积偏差、齿距累积总偏差、齿廓总偏差、螺旋线总偏差均按该精度等级。然而，按协议可增减或更换所需偏差项目，或对工作和非工作齿面规定不同的精度等级，或对不同的偏差项目规定不同的精度等级。另外，也可仅对工作齿面规定所要求的精度等级。

（2）径向综合偏差精度等级的确定，不一定与 GB/T 10095.1—2008 中的各项偏差选用相同的精度等级。

（3）在技术文件中标明齿轮精度等级的要求时，应注明标准代号。

（4）齿轮精度等级的选择，应根据传动的用途、使用条件、传动功率、圆周速度、性能指标或其他技术要求来确定。

2. 选择方法

（1）计算法。

①如果已知传动链末端元件传动精度的要求，可以按偏差传递规律，分配各级齿轮副的运动精度要求，确定齿距累积总偏差的精度。

②根据齿轮传动装置所允许的机械振动，在通过"机械动力学"理论确定装置动态特性的过程中，确定出齿距偏差、齿廓总偏差的精度要求。对于高速齿轮传动还须考虑 k 个齿距累积偏差的影响。

③齿轮强度计算的动载系数中有基节偏差、齿廓偏差的影响因素，因此在确定齿距偏差、齿廓偏差的精度等级时，要特别注意齿轮的强度问题。齿轮强度计算中的齿向载荷分配系数还有螺旋角偏差（螺旋线斜率偏差）的因素，这将指导螺旋线总偏差精度等级的确定。

（2）经验法。

当原有的齿轮传动已具有成熟经验时，新设计的齿轮传动可以参照相似的精度等级。当工作条件略有变动时，可对相关偏差项目的精度等级作适当调整。

（3）表格法。

在总结实际使用效果的基础上，归纳成表格形式，供齿轮工作者使用，如表 8 – 13 和表 8 – 14所示。

表 8 – 13　各种机械的齿轮精度等级范围

应用范围	精度等级	应用范围	精度等级
测量齿轮	2 ~ 5	航空发动机	4 ~ 7
透平减速器	3 ~ 6	拖拉机	6 ~ 9
金属切削机床	3 ~ 8	通用减速器	6 ~ 8
内燃机车	6 ~ 7	轧钢机	5 ~ 10
电气机车	6 ~ 7	矿用绞车	8 ~ 10
轻型汽车	5 ~ 8	起重机械	6 ~ 10
载重汽车	6 ~ 9	农用机械	8 ~ 10

8.4.2　侧隙的设计计算

侧隙 j 是两个相配齿轮的工作齿面相接触时，在两个非工作齿面之间所形成的间隙，是对齿轮副的要求。通常在稳定工作状态下的侧隙（工作侧隙）与齿轮在静态条件下安装于箱体内所测得的侧隙（装配侧隙）是不相同的（工作侧隙小于装配侧隙）。按测量方向，侧隙通常分为圆周侧隙 j_{wt} 和法向侧隙 j_{bn}（还有径向侧隙 j_r），圆周侧隙 j_{wt} 是当固定两相啮合齿轮中的一个，另一个齿轮所能转过的节圆弧长的最大值；法向侧隙 j_{bn} 是当两个齿轮的工作齿面互相接触时，其非工作齿面之间的最短距离。测量法向侧隙 j_{bn} 需在基圆切线方向即在啮合线方向上测量,一般可以通过压铅丝方法,即齿轮啮合过程中在齿间放入一根铅丝,啮合后取出压扁了的铅丝测量其厚度,也可用塞尺直接测量,如图 8 - 21 所示。测量圆周侧隙和测量法向侧隙是等效的,参见图 8 - 3,二者之间的关系为:

$$j_{\mathrm{bn}} = j_{\mathrm{wt}}\cos\alpha_{\mathrm{wt}}\cos\beta_{\mathrm{b}}$$

式中:α_{wt}——端面工作压力角;

β_{b}——基圆螺旋角。

表 8 - 14　各级精度齿轮的加工方法、工作条件及应用范围

分级		精　度　等　级					
		4	5	6	7	8	9
切齿方法		在周期误差很小的精密机床上用展成法加工	在周期误差小的精密机床上用展成法加工	在精密机床上用展成法加工	在较精密机床上用展成法加工	在展成法机床上加工	在展成法机床上或用分度法精细加工
齿面最终加工方法		精密磨齿;对软或中硬齿面的大齿轮,精密滚齿后研齿或剃齿	磨齿、精密滚齿或剃齿	高精度滚齿、插齿和剃齿。对渗碳淬火齿轮必须作磨齿或精刮或有修正能力的珩齿	滚齿、插齿,必要时剃齿或刮齿或珩齿	一般滚齿、插齿
工作条件及应用范围	机床	高精度和精密的分度链末端齿轮;圆周速度 $v>30$ m/s 的直齿轮;圆周速度 $v>50$ m/s 的斜齿轮	一般精度的分度链末端齿轮;高精度和精密的分度链的中间齿轮;圆周速度 $v>15\sim30$ m/s 的直齿轮;圆周速度 $v>30\sim50$ m/s 的斜齿轮	V 级精度机床主传动的重要齿轮;一般精度的分度链中间齿轮;Ⅲ级及Ⅲ级以上精度等级机床的进给齿轮;油泵齿轮;圆周速度 $v>10\sim15$ m/s 的直齿轮;圆周速度 $v>15\sim30$ m/s 的斜齿轮	Ⅳ级及Ⅳ级以上精度等级机床的进给齿轮;圆周速度 $v>6\sim10$ m/s 的直齿轮;圆周速度 $v>8\sim15$ m/s 的斜齿轮	一般精度的机床齿轮;圆周速度 $v<6$ m/s 的直齿轮;圆周速度 $v<8$ m/s 的斜齿轮	没有传动精度要求的手动齿轮
	航空、船舶和车辆	需要很高的平稳性、低噪声的船用和航空齿轮;圆周速度 $v>35$ m/s 的直齿轮;圆周速度 $v>70$ m/s 的斜齿轮	需要高的平稳性、低噪声的船用和航空齿轮;圆周速度 $v>20$ m/s 的直齿轮;圆周速度 $v>35$ m/s 的斜齿轮	用于高速传动有平稳性、低噪声要求的机车、航空、船舶和轿车齿轮;圆周速度至 20 m/s 的直齿轮;圆周速度至 35 m/s 的斜齿轮	用于有平稳性和低噪声要求的航空、船舶和轿车齿轮;圆周速度至 15 m/s 的直齿轮;圆周速度至 25 m/s 的斜齿轮	用于中等速度较平稳传动的载重汽车和拖拉机的齿轮;圆周速度至 10 m/s 的直齿轮;圆周速度至 15 m/s 的斜齿轮	用于较低速和噪声要求不高的载重汽车第一挡与倒挡的齿轮;拖拉机和联合收割机齿轮;圆周速度至 4 m/s 的直齿轮;圆周速度至 6 m/s 的斜齿轮

分级		精　度　等　级					
		4	5	6	7	8	9
工作条件及应用范围	动力传动	用于很高速度的透平传动齿轮；圆周速度 $v > 70$ m/s 的斜齿轮	用于高速的透平传动齿轮；重型机械进给机构和高速重载齿轮；圆周速度 $v > 30$ m/s 的斜齿轮	用于高速传动的齿轮；工业机器有高可靠性要求的齿轮；重型机械的功率传动齿轮；作业率很高的起重运输机械齿轮；圆周速度 $v < 30$ m/s 的斜齿轮	用于高速和适度功率或大功率和适度速度速度条件下的齿轮；冶金、矿山、石油、林业、轻工、工程机械和小型工业齿轮箱有可靠性要求的齿轮；圆周速度 $v < 15$ m/s 的直齿轮；圆周速度 $v < 25$ m/s 的斜齿轮	用于中等速度较平稳传动的齿轮；冶金、矿山、石油、林业、轻工、工程机械、起重运输机械和小型工业齿轮箱的齿轮；圆周速度 $v < 10$ m/s 的直齿轮；圆周速度 $v < 15$ m/s 的斜齿轮	用于一般性工作和噪声要求不高的齿轮；受载低于计算载荷的传动齿轮；速度大于 1 m/s 的开式齿轮传动和转盘的齿轮；圆周速度 $v \leqslant 4$ m/s 的直齿轮；圆周速度 $v \leqslant 6$ m/s 的斜齿轮
	其他	检验 7 级精度齿轮的测量齿轮	检验 8～9 级精度齿轮的测量齿轮；印刷机印刷辊子用的齿轮	读数装置中特别精密传动的齿轮	读数装置的传动及具有非直齿的速度传动齿轮；印刷机传动齿轮	普通印刷机传动齿轮	
单级传动功率		不低于 0.99(包括轴承不低于 0.985)			不低于 0.98(包括轴承不低于 0.975)	不低于 0.97(包括轴承不低于 0.965)	不低于 0.96(包括轴承不低于 0.95)

侧隙需要的量与齿轮的大小、精度、安装和应用情况有关。国标规定采用"基准中心距制"，即在中心距一定的情况下，用控制齿厚减薄量的方法来获得必要的侧隙。在齿轮加工中，用测量齿厚来控制切削深度。

1. 齿厚的控制方法

在齿轮加工中常用的齿厚控制方法有四种：测量法向齿厚 s_n (其上下偏差分别为 E_{sns}，E_{sni})；测量法向弦齿厚 s_{nc} (其上下偏差分别为 E_{sncs}，E_{snci})；测量公法线长度 W_k (其上下偏差分别为 E_{bns}，E_{bni})；测量跨球(或圆柱)尺寸 M_d (其上下偏差分别为 E_{yns}，E_{yni})。其公称值均见表 8－15。

(1)测量法向齿厚 s_n。

如图 8－22 所示，法向齿厚 s_n 指的是在分度圆柱上法向平面的公称齿厚。如相配齿轮具有公称齿厚且在理论中心距之下啮合，则是无侧隙的。由于该项目是弧齿厚，不便于测量，所以对于直齿和斜齿渐开线圆柱齿轮，一般测量法向弦齿厚。

(2)测量法向弦齿厚 s_{nc}。

如图 8－23 所示，法向弦齿厚 s_{nc} 是指轮齿与基本齿廓对称相切时，两切点间的距离。当齿轮的 m_n，α 及 x 一定时，不论齿数 z 为多少，该两切点间的距离都固定不变，所以法向弦齿厚又名法向固定弦齿厚。用齿厚游标卡尺(见图 8－24)测量法向弦齿厚的优点是便于在线测量。但测量弦齿厚也有其局限性：一是由于轮齿齿面只是与齿厚卡尺两个测脚的顶尖角接触，故测量必须要由有经验的操作者进行；二是要用齿顶圆作定位基准，如果齿顶圆直径和径向圆跳动未规定严格的公差，则测量就不甚可靠。因此，该方法多用于要求精度不高的大型齿轮测量，以及由于齿宽太窄而不满足公法线长度测量条件的斜齿轮的测量。

表 8 – 15　s_n，s_{nc}，W_k，M_d 的公称值

序号	名称	代号	直 齿 轮	斜 齿 轮
1	法向齿厚 （分度圆）	s_n	$s_n = m_n(\pi/2 \pm 2x_n \tan\alpha_n)$	
2	法向弦齿厚 （固定弦）	s_{nc}	$s_{nc} = m_n \cos^2\alpha_n(\pi/2 \pm 2x_n \tan\alpha_n) = s_n \cos^2\alpha_n$	
2	法向弦齿高 （固定弦）	h_{nc}	外齿轮：$h_{nc} = h_a - 0.5s_{nc}\tan\alpha_n$	
			内齿轮：$h_{nc} = 0.5(d - d_a) - 0.5s_{nc}\tan\alpha_n + \Delta h$；$\Delta h = 0.5d_a(1 - \cos\delta_a)$	
			$\delta_a = (0.5\pi - 2x_n\tan\alpha_n)/z - \mathrm{inv}\alpha_n + \mathrm{inv}\alpha_a$	$\delta_a = (0.5\pi - 2x_n\tan\alpha_n)/z - \mathrm{inv}\alpha_t + \mathrm{inv}\alpha_a$
3	公法线长度	W_k	$W_k = m_n\cos\alpha_n[(k-0.5)\pi + z\,\mathrm{inv}\alpha_t + 2x_n\tan\alpha_n]$；$\alpha_t = \arctan(\tan\alpha_n/\cos\beta)$	
3	跨测齿数	k	$k = \dfrac{z_v}{180°}\arccos(\dfrac{z_v\cos\alpha_n}{z_v + 2x_n}) + 0.5$（需圆整，内齿为跨测齿槽数）；$z_v = \dfrac{z}{\cos^3\beta}$（直齿 $z_v = z$）	
4	跨球 （或圆柱） 尺寸	M_d	偶数齿：$M_d = \dfrac{m_n z \cos\alpha_t}{\cos\beta\cos\alpha_{Mt}} \pm D_M$；奇数齿：$M_d = \dfrac{m_n z \cos\alpha_t}{\cos\beta\cos\alpha_{Mt}}\cos(\dfrac{90°}{z}) \pm D_M$	
			α_{Mt} 为量球（柱）中心的渐开线端面压力角：$\mathrm{inv}\alpha_{Mt} = \mathrm{inv}\alpha_t \pm \dfrac{D_M}{m_n z \cos\alpha_n} \pm$	
			$\dfrac{2x_n\tan\alpha_n}{z} \mp \dfrac{\pi}{2z}$	

注：式中出现 ±、∓ 号，则上面一组用于外齿轮，下面一组用于内齿轮；公法线长度测量对内斜齿轮是不适当的。
　　α_a—齿顶圆压力角

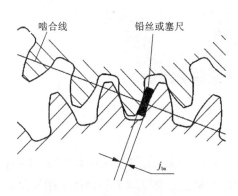

图 8 – 21　在法向平面测量侧隙

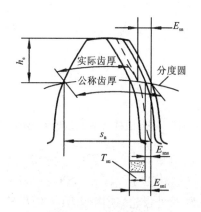

图 8 – 22　法向齿厚

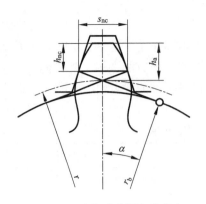

图 8-23　法向弦齿厚和弦齿高

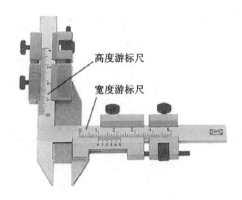

图 8-24　齿厚游标卡尺

（3）测量公法线长度 W_k。

如图 8-25 所示，测量公法线长度 W_k 是在基圆柱切平面上跨 k 个齿（对外齿轮）或 k 个齿槽（对内齿轮）在接触到一个齿的右齿面和另一个齿的左齿面的两个平行平面之间测得的距离，这个距离在这两个齿廓间沿所有法线都是常数。由于测量的是两侧齿廓的公共法线，故称公法线测量。显然，公法线长度 W_k 与所跨齿数 k 有关，k 是不能任意选择的。用公法线千分尺（见图 8-26）测量公法线不用齿顶圆作定位基准，在线测量方便且精度较高，还可以放宽对齿顶圆的精度要求。必须指出：如果有齿廓或螺旋线修形，公法线长度测量应该在未经修形的齿面进行；对直齿鼓形齿，应在鼓形的顶点测量；对斜齿鼓形齿，斜齿公法线中的法向齿厚应予以修正。

对斜齿轮而言，公法线长度测量受齿轮齿宽的限制，只有满足下式条件时才可能进行：$b > W_k \sin\beta_b + b_M \cos\beta_b$，这里 $b_M = 5$ 或 $b_M = m_n/4$。

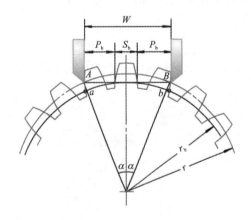

图 8-25　在基圆柱切平面上测量公法线长度

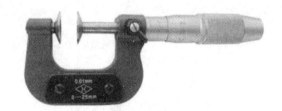

图 8-26　公法线千分尺

（4）测量跨球（或圆柱）尺寸 M_d。

如图 8-27 所示，将两球（或圆柱）放入沿直径相对的两齿槽中，测量两量球（或圆柱）外侧面（对外齿轮）或内侧面（对内齿轮）间的距离 M_d 的值。这种测量方法同样不用齿顶圆作定位基准，方法简单，测量结果较准确，多用于内齿轮或小模数齿轮或齿宽太窄的斜齿轮的测量，用以控制齿厚，保证齿侧间隙。对于量球（或圆柱）直径 D_M 的选取，一般情况下，外齿

210

轮取 $D_M = 1.92m_n$，或 $1.728m_n$，或 $1.68m_n$，内齿轮取 $D_M = 1.68m_n$，以保证其直径足够大，外表面高于齿顶且不与齿槽底面相碰。为在生产中方便地获得，D_M 亦可在标准圆柱销尺寸表（表 8 – 16）中选取。对于内斜齿轮，只能用球测量。

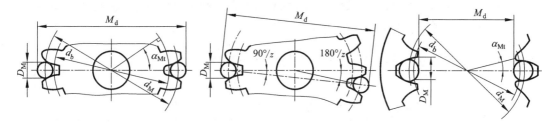

图 8 – 27　直齿轮的跨球(或圆柱)尺寸测量

表 8 – 16　标准圆柱销的直径

2	2.25	2.5	2.75	3	3.25	3.5	3.75	4	4.25	4.5	5	5.25
5.5	6	6.5	7	7.5	8	9	10	10.5	11	12	14	15
16	18	20	22	25	28	30	35	40	45	50	—	—

【小常识】表 8 – 15 在计算 M_d 时，出现了已知渐开线函数 $inv\alpha_{Mt}$ 的值，需求解超越三角函数方程 $\tan\alpha_{Mt} - \alpha_{Mt} - inv\alpha_{Mt} = 0$ 的情况。一般可通过查"渐开线函数表"获取 α_{Mt} 的值，亦可在具备相应功能的计算器上计算，还可以采用牛顿迭代法，编制简单的通用程序获得。

2. 最小侧隙 j_{bnmin} 的确定及最大侧隙 j_{bnmax} 的说明

表 8 – 15 中 s_n，s_{nc}，W_k，M_d 均只给出了理论值，并未给出计入侧隙允许偏差时各值的极限偏差。那么，是否应当先全部给出最小侧隙 j_{bnmin} 和最大侧隙的值，再来计算上述各值的极限偏差呢？实际上，在设计工作中很少这样做。要弄清楚其中的原因，必须先了解最小侧隙和最大侧隙的概念。

（1）最小侧隙的确定。

最小侧隙是当一个齿轮的齿以最大允许实效齿厚与一个也具有最大允许实效齿厚的相配齿在最紧的允许中心距啮合时，在静态条件下存在的最小允许侧隙。这里，实效齿厚是指测量所得的齿厚加上轮齿各要素偏差及安装所产生的综合影响在齿厚方向的量。j_{bnmin} 是设计者要提供的传统"允许侧隙"，以防备下述情况：

①箱体、轴和轴承的偏斜；

②由于箱体的偏差和轴承的间隙导致齿轮轴线的不对准；

③由于箱体的偏差和轴承的间隙导致齿轮轴线的歪斜；

④安装误差，例如轴的偏心；

⑤轴承径向跳动；

⑥温度影响（箱体与齿轮的温度差、中心距和材料差异所致）；

⑦旋转零件的离心胀大；

⑧其他因素，例如由于润滑剂的允许污染及非金属齿轮测量的溶胀。

每一个因素都可用分析其公差的方法来估计，进而可计算出最小的需求量。如果上述因素均能很好地控制，j_{bnmin}当然可以很小。由于最坏情况时的公差不大可能都叠加起来，故在估计最小期望要求时，也需要判断和经验。

表 8 – 17 列出了对工业传动装置推荐的最小侧隙。这些传动装置是用黑色金属齿轮和黑色金属的箱体制造的，工作时节圆线速度小于 30 m/s，其箱体、轴和轴承都采用常用的商业制造公差。表中的数值，也可以用下式计算：

$$j_{\text{bnmin}} = \frac{2}{3}(0.06 + 0.0005 \left| a_i \right| + 0.03 m_n)$$

表 8 – 17　对于中、大模数齿轮最小侧隙 j_{bnmin} 的推荐数据 mm

m_n	最小中心距 a_i					
	50	100	200	400	800	1600
1.5	0.09	0.11	—	—	—	—
2	0.10	0.12	0.15	—	—	—
3	0.12	0.14	0.17	0.24	—	—
5	—	0.18	0.21	0.28	—	—
8	—	0.24	0.27	0.34	0.47	—
12	—	—	0.35	0.42	0.55	—
18	—	—	—	0.54	0.67	0.94

基于上述推荐数据和计算公式，可以方便地确定最小侧隙 j_{bnmin}。由于存在以下的关系：$j_{\text{bnmin}} = \left| E_{\text{sns1}} + E_{\text{sns2}} \right|$，故在实际工作中，一般令 $E_{\text{sns1}} = E_{\text{sns2}}$，则有 $E_{\text{sns}} = -0.5 j_{\text{bnmin}}/\cos\alpha_n$。这样做的好处在于，配对的大小齿轮的切削深度和根部间隙分别相等，且重合度为最大。

（2）最大侧隙 j_{bnmax} 的说明。

GB/Z 18620.2—2008 未给出最大侧隙 j_{bnmax} 的推荐数据和计算公式，而是作了以下说明：

①一对齿轮副中的最大侧隙 j_{bnmax} 是齿厚公差、中心距变动和轮齿几何形状变异的影响之和。理论的最大侧隙发生条件为：两个理想的齿轮均按最小齿厚的规定制成，且在最松的允许中心距下啮合。

②最大期望侧隙是 j_{bnmax}、轮齿的单个要素和中心距变动的统计分布函数。由于制造上的原因而造成轮齿的任何偏差将减小最大期望侧隙，故需要用经验和判断来估计一个合理的数值。

③如果必须控制最大侧隙的话，应该对最大侧隙的每个要素作仔细的分析，然后选择一个精度等级，以求按需要去限制轮齿的偏差。

④对于一个装配好的齿轮传动装置，特别是多级传动，如果用最大侧隙作为验收合格准则，其最大合格值必须很小心地选择，以求总成的每个部分都能有合理的制造公差。

由此可见，如果希望先给出 s_n 最大侧隙 j_{bnmax}，再来求出 E_{sni} 的话，将使设计计算过程变得非常繁琐。

3. 计入侧隙允许偏差时 s_n，s_{nc}，W_k，M_d 的极限偏差

表 8 – 18 给出了在确定 j_{bnmin} 和 E_{sns} 的前提下，s_n，s_{nc}，W_k，M_d 的极限偏差的计算公式，需提请注意的是，这些计算值在图样上要有正确的位置和正负号。

表 8–18　s_n, s_{nc}, W_k, M_d 极限偏差的计算公式

序号	名　称	符号	计　算　公　式	备　注
1	s_n 的上偏差	E_{sns}	$E_{max} = -0.5j_{bnmin}/\cos\alpha$	E_{sns} 的值为负
	s_n 的公差	T_{sn}	$T_{sn} = \sqrt{F_r^2 + B_r^2} \cdot 2\tan\alpha_n$	B_r——切齿径向进刀公差，按表 8–19 选取
	s_n 的下偏差	E_{sni}	$E_{sni} = E_{sns} - T_{sn}$	E_{sni} 的值为负
2	s_{nc} 的上偏差	E_{sncs}	$E_{sncs} = E_{sns}\cos^2\alpha_n$	E_{sncs}, E_{snci} 的值均为负
	s_{nc} 的下偏差	E_{snci}	$E_{snci} = E_{sni}\cos^2\alpha_n$	
3	W_k 的上偏差	E_{bns}	$E_{bns} = E_{sns}\cos\alpha_n$	E_{bns}, E_{bni} 的值均为负，但对外齿轮：$W_k + E_{bni} \leq W_{kactual} \leq W_k + E_{bns}$；对内齿轮：$W_k - E_{bns} \leq W_{kactual} \leq W_k - E_{bni}$
	W_k 的下偏差	E_{bni}	$E_{bni} = E_{sni}\cos\alpha_n$	
4	M_d 的上偏差	E_{yns}	偶数齿时：$E_{yns} \approx E_{sns}\dfrac{\cos\alpha_t}{\sin\alpha_{Mt}\cos\beta_b}$	E_{yns}, E_{yni} 的值均为负，但对外齿轮：$M_d + E_{yni} \leq M_{dactual} \leq M_d + E_{yns}$；对内齿轮：$M_d - E_{yns} \leq M_{dactual} \leq M_d - E_{yni}$
			奇数齿时：$E_{yns} \approx E_{sns}\dfrac{\cos\alpha_t\cos(90°/z)}{\sin\alpha_{Mt}\cos\beta_b}$	
	M_d 的下偏差	E_{yni}	偶数齿时：$E_{yni} \approx E_{sni}\dfrac{\cos\alpha_t}{\sin\alpha_{Mt}\cos\beta_b}$	
			奇数齿时：$E_{yni} \approx E_{sni}\dfrac{\cos\alpha_t\cos(90°/z)}{\sin\alpha_{Mt}\cos\beta_b}$	

表 8–19　切齿径向进刀公差

齿轮精度等级	3	4	5	6	7	8	9	10
B_r 值	IT7	1.26 IT7	IT8	1.26IT8	IT9	1.26IT9	IT10	1.26IT10

注：查 IT 值的主参数为分度圆直径尺寸

【小常识】参照表 8–15，推算出 $W_{k+1} - W_k$ 或 $W_k - W_{k-1}$ 的值是 $m_n\pi\cos\alpha_n$，就是法向基圆齿距（法向基节）p_{bn} 的值。因此，当您需要测绘一个齿轮的参数时，不妨先通过这种测量方法得到 p_{bn} 的值，再查"基节数值表"，就可以初步判断出该齿轮模数 m_n 和分度圆压力角 α_n 的值。如果没有"基节数值表"或表中数据不够完备，也可以根据 p_{bn} 的值去"凑" m_n, α_n 的值。对于"非标齿轮"，由于模数可取公制或径节制或马格制模数，而压力角又可取 14.5°、15°（常用于食品机械、印刷机械），17°，17.5°（常用于轿车），20°（国标），22.5°（常用于汽车、拖拉机），25°，26.5°，27°（常用于矿山机械、工程机械），28°（常用于航空），30°、45°（常用于花键），因而 m_n 和 α_n 的不同组合会给"凑"的过程带来一定的麻烦。但由于该测量方法的结果摒除了齿顶高系数、变位系数、齿厚减薄量和齿面磨损的影响因素，因此只要具备一定的工作经验，对齿轮的来源（如国别、主机或总成）有一定的了解，无论是测直齿轮还是斜齿轮，测量效率还是很高的。当然，m_n，α_n 和 β 值的最终确定还需借助于其他高精度仪器如万能渐开线齿形检查仪、螺旋线检查仪的检查验证。

8.4.3　齿坯的精度设计

齿坯即齿轮坯，是指在轮齿加工前供制造齿轮用的工件。齿坯的尺寸偏差和形位误差对齿轮的加工、检验及齿轮副的接触条件和运行状况有着极大的影响。设计、加工齿坯时保持较紧的公差，既较易经济地实现，又可以减轻轮齿加工时精度达标的压力。有关齿轮精度的参数值，只有在明确其特定的旋转轴线时才有意义。当测量时齿轮所围绕旋转的轴线如有改变，则这些参数测量值也将改变。因此，在齿轮工作图上必须把齿轮的基准轴线明确地表示出来，整个齿轮的几何形状均要以其为基准。

1. 术语与定义

术语与定义见表 8 - 20。

表 8 - 20　术语与定义

序号	术　语	定　　　义
1	工作安装面	齿轮使用时用于安装的面
2	工作轴线	齿轮在工作时绕其旋转的轴线，它是由工作安装面的中心确定的。工作轴线只有在考虑整个齿轮副组件时才有实际意义
3	基准面	用来确定基准轴线的面
4	基准轴线	是由基准面的中心确定的。齿轮依此轴线来确定齿坯的细节，特别是确定齿距、齿廓和螺旋线偏差的允许值
5	制造安装面	齿轮制造或检验时，用来安装齿轮的面

2. 基准轴线与工作轴线之间的关系

基准轴线是制造者和检验者用来对单个齿轮确定轮齿几何形状的轴线。设计者的责任是确保基准轴线在图样中得到足够清楚和精确的确定，从而保证齿轮相应于工作轴线的技术要求得以满足。

满足此要求的最常用方法是使基准轴线与工作轴线重合，即将安装面(即工作安装面和制造安装面)作为基准面。一言以蔽之，使工作基准与加工基准、检测基准重合。

然而，在一般情况下首先需确定一个基准轴线，然后将其他所有的轴线(包括工作轴线及可能还有的一些制造轴线)用适当的公差与之相联系。

3. 齿坯精度的确定

表 8 - 21 给出了推荐的齿坯尺寸公差；表 8 - 22 摘自 GB/Z 18620.3—2008，给出了确定基准轴线的方法、基准面与安装面的形位公差。

表 8 - 21　齿坯尺寸公差

齿轮精度等级		5	6	7	8	9	10
孔	尺寸公差	IT5	IT6	IT7		IT8	
轴		IT5		IT6		IT7	
齿顶圆直径		IT7		IT8		IT9	

注：当齿顶圆不作测量齿厚的基准时，尺寸公差按 IT11 给定，但应小于 $0.1m_n$。

214

表 8 - 22　确定基准轴线的方法、基准面与安装面的形位公差

确定轴线的基准面	图例	公差项目
用两个"短的"圆柱或圆锥形基准面上设定的两个圆的圆心来确定轴线上的两个点	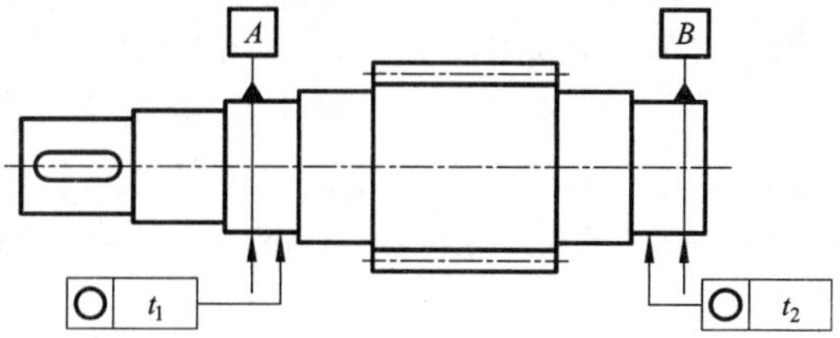	基准面与安装面的圆度公差取 $0.04(L/b)$ F_β 和 $0.1F_p$ 两者中的小值
用一个"长的"圆柱或圆锥形基准面来同时确定轴线的位置和方向。孔的轴线可以用与之相匹配正确地装配的工作心轴的轴线来代表	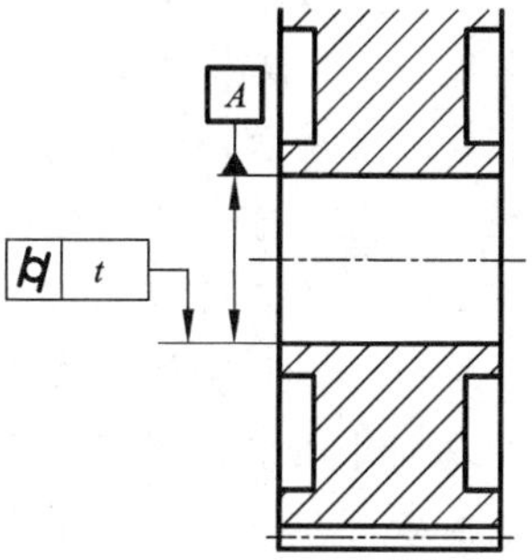	①基准面与安装面的圆柱度公差取 0.04 $(L/b)F_\beta$ 和 $0.1F_p$ 两者中的小值 ②当基准轴线与工作轴线不重合时，则工作安装面的径向跳动公差应取 $0.15(L/b)$ F_β 和 $0.3F_p$ 两者中的大值
轴线位置用一个"短的"圆柱形基准面上一个圆的圆心来确定，其方向则用垂直于此轴线的一个基准端面来确定	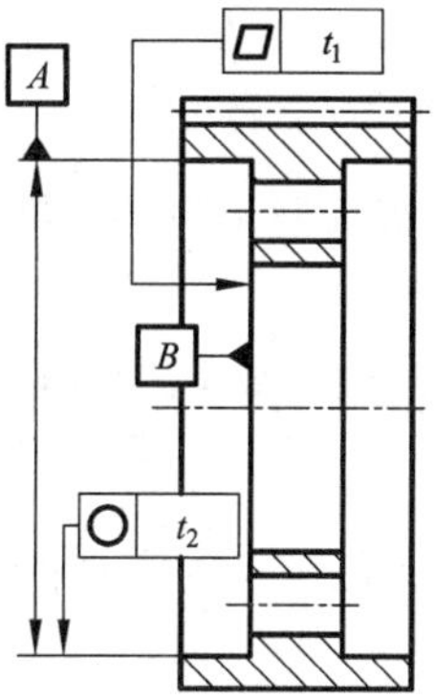	①基准面与安装面的圆度公差取 $0.06F_p$；端面的平面度公差取 $0.06(D_d/b)F_\beta$ ②当基准轴线与工作轴线不重合时，工作安装面的径向跳动公差取 $0.3F_p$，轴向跳动公差取 $0.2(L/b)F_\beta$
以两个中心孔确定轴类零件的基准轴线	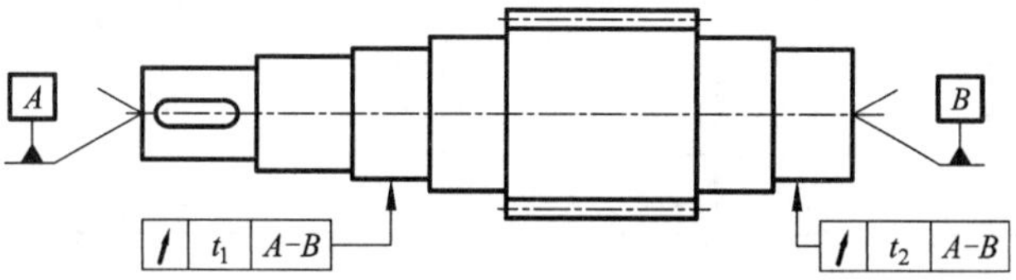	工作安装面的跳动公差必须规定得很紧

注：①齿坯的公差应减至能经济地制造的最小值；
　　②本表所规定的数值可作为齿轮切削和检验时使用的安装面的端面跳动公差值；
　　③工作安装面、制造安装面的形位公差均不应大于表中所给定的值；
　　④如果工作安装面被选为基准面，则不涉及本表工作轴线的跳动公差项目；
　　⑤表中，L—较大的轴承跨距，D_d—基准面直径，b—齿宽

215

【注意】鉴于齿坯基准面与安装面的形位公差远小于单个轮齿偏差项目的允许值，特提供以下内容作为保证齿坯精度的工艺参考：

（1）对于盘形齿轮，应将切齿、检验所使用的安装面在图样上标识出来；建议将加工内孔、切齿安装面和用来校核径向跳动的那部分顶圆，在一次装夹中完成。现阶段这个工序一般在数控车床上进行（采用机夹可转位车、镗刀），以使"齿坯的公差应减至能经济地制造的最小值"成为可能。鉴于传统的先车孔后拉孔的方法难以保证内孔轴线与安装端面的垂直度，应予淘汰，转而采用"以车代拉"或"以镗代拉"工艺，如无条件实现，则应在拉孔后穿心轴再精车切齿安装面和顶圆。

（2）对于轴类齿轮，一般以两个中心孔确定基准轴线，并作为工作、加工和检测基准。应尽量提高中心孔的质量，这是因为：中心孔的形状误差（如多角形、椭圆等）会影响其与顶尖的接触精度，易引起中心孔或顶尖烧损，该误差也将复映到加工表面上去；左右中心孔各自所在轴线的同轴度如得不到保证，叠加上左右顶尖连线的同轴度误差，会引起回转中心产生漂移，轮齿加工过程中有较大的径向振摆，可能导致齿轮的齿形、齿距超差。所以，大批量生产时，轴类齿轮机加工的第一道工序就是使用"卧式双面中心孔钻床"对其铣端面、取总长，并从两面同时钻中心孔，以保证左右中心孔各自所在轴线的同轴度；中心孔制成具有护锥的 B 型，防止工件转运过程中的碰撞对中心孔工作面的损伤；热处理后、精加工前，传统的中心孔修磨方法应予淘汰，因其是用硬质合金顶尖、铸铁顶尖或环氧树脂顶尖，加研磨剂在车床上研磨，修研时调头加工，操作者凭手感来控制，难以保证质量。目前，许多工厂已创造条件在高精度的数控车床上对中心孔进行精密磨削。

8.4.4 齿轮各面的表面粗糙度设计

表 8 – 23 给出了 5～9 级精度齿轮齿面及齿轮各基准表面粗糙度的参数值。

表 8 – 23 齿面及齿轮各基准表面粗糙度 *Ra* 的推荐值

精度等级	5		6		7		8		9	
齿面热处理方法	硬化	调质	硬化	调质	硬化	调质	硬化	调质	硬化	调质
齿面	≤0.8	≤1.6	≤0.8	≤1.6		≤3.2		≤6.3	≤3.2	≤6.3
齿轮基准孔	0.32～0.63		1.25			1.25～2.5			3.2～5	
齿轮轴基准轴颈	0.32		0.63		1.25			1.25～2.5		
齿轮基准端面	1.25～2.5			2.5～5				3.2～5		
齿轮顶圆	1.25～2.5				3.2～5					

8.4.5 齿轮副误差的评定指标

以上内容所讨论的都是单个齿轮的精度评定指标，而我们知道，齿轮的传动质量最终应体现在其工作状态上，齿轮副的安装误差同样影响齿轮传动的使用性能。因此，对这类误差也应加以控制。齿轮副的安装误差有以下几个方面。

1. 齿轮副的中心距偏差 f_a

中心距偏差 f_a 是指在齿轮副的齿宽中间平面内，实际中心距与公称中心距之差，它属于安装误差，来源于箱体孔心距的误差。中心距的增减必然引起侧隙的增减，它不仅影响装配后齿轮副的侧隙，而且还影响齿轮副的重合度。中心距公差是设计者规定的允许极限偏差 $\pm f_a$，直接影响到箱体的设计、制造公差，其选择原则是：按使用要求保证相啮合轮齿间的侧隙。GB/T 18620.3—2008 未给出中心距极限偏差 $\pm f_a$ 的数值，表 8 - 24 是有关参考资料根据生产经验给出的参考值。

表 8 - 24　中心距极限偏差 $\pm f_a$

齿轮精度等级	1 ~ 2	3 ~ 4	5 ~ 6	7 ~ 8	9 ~ 10	11 ~ 12
f_a	(IT4)/2	(IT6)/2	(IT7)/2	(IT8)/2	(IT9)/2	(IT11)/2

【小常识】对于中小型的渐开线圆柱齿轮副，通常认为：中心距稍微偏大，即在 0.05 mm 以内时，不会导致显著的噪声、齿面滑移及增加磨损；中心距不适合偏小，如果偏小 0.02 mm，不至于带来明显破坏，但如果偏小 0.05 mm，则易产生轮齿干涉，导致剧烈噪声和传动破坏的恶劣后果。这样的要求，对于加工箱体的专机、坐标镗床或加工中心而言，是能经济地实现的。

2. 轴线的平行度偏差

轴线的平行度偏差影响轮齿齿长方向的正确接触，必然使齿面的接触面积减少，影响载荷的均匀性；同时，还会使侧隙在全齿宽上不均匀，因此必须加以控制。由于轴线平行度偏差的影响与其向量的方向有关，GB/T 18620.3—2008 对"轴线平面内的偏差 $f_{\Sigma\delta}$"和"轴线垂直平面上的偏差 $f_{\Sigma\beta}$"

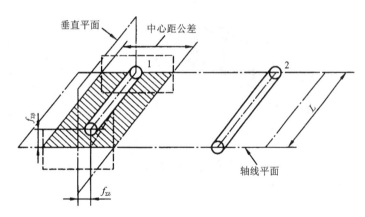

图 8 - 28　轴线平行度偏差

作了不同的规定。$f_{\Sigma\delta}$ 是在两轴线的公共平面上测量的平行度偏差，这公共平面是用两轴承跨距中较长的一个 L 和另一根轴上的一个轴承来确定的；$f_{\Sigma\beta}$ 为在与轴线公共平面相垂直的"交错轴平面"上测量的平行度偏差，如图 8 - 28 所示。

GB/T 18620.3—2008 对 $f_{\Sigma\delta}$ 和 $f_{\Sigma\beta}$ 的最大推荐值为：

$$f_{\Sigma\beta} = 0.5(L/b)F_\beta; f_{\Sigma\delta} = 2f_{\Sigma\beta}$$

【小常识】通常认为：$f_{\Sigma\delta}$ 将影响螺旋线啮合偏差，它的影响是工作压力角的正弦函数，会在一定程度上影响侧隙，引起载荷沿齿宽方向不均匀；而 $f_{\Sigma\beta}$ 的影响则是工作压力角的余弦函数，导致的啮合偏差比同样大小的 $f_{\Sigma\delta}$ 所导致的啮合偏差大 2 ~ 3 倍，由此会显著地影响侧隙，容易导致挤齿尖叫。

217

3. 齿轮副的接触斑点

齿轮副的接触斑点是指装配好的齿轮副，在运转后轻微制动下齿面上分布的接触擦亮痕迹。检测产品齿轮与测量齿轮的接触斑点，可用于装配后的齿轮的螺旋线和齿廓精度的评估，而产品齿轮副在其箱体内所产生的接触斑点，可以帮助我们对齿间载荷分布进行评估。接触斑点通常以画草图、照片、录像等方式记录下来。

（1）接触斑点的判断。

接触斑点可以给出齿长方向配合不准确的程度，包括齿长方向的不准确配合和波纹度，也可以给出齿廓不准确的程度。必须强调的是作出的任何结论都依赖于有关人员的经验，只能是近似的。

（2）与测量齿轮相啮的接触斑点。

图 8 – 29 至图 8 – 32 所示的是产品齿轮与测量齿轮对滚产生的典型的接触斑点示意图。

（3）齿轮精度和接触斑点。

图 8 – 33 和表 8 – 25（均摘自 GB/T 18620.4—2008）给出了齿轮装配后空载检测时，预计的在齿轮精度等级和接触斑点分布之间关系的一般指示。必须注意：实际的接触斑点不一定同图 8 – 33 中所示的相同，但在啮合机架上所获得的齿轮检查结果应当是相似的；图 8 – 33 和表 8 – 25 对齿廓修形和螺旋线修形的齿面是不适用的；不可将表 8 – 25 所描述的接触斑点状况视作证明齿轮精度等级的可替代方法。

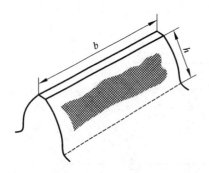

图 8 – 29　典型的规范　接触近似为：齿宽 b 的 80%，有效齿面高度 h 的 70%，齿端修薄

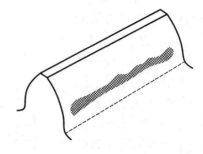

图 8 – 30　齿长方向配合正确，有齿廓偏差

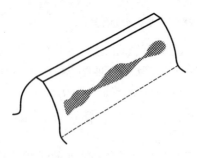

图 8 – 31　波纹度

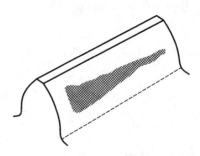

图 8 – 32　有螺旋线偏差，齿廓正确，有齿端修薄

218

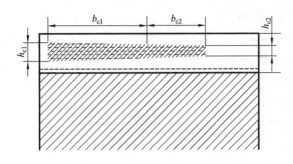

图 8 - 33　接触斑点分布的示意图

b_{c1}—接触斑点的较大长度；b_{c2}—接触斑点的较小长度；h_{c1}—接触斑点的较大高度；h_{c2}—接触斑点的较小高度

表 8 - 25　齿轮装配后的接触斑点

精度等级	$b_{c1}/b \times 100\%$		$h_{c1}/h \times 100\%$		$b_{c2}/b \times 100\%$		$h_{c2}/h \times 100\%$	
	直齿轮	斜齿轮	直齿轮	斜齿轮	直齿轮	斜齿轮	直齿轮	斜齿轮
4 级及更高	50	50	70	50	40	40	50	30
5 和 6	45	45	50	40	35	35	30	20
7 和 8	35	35	50	40	35	35	30	20
9 至 12	25	25	50	40	25	25	30	20

【小常识】应将准备进行接触斑点测试的齿轮用清洗剂彻底清洗，清除任何污染和残油。然后将小齿轮的三个或更多轮齿用硬毛刷均匀地涂上一层厚度在 5～15 μm 之间的涂料。涂料较常采用红丹或划线用的蓝油。还要在大齿轮及小齿轮涂了涂料的轮齿上喷一层薄薄的显像液膜，以消除齿面反光，便于观察接触斑点的试验结果。

8.4.6　齿轮精度设计实例

例 8 - 1　某五座高尔夫球车牙箱采用两级圆柱齿轮减速，其中一级减速齿轮为一对斜齿圆柱齿轮，其参数为：模数 $m_n = 1.5$ mm，齿形角 $\alpha_n = 20°$，分度圆螺旋角 $\beta = 22°50'37''$，小齿轮齿数 $z_1 = 22$，大齿轮齿数 $z_2 = 72$，齿宽 $b_1 = b_2 = 30$ mm，中心距 $a = 76.5$ mm，采用高度变位，径向变位系数分别为 $x_1 = +0.364$，$x_2 = -0.364$；大齿轮孔径 $D_2 = 24$ mm；传递功率为 3 kW，小轮转速 $n_1 = 2500$ r/min；两轴承中间距离 $L = 84$ mm；齿轮材料为 20CrMnTi，渗碳淬火处理；箱体材料为铸铝；生产条件为单件小批量生产。试设计大齿轮的精度，并画出齿轮工作图。

解：（1）确定齿轮精度等级。

大齿轮的圆周速度

$$v_2 = v_1 = \frac{\pi d_1 n_1}{1000 \times 60} = \frac{3.14 \times 1.5 \times 22 \times 2500}{1000 \times 60 \cos 22°50'37''} = 4.69 \text{ m/s}$$

参考表 8 - 14，尽管其圆周速度不高，但因高尔夫球车为高档休闲电动车，要求零部件具有高品质，运行无噪声污染，故确定大、小齿轮均为 7 级精度。

（2）确定精度项目的允许值。

大齿轮分度圆直径 $d_2 = m_n z_2 / \cos\beta = 117.192$ mm，查表 8 – 2、表 8 – 3、表 8 – 4、表 8 – 7 及表 8 – 12，得：单个齿距偏差 $\pm f_{pt}$ 的允许值为 ± 0.011 mm，齿距累积总偏差 F_p 的允许值为 0.037 mm，齿廓总偏差 F_α 的允许值为 0.012 mm，螺旋线总偏差 F_β 的允许值为 0.017 mm，径向跳动 F_r 的允许值为 0.029 mm。

（3）确定侧隙和齿厚偏差。

①查表 8 – 17，按插值法求得最小侧隙。

②按表 8 – 18 公式，求得法向齿厚上偏差 $E_{sns} = -0.053$ mm。

③按表 8 – 18 公式 $T_{sn} = \sqrt{F_r^2 + B_r^2} \cdot 2\tan\alpha_n$，并查表 8 – 19，求得法向齿厚公差 $T_{sn} = 0.067$ mm。

④按表 8 – 18 公式 $E_{sni} = E_{sns} - T_{sn}$，求得法向齿厚下偏差 $E_{sni} = -0.120$ mm。

⑤按表 8 – 15 公式 $k = \dfrac{z_v}{180°}\arccos\left(\dfrac{z_v \cos\alpha_n}{z_v + 2x_n}\right) + 0.5$，求得公法线跨测齿数 $k = 10.06$，取 $k = 10$（式中，当量齿数 $z_v = z / \cos^3\beta = 91.99$）。

⑥按表 8 – 15 公式 $W_k = m_n \cos\alpha_n [(k - 0.5)\pi + z\mathrm{inv}\alpha_t + 2x_n\tan\alpha_n]$，求得公法线公称长度 $W_k = 43.603$ mm[式中，端面齿形角 $\alpha_t = \arctan(\tan\alpha_n / \cos\beta) = 21.55138° = 21°33'4.97''$]。

⑦验算齿宽是否满足公法线长度测量的条件：首先按公式 $\beta_b = \arctan(\tan\beta / \cos\alpha_t)$，求得基圆螺旋角 $\beta_b = 24.36680°$，再求得

$$W_k \sin\beta_b + b_M \cos\beta_b = 43.603\sin24.36680° + 5\cos24.36680° = 22.544 \text{ mm} < b$$

满足测量条件。

⑧按表 8 – 18 公式 $E_{bns} = E_{sns}\cos\alpha_n$，求得公法线长度上偏差 $E_{bns} = -0.050$ mm。

⑨按表 8 – 18 公式 $E_{bni} = E_{sni}\cos\alpha_n$，求得公法线长度下偏差 $E_{bni} = -0.113$ mm。

（4）确定齿坯精度。

①工作安装面、工作轴线、基准面、基准轴线与制造安装面的确定：

参见图 8 – 34，大齿轮的工作安装面为 ϕ24 内孔与中间凸台两端面；根据齿轮副组件结构，工作安装面为 ϕ24 内孔，其中心确定了齿轮工作轴线，故将 ϕ24 内孔轴线定为齿轮工作轴线；基准面为 ϕ24 内孔表面，即用 ϕ24 × 30 这样一个"长的"圆柱基准面来同时确定基准轴线的位置和方向；基准轴线与工作轴线重合，可以用与 ϕ24 内孔相匹配并正确地装配的工作心轴（精确的膨胀式心轴）的轴线来代表；按照前述理论，应将工作安装面作为制造安装面，即将内孔和凸台右端面（内孔工艺尺寸、凸台右端面工艺尺寸与用来找正的那部分顶圆在一次装夹中完成车削）作为制造安装面，但是考虑到这样一来，齿轮在滚齿、剃齿加工时，夹紧力的作用点会远离加工表面，切削力对夹紧点的力矩大，易产生振动，影响齿面质量，从而增加珩齿加工的负担，故而改为选择直径较大的齿宽右端面为滚齿、剃齿加工的制造安装端面，该面也要求与上述三个面在一次装夹中作出。

②内孔尺寸公差：查表 8 – 21 得 IT7，按基孔制确定其公差代号为 H7。

③齿顶圆直径公差：查表 8 – 21 得 IT8，按基轴制确定其公差代号为 h8。

④基准面与安装面的形位公差：

据表 8 – 22，基准面与安装面的圆柱度公差取 $0.04(L/b)F_\beta$ 和 $0.1F_p$ 两者中的小值，计算得 $0.04(L/b)F_\beta = 0.04 \times (84/30) \times 0.017 \approx 0.002$ mm，$0.1F_p = 0.1 \times 0.037 \approx 0.004$ mm，故取 $\phi24$ 内孔的圆柱度公差为 0.002 mm；据表 8 – 22，工作安装端面、齿轮滚齿和剃齿时使用的安装端面的端面跳动公差值按 $0.2(D_d/b)F_\beta$ 计算；对 $\phi37$ 凸台两端面，其跳动公差为 0.004 mm（提示：热处理后，先找正节圆、凸台右端面，精磨内孔，再在外圆磨床上穿心轴精磨该两端面；或先找正节圆、凸台右端面，精磨内孔 + 凸台右端面，再在平面磨床上以凸台右端面定位，精磨左端面。由于珩齿切削力较小，以凸台端面作为珩齿加工的制造安装面是可行的）；对齿宽右端面，D_d 取值较齿根圆略小，本例取为 $\phi110$ mm，则其端面跳动公差为 0.012 mm（提示：该端面必须在精车时就达到跳动公差要求。由于热处理变形，该端面不再适合于作为珩齿加工的制造安装面使用，成品齿轮亦无须检查该端面跳动项目）。

（5）确定齿轮各面的表面粗糙度。

据表 8 – 23，齿面粗糙度取为 $Ra1.6$，采用高精度滚齿 + 剃齿 + 有修正能力的珩齿进行加工；基准孔 $\phi24$ 表面粗糙度取为 $Ra0.8$，$\phi37$ 凸台两端面表面粗糙度取为 $Ra1.6$，均较表 8 – 23 提高了要求，一是考虑到这些面的形位公差要求较高，二是提高表面粗糙度要求对生产成本影响甚小；齿轮顶圆表面取为 $Ra5$；键槽两侧面取为 $Ra3.2$；其余加工表面取为 $Ra6.3$。

（6）确定齿轮副精度。

尽管箱体材料为铸铝，但采用的是常用的商业制造公差，故可参考前面相关表格设计。

①中心距极限偏差的允许值 $\pm f_a$：查表 8 – 24，$\pm f_a = \pm0.023$ mm。

②轴线平行度偏差的允许值：轴线垂直平面上的偏差 $f_{\Sigma\beta}$ 及轴线平面内的偏差 $f_{\Sigma\delta}$ 的最大推荐值分别为 $f_{\Sigma\beta} = 0.5(L/b)F_\beta = 0.5 \times (84/30) \times 0.017 = 0.024$ mm，$f_{\Sigma\delta} = 2f_{\Sigma\beta} = 0.048$ mm。

③齿轮副的接触斑点：查表 8 – 25 得，$b_{c1}/b = 35\%$，$h_{c1}/h = 40\%$，$b_{c2}/b = 35\%$，$h_{c2}/h = 20\%$。

（7）画出齿轮工作图。

图 8 – 34 为该齿轮的工作图。

【注意】由表 8 – 18 可知，公法线长度偏差 E_{bn} 与法向齿厚偏差 E_{sn} 存在基本的几何关系，即 $E_{bn} = E_{sn}\cos\alpha_n$，图 8 – 34 参数栏中正是据此关系给出了公法线长度的极限偏差。但是，在实际的齿轮精度设计工作中，往往倾向于在齿轮工作图上给出公法线平均长度的极限偏差 E_{wms}，E_{wmi}（对外齿轮：$E_{wms} = E_{sns}\cos\alpha_n - 0.72F_r\sin\alpha_n$，$E_{wmi} = E_{sni}\cos\alpha_n + 0.72F_r\sin\alpha_n$；对内齿轮：$E_{wms} = -E_{sni}\cos\alpha_n - 0.72F_r\sin\alpha_n$，$E_{wmi} = -E_{sns}\cos\alpha_n + 0.72F_r\sin\alpha_n$），而不是给出公法线长度的极限偏差 E_{bns}，E_{bni}。这是为什么呢？

首先，由前述内容知道，由于运动偏心的存在，加工出来的实际齿廓相对于理论位置沿基圆的切线方向会发生位移，因此产生公法线长度的变动，就是说，在不同的位置测量出来的公法线长度是不相等的。所以，在生产中不会按一个位置的一次测量结果来判断公法线长度是否合格。而生产中又很难做到去逐齿测量公法线长度，一般是按照 GB/T 13924—2008 的规定，在沿圆周均匀分布的四个位置上进行测量，以测出的四个值的算术平均值与 W_k 的

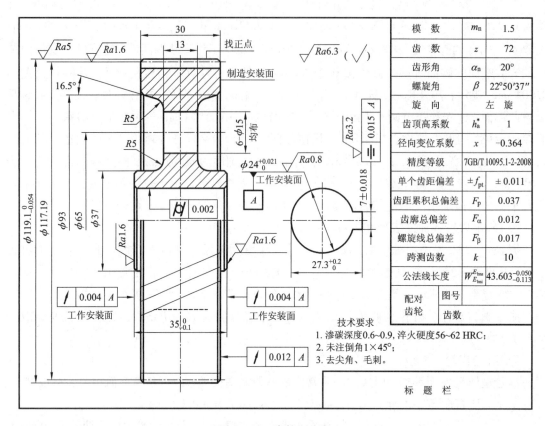

模　　数	m_n	1.5
齿　　数	z	72
齿形角	α_n	20°
螺旋角	β	22°50′37″
旋　　向		左　旋
齿顶高系数	h_a^*	1
径向变位系数	x	−0.364
精度等级		7GB/T 10095.1-2-2008
单个齿距偏差	$\pm f_{pt}$	± 0.011
齿距累积总偏差	F_p	0.037
齿廓总偏差	F_α	0.012
螺旋线总偏差	F_β	0.017
跨测齿数	k	10
公法线长度	$W_{E_{bmi}}^{E_{bms}}$	$43.603_{-0.113}^{-0.050}$
配对 齿轮	图号	
	齿数	

技术要求
1. 渗碳深度0.6~0.9, 淬火硬度56~62 HRC;
2. 未注倒角1×45°;
3. 去尖角、毛刺。

标　题　栏

图 8 - 34　齿轮工作图

公称值之差作为公法线平均长度偏差 E_{wm}。可见，设置 E_{wm} 是从检测的实际需要出发的。另外，E_{wm} 的意义还在于，可以根据它来控制切齿加工的进刀量。

其次，由前述内容还知道，由于公法线测量实质上是以基圆为基准，而不是以齿轮回转轴为基准，所以公法线测量是不受径向跳动 F_r 影响的，也不能反映几何偏心对齿厚偏差的影响。而常识告诉我们，齿厚偏差确实又包含了几何偏心的影响，并使各齿侧隙发生变化，因此由侧隙确定法向齿厚极限偏差时，是将径向跳动 F_r 包括在内的。问题出现了：由法向齿厚极限偏差换算公法线平均长度的极限偏差时，如何解决径向跳动 F_r 的影响因素？答案是：在换算时必须根据向量关系，扣除补偿给径向跳动 F_r 的部分，由 E_{wms}, E_{wmi} 的计算式可以看出，公法线长度的验收界限确实变窄了 $2 \times 0.72 F_r \sin\alpha_n$。以其应用于本章实例，则 $E_{wms} = -0.057$ mm，$E_{wmi} = -0.106$ mm。

最后，请注意，用公法线平均长度的极限偏差来代替法向齿厚极限偏差的前提是：必须保证径向跳动 F_r 在允许值范围内，相应地，要在齿轮工作图的参数栏中加上 F_r 这一项。

8.5　渐开线圆柱齿轮精度的检测

齿轮测量技术及其
仪器发展的历史沿革

8.5.1　渐开线圆柱齿轮的产品质量与测量参数

1. 渐开线圆柱齿轮的产品质量

齿轮产品的最终质量首先决定于正确的设计,齿轮设计参数如几何形状、材料、热处理方法以及目标的选择都影响产品的最终性能。就齿轮轮齿的几何精度而言,由于刀具、机床、切削条件、轮坯质量、夹具精度以及安装等因素的独立作用与耦合综合作用,实际轮齿的几何形状和位置与设计值是有差异的,这种差异对齿轮传动系统的精度与动态特性(特别是振动与噪声)有直接的影响。

2. 渐开线圆柱齿轮的测量参数

如何表征、测量、分析、利用和控制齿轮偏差一直是不断探索的课题。

齿轮测量的基础是齿轮精度理论。迄今,齿轮精度理论经历了齿轮误差几何学理论→齿轮误差运动学理论→齿轮误差动力学理论的发展过程。

(1)齿轮误差几何学理论:将渐开线圆柱齿轮看作纯几何体,认为是由若干渐开线螺旋面按某一特定的方式排列形成的,任意一片渐开线螺旋面都可以采用端面渐开线齿廓 + 螺旋线、端面渐开线齿廓 + 接触线、法向啮合齿廓 + 螺旋线、法向啮合齿廓 + 接触线等四种曲线组中的一种来描述,再加上描述各齿面之间关系的齿距,就可以构成对一个齿轮的完整描述,而实际曲面上点的位置和理论位置的偏差即为齿轮误差。

(2)齿轮误差运动学理论:将齿轮看作刚体,认为齿轮不仅仅是几何体,也是个传动件,并认为齿轮误差在啮合运动中是通过啮合线方向影响传动特性的,因此啮合运动误差反映了齿面误差信息。

(3)齿轮误差动力学理论:将齿轮看作弹性体,对齿廓、螺旋线进行修形,"有意"地引入误差,用于补偿轮齿承载后的弹性变形,从而获取最佳动态性能,由此形成了齿轮动态精度的新概念。

3. 渐开线圆柱齿轮精度的检验细则

GB/T 13924—2008《渐开线圆柱齿轮精度 检验细则》为渐开线圆柱齿轮精度的评定规定了细则,其测量项目的设立依据是 GB/T 10095.1—2008 和 GB/T 10095.2—2008 中推荐的测量项目;为每个偏差项目分别规定了测量方法和测量仪器;对测量基准、测量位置、测量元件、测量温度、测量不确定度以及测量结果处理等方面的要求作出了具体规定;对没有列入 GB/T 10095.1—2008 和 GB/T 10095.2 —2008 而在生产实践中常用的或设计中规定的测量项目,则设立为附录。

8.5.2　轮齿同侧齿面偏差的检测

轮齿同侧齿面偏差的检测包括齿距偏差、齿廓偏差、螺旋线偏差及切向综合偏差的检测。

1. 齿距偏差的检测

GB/T 10095.1—2008 中反映齿轮各轮齿间分度均匀程度的偏差项目有单个齿距偏差、齿距累积偏差、齿距累积总偏差,可在同一台仪器上测出,通过不同的处理得到结果。其测量方法一般分为相对测量法和绝对测量法，采用的仪器型号和主要技术指标见表8-26。

表8-26　齿距偏差测量仪器的型号和主要技术指标

序号	仪器型号、名称	生产厂家	仪 器 图 片	主要技术指标	特 点
1	上置式齿距仪（手持式）	上海量具刃具厂		$m_n = 2 \sim 16$ mm $d_{max} = 450$ mm 读数值：1 μm	相对法测量，机械、上置式仪器结构简单，可进行大齿轮的上置式测量；以齿顶圆或齿槽底圆为定位基准，定位误差大，测量精度低；测量误差随齿数增多而增大；数据处理工作量大
2	WCY-360型万能测齿仪	成都量具刃具厂		$m_n = 1 \sim 10$ mm $d_{max} = 320$ mm 读数值：1 μm	相对法、手动测量 还可测量公法线长度变动、公法线平均长度偏差、径向跳动以及基节偏差 以内孔或中心孔为定位基准，定位误差较小，测量精度高于手持式齿距仪；测量误差随齿数增多而增大；数据处理工作量大
3	3406型自动齿距测量仪	哈尔滨量具刃具厂		$m_n = 1 \sim 20$ mm $d_{max} = 630$ mm 测头最大跨距：250 mm 放大倍数：250～5000倍	相对法，座式仪器，齿轮连续回转进行测量 计算机控制测量过程并进行数据处理，自动显示、打印偏差数值，自动记录偏差曲线
4	CZ450型齿轮整体偏差测量仪	成都工具研究所		$m_n = 0.5 \sim 10$ mm $d_a = 20 \sim 450$ mm $\beta = 0° \sim 45°$ $b \leqslant 200$ mm	绝对法测量。采用标准蜗杆作为测量基准，与被测齿轮单面啮合，在连续回转过程中快速进行整体偏差测量 可测项目还包括齿廓总偏差、切向综合偏差、径向综合偏差、径向跳动及公法线变动，使用专用测头可测螺旋线偏差 信息丰富，快速简便，有很高的测量精度和精度保持性
5	MC027-3906型齿轮测量中心	哈尔滨量具刃具厂		$m_n = 1 \sim 15$ mm $d_{amax} = 600$ mm $\beta = 0° \sim 90°$ $b \leqslant 300$ mm	绝对法测量 还可测量齿轮的齿廓偏差、螺旋线偏差、径向跳动等 主机结构紧凑、测量精度高、示值稳定；测量参数多、应用范围广；全自动完成测量循环、速度快；软件功能齐全、内容丰富，操作方便

2. 齿廓偏差的检测

齿廓偏差在端平面内且垂直于渐开线齿廓的方向计值,齿廓总偏差、齿廓形状偏差及齿廓倾斜偏差可在一次测量中得到。对于设计齿廓,可使用设计齿廓样板来套被测齿轮测量曲线,以确定齿廓偏差;也可用测量设备自动处理系统设置的设计齿廓公差带,确定齿廓偏差。

齿廓偏差的测量方法一般分为展成法和坐标法,此外还有单啮法、影像法及近似法。

(1)展成法以被测齿轮回转轴线为基准,通过与被测齿轮同轴安装的基圆盘在直尺上纯滚动,形成理论的渐开线轨迹;实际渐开线与理论渐开线轨迹进行比较,其差值由传感器探测;记录系统画出齿廓偏差曲线,在曲线上按偏差定义取出齿廓总偏差、齿廓形状偏差及齿廓倾斜偏差。带有计算机数据处理系统的测量仪可自动处理偏差曲线,自动输出偏差值。展成法又分为机械式展成和电子式展成,国内现有的机械式齿形检测仪绝大部分采用机械式展成,其机构原理分为单盘式、圆盘杠杆式、圆盘正弦尺式及靠模杠杆式(该式已很少采用)四种类型,而目前国内外齿轮测量中心都采用电子式展成。

(2)坐标法分为极坐标法和直角坐标法,近年国内外新开发的齿形检查仪采用了极坐标法,而直角坐标法通常用于大齿轮的临床测量。

(3)单啮法是指用齿轮整体偏差单啮仪检测法向啮合齿廓(JZ 曲线),以实际齿廓与理论的法向啮合齿廓进行比较,但还应换算到端截面上,在基圆切线方向计值。

齿廓偏差测量采用的仪器型号和主要技术指标见表 8 - 27。

表 8 - 27 齿廓偏差测量仪器的型号和主要技术指标

序号	仪器型号、名称	生产厂家	仪 器 图 片	主要技术指标	特 点
1	3202B 型高精度单盘渐开线检查仪(单盘式)	哈尔滨量具刃具厂		$m_n = 1 \sim 16$ mm $d_{amax} = 360$ mm $d_b = 25 \sim 320$ mm	机械式展成法 结构简单紧凑、传动链短,对使用条件要求不太高,正确调整和操作可达到较高的精度;由计算机进行数据处理和偏差评值,自动显示、打印偏差数值;但测量不同基圆直径的齿轮须更换基圆盘,万能性差;适用于品种少、批量大的齿轮和刀具生产车间使用
2	3201 型万能渐开线检查仪(圆盘杠杆式)	哈尔滨量具刃具厂		$m_n = 1 \sim 10$ mm $d_{amax} = 450$ mm $d_b \leqslant 400$ mm	机械式展成法 采用圆盘杠杆式原理作为渐开线展成机构,测量不同基圆直径的齿轮时无须更换基圆盘;采用光学读数显微镜来确定被测工件的基圆直径,准确可靠;电子测量记录,偏差显示清晰准确;精度长期稳定;但所测展开角不易扩大;广泛应用于工厂计量室和检查站

序号	仪器型号、名称	生产厂家	仪 器 图 片	主要技术指标	特 点
3	小模数齿轮渐开线检查仪（圆盘正弦尺式）	上海量具刃具厂		$m_n = 0.2 \sim 1$ mm $d_{amax} = 120$ mm 读数值：$1\ \mu m$ 放大倍数：2000 倍	机械式展成法 基于圆盘杠杆式原理，并结合采用坐标对闭调整原理，提高了仪器标准渐开线运动的精确性；利用电容式传感器作定位基准和测量，电子自动记录；同时，还综合补偿一部分由导轨、轴系、直尺等产生的传动误差和阿贝、温度等带来的误差；适用于检查小模数外啮合直、斜圆柱齿轮渐开线齿形
4	3204 型齿形齿向测量仪（基圆补偿式）	哈尔滨量具刃具厂		$m_n = 1 \sim 10$ mm $d_{amax} = 400$ mm $d_b = 15 \sim 380$ mm $\beta = 0° \sim 50°$ $b \leqslant 80$ mm	机械式展成法 采用基圆分级调整式测量原理，既保留了单盘式仪器传动链短、精度稳定可靠和对环境温度要求不高的特点，增设的滚动滑架结构及斜楔结构又使其具备一定的万能性，即只需附带 13 个基圆盘，就能满足常用范围测量。可按最新国标进行偏差评值，分离形状和倾斜偏差；可按用户提出的设计齿形（齿向）公差带方式进行偏差评值。可按 K 形图、鼓形量进行偏差评值
5	GC–1HP 型齿轮量测仪（数控式）	日本大阪精密		$m_n = 0.2 \sim 3$ mm $d_{amax} = 130$ mm $d_b = 0 \sim 100$ mm $\beta = 0° \sim 65°$ $b \leqslant 200$ mm	电子式展成法 采用先进光电传感技术、高精度数控驱动技术及计算机，实现测量过程和数据处理自动化，提高了测量效率和精度；可进行直斜、内外齿轮的齿廓偏差、螺旋线偏差及齿距偏差的测量；测量项目多，仪器稳定可靠，万能性强
6	3001D 型万能齿轮测量机（极坐标法）	哈尔滨量具刃具厂		$m_n = 0.5 \sim 15$ mm $d_{amax} = 450$ mm $b \leqslant 370$ mm	极坐标法，电子式展成法 根据渐开线齿形展成原理的极坐标方程进行测量；仪器测量链短、精度高；应用计算机、金属光栅等新技术，实现测量过程和数据处理自动化；还可同时测量齿距偏差

226

序号	仪器型号、名称	生产厂家	仪 器 图 片	主要技术指标	特 点
7	ES – 4300 系列 上置式齿形仪 （直角坐标法）	瑞 士 MAAG		ES4300/16 型 $m_n = 3 \sim 12$ mm $d_b = 600$ mm $\sim \infty$	直角坐标法，测量齿面上各点的 X，Y 坐标值，通过数据处理而得到齿廓偏差 采用精密光栅尺及计算机，实现自动测量；可在齿轮加工机床上检测齿轮，指导调整、校正机床；由微型计算机进行人机对话，控制测量过程、数据收集、误差处理、屏幕显示、打印测量报告；还可测量齿距偏差、螺旋线偏差、径向跳动
				ES4300/55 型 $m_n = 3 \sim 55$ mm $d_b = 1000$ mm $\sim \infty$	
8	SIGMA 系列 齿轮测量系统	美 国 Gleason – M&M		175GMM 型 $m_n = 0.5 \sim 18$ mm $d_{amax} = 175$ mm 顶尖距： 30 ～ 380 mm	四轴，电子式展成法 稳定的三维扫描探头系统技术，线性驱动电机；基于视窗环境的格里森 M&M 自动化测量和分析（GAMA）软件；还可完成齿距偏差、螺旋线偏差及齿厚、径向跳动的测量；具备设计紧凑、性能高、精确性高和多功能的特性；满足 VDI /VDE 2612/2613 一级仪器要求
				650GMM 型 $m_n = 0.5 \sim 22$ mm $d_{amax} = 650$ mm 顶尖距： 30 ～ 1000 mm	
9	CZ – 150 型 小齿轮测量仪 （单啮法）	成 都 工具研究所		$m_n = 2 \sim 4$ mm $d_a = 5 \sim 150$ mm $\beta = 0° \sim 45°$ $b \leqslant 210$ mm	单啮法 减小了小模数齿轮测量时对齿的困难；与同类测量仪相比，该仪器中心距调整采用单轴数控系统实现了自动错齿，进一步提高了自动化程度

3. 螺旋线偏差的检测

螺旋线偏差可用比较法和坐标测量法，也可在全齿宽整体偏差曲线上读取。

（1）比较法是使用仪器机构将转角和直线运动有机地联系起来，形成标准的螺旋运动，与被测齿轮的螺旋面进行比较测量，由指示装置直接示出螺旋线偏差。该类仪器通常称为螺旋线检查仪或导程仪，根据螺旋线形成机构的不同，可分为圆盘正弦尺式、基准圆盘与光学调角式、圆盘杠杆式及标准螺杆式四种类型。

（2）坐标法是根据螺旋线形成原理，按比例用长度坐标和角度坐标分别测出测头沿轴向方向的直线位移和齿轮转角，由指示装置测出螺旋线偏差。单面啮合齿轮整体偏差测量仪（QZ 曲线）、CNC 齿轮测量中心即采用坐标法测量。

螺旋线偏差测量采用的仪器型号和主要技术指标见表 8 – 28。

表 8 – 28　螺旋线偏差测量仪器的型号和主要技术指标

序号	仪器型号、名称	生产厂家	仪 器 图 片	主要技术指标	特 点
1	3301B 型齿轮螺旋线检查仪	哈尔滨量具刃具厂	测螺旋线样板	$m_n > 0.5$ mm $d_{amax} = 600$ mm $\beta = 0° \sim 90°$ $b \leqslant 200$ mm 顶尖距：30 ~ 800 mm 光学分度值：2″	基准圆盘与光学调角式螺旋角的调整方便、精确；测量过程自动化程度高，可以快速地通过全齿宽测量螺旋线偏差；轴向采用封闭长光栅；由计算机进行数据采集、误差处理，屏幕显示偏差曲线、偏差数值，打印输出测量报告；可按最新国际标准进行偏差评值：螺旋线总偏差、螺旋线形状偏差、螺旋线倾斜偏差；广泛用于飞机、汽车、船舶、机床以及刀具等机器制造业
2	3910 型 3915 型 3920 型齿轮测量中心	哈尔滨量具刃具厂	3920 型测大型斜齿轮 3910 型测剃齿刀、滚刀	3920 型： $m_n = 1 \sim 32$ mm $d_{amax} = 2000$ mm $\beta = 0° \sim 90°$ $b \leqslant 1200$ mm 顶尖距：200 ~ 2000 mm 工件最大重量：10000 kg	坐标式螺旋线测量 测量精度高，示值稳定；测量参数多，可测直斜齿圆柱齿轮、人字齿轮的螺旋线总偏差、螺旋线形状偏差、螺旋线倾斜偏差，有鼓度特定公差带进行评估；还可测量齿廓偏差、齿距偏差及径向跳动；3910 型可选配置还可以测量齿轮刀具、蜗轮、蜗杆、凸轮的相应参数；全自动完成测量循环；特别适合于造船、冶金、矿山等重型机械工业中大型齿轮的测量

注：除本表所列仪器类型，螺旋线偏差还可采用具备相应功能的齿形齿向测量仪、齿轮量测仪、上置式齿形仪、齿轮测量系统、单面啮合齿轮整体偏差测量仪等来检测，参见表 8 – 26、表 8 – 27

4. 切向综合偏差的检测

与双面啮合检测径向综合偏差相比，采用单面啮合检测切向综合偏差，既能反映几何偏心对齿轮偏差的影响，又能反映运动偏心对齿轮偏差的影响。要实现单面啮合综合测量，除应具备理想精确的测量元件外，还必须建立一个标准传动链，与被测齿轮和测量元件之间的实际传动作连续比较。标准传动链可采用机械传动链，但更多采用光栅、磁分度和惯性测振等原理的标准发信链来实现。

目前国内最常用的是以蜗杆作为测量元件的光栅式单啮仪，国外最常用的是以齿轮作为测量元件的光栅式单啮仪。

单啮仪的型号和主要技术指标见表 8 − 29。

表 8 − 29　单啮仪的型号和主要技术指标

序号	仪器型号、名称	生产厂家	仪 器 图 片	主要技术指标	特　　点
1	齿轮单面啮合检查仪	上海量具刃具厂		$m_n = 0.2 \sim 2$ mm $d_{amax} = 200$ mm $\beta = 0° \sim 30°$ $z \leqslant 900$	采用理想精确蜗杆连续回转，用精密圆光栅作为信号转换，在单面啮合状态下对齿轮进行动态测量 可以直接由自动记录仪测出齿轮的动态全误差曲线，从而可迅速且全面地分出齿轮各项误差
2	CD320G − B 型光栅式齿轮单面啮合测定仪	北京量具刃具厂		$m_n = 0.5 \sim 6$ mm $d = 10 \sim 320$ mm $\beta = 0° \sim 45°$ $z \leqslant 256$ 精度：齿距偏差4 级，其他偏差5 级	以蜗杆为标准元件在单面啮合状态下对齿轮进行动态测量 光栅式；测量蜗杆、间齿测量；分频、数字比相；长、圆同步记录仪；使用单头蜗杆可测得切向综合偏差曲线；使用多头蜗杆间齿测量，可获得截面整体偏差曲线和双向截面整体偏差曲线；主要适用于中模数直齿圆柱形齿轮测量，对斜齿轮进行界面测量，也可作为测量蜗轮副的仪器
3	CD320W 型万能式单面啮合测量仪	北京量具刃具厂		$m_n = 0.5 \sim 6$ mm $d = 10 \sim 320$ mm $\beta = 0° \sim 45°$ $z \leqslant 256$ 精度：齿距偏差3 级，齿廓、螺旋线偏差5 级	是全齿宽整体偏差单啮仪，与CD320G − B 型不同的是：以长圆光栅为基准，采用连续演算补偿附加转角的原理进行全齿宽整体偏差曲线的测量；可自动标定齿廓偏差曲线的起止点 使用单头测量蜗杆可测得切向综合偏差曲线；使用多头蜗杆间齿测量，可测得全齿宽整体偏差曲线

8.5.3　径向综合偏差与径向跳动的检测

1. 径向综合偏差的检测

采用双面啮合综合测量仪（双啮仪）可以进行齿轮径向综合偏差的检测，双啮中心距变动量是被测齿轮多种单项偏差综合作用的结果。必须注意的是，由于测量状态与齿轮实际啮合状态不符，测量结果是轮齿左、右齿面误差的综合反映，想从径向综合偏差曲线上分析各种单项偏差是非常困难的。

双面啮合综合测量所用仪器简单、测量效率高、操作简便、对环境无严格要求,虽然只能反映齿轮的径向误差(包括毛刺和碰伤所引起的误差),但由于径向误差往往是生产过程中最不稳定的因素(如齿坯和刀具安装偏心等),所以在正常情况下,当加工机床和刀具精度较高时,对于中、低精度的齿轮,双啮测量法仍能达到较好的控制齿轮质量的目的,尤其适用于成批、大量、生产时作为车间现场测量与工艺监控。

我国主要量仪生产厂均有双啮仪产品出售,性能和国外同类产品相当,可满足用户需求。

双啮仪的型号和主要技术指标见表8-30。

表8-30 双啮仪的型号和主要技术指标

序号	仪器型号、名称	生产厂家	仪 器 图 片	主要技术指标	特 点
1	896型 898B型 齿轮双啮仪	德国 Carl – Mahr		896型 $m_n = 0.15 \sim 1$ mm 中心距:$1 \sim 80$ mm 测量力:$0 \sim 5$N 不确定度:$0.5\ \mu m$ 898B型 $m_n = 0.2 \sim 1$ mm 中心距:$15 \sim 175$ mm 测量力:$2 \sim 20$N 不确定度:$1\ \mu m$	可实现量块对传感器自动校准、公差设定、统计分析、自动寻找粗大点等功能;自动采样测量、动态显示、自动存储、自动处理以及输出打印;用于测量小型高精度和塑料齿轮,也用于测量蜗轮、蜗杆、内齿轮和锥齿轮
2	3101型 3101A型 3101B型 齿轮双面啮合综合检查仪	哈尔滨量具刃具厂		$m_n = 1 \sim 10$ mm 顶尖距:$50 \sim 320$ mm 带轴齿轮 $d_{amax} = 200$ mm 带轴齿轮长:$110 \sim 350$ mm 工件重量:$\leqslant 50$kg	测量滑板在滚动导轨上运动灵活,导轨采用高级合金钢制成,经过特殊工艺处理和精加工,可保持长期、稳定的精度;方便、经济、实用 应用范围:3101型可测带孔、带轴圆柱齿轮,蜗杆副和锥齿轮,可测两轴夹角为90°的圆锥齿轮齿锥顶点的偏移量;3101A型可测带孔、带轴圆柱齿轮;3101B型可测带孔圆柱齿轮
3	3101E型 3101L型 齿轮双面啮合综合检查仪	哈尔滨量具刃具厂		$m_n = 1 \sim 10$ mm 顶尖距:$50 \sim 320$ mm 带轴齿轮 $d_{amax} = 200$ mm 带轴齿轮长:$110 \sim 350$ mm 工件重量:$\leqslant 50$kg 加高立柱可测齿轮轴长:$250 \sim 750$ mm(3101L型)	高级合金钢滚动测量导轨,经过特殊工艺处理和精加工,可保持长期、稳定的精度;方便、经济、实用 应用范围:3101E型可测带孔、带轴圆柱齿轮,蜗杆副和锥齿轮,可测两轴夹角为90°的圆锥齿轮齿锥顶点的偏移量;3101L型可测带长轴齿轮、带孔齿轮

序号	仪器型号、名称	生产厂家	仪 器 图 片	主要技术指标	特　点
4	3100A 型智能齿轮双面啮合综合测量仪	哈尔滨量具刃具厂		$m_n = 0.5 \sim 6$ mm 顶尖距：40 ~ 175 mm 带轴齿轮 $d_{amax} = 150$ mm 带轴齿轮轴长：50 ~ 180 mm 分辨率：0.5 μm 仪器示值误差：5 μm	可测量带轴、带孔圆柱齿轮；由计算机控制进行自动测量与数据处理，显示屏显示测量结果与误差曲线，打印机输出检测报告；可自动判别并"挑出"存在齿面的大毛刺齿牙；具有功能强、体积小、重量轻、操作方便、精度稳定等特点
5	3102 型3102A 型齿轮双面啮合综合检查仪	哈尔滨量具刃具厂		$m_n = 1 \sim 6$ mm 顶尖距：20 ~ 160 mm 带轴齿轮 $d_{amax} = 150$ mm 带轴齿轮轴长：50 ~ 200 mm	纯机械结构测量仪，结构简单、体积小、重量轻、操作方便，测量精度稳定，可测量带轴、带孔圆柱齿轮；3102 型以百分表显示测量结果；3102A 型以专用数显表显示测量结果并具有超差报警功能
6	DO－1 L 型齿轮双面啮合测量仪	捷克GearSpect		$d_{amax} = 280$ mm 中心距：65 ~ 260 mm 垂直量程：700 mm	机械式适用于渐开线直斜齿圆柱齿轮
7	DO－1 V PC 型齿轮双面啮合测量仪	捷克GearSpect		$d_{amax} = 320$ mm 中心距：0 ~ 180 mm	数字式PC 技术采集数据，并对检测结果进行评估；适用于渐开线圆柱内齿轮

2. 径向跳动的检测

齿轮径向跳动的检测一般在径向跳动测量仪(以前称作齿圈跳动测量仪)上进行，还可用各种型号的万能测齿仪、齿轮测量中心、部分自动齿距仪和一些渐开线检查仪所带的附件来测量。测量时，应在齿宽中部，对齿轮每个齿槽进行测量。对于齿宽大于 160 mm 的齿轮，应至少测量上、中、下三个截面，上下截面各距端面约 15% 齿宽。

齿轮径向跳动测量仪的型号和主要技术指标见表 8 - 31。

表 8 −31　齿轮径向跳动测量仪的型号和主要技术指标

序号	仪器型号、名称	生产厂家	仪　器　图　片	主要技术指标	特　　点
1	CT150 型小模数齿轮齿圈跳动测量仪	成都量具刃具厂		$m_n = 0.3 \sim 2$ mm $d_{amax} = 150$ mm 顶尖距：0 ~ 170 mm 测量头转角：±45°	可测量小模数直斜齿圆柱齿轮、圆锥齿轮及蜗轮的齿圈径向跳动和轴台的端面跳动
2	CT300 型齿轮齿圈跳动测量仪	成都量具刃具厂		$m_n = 1 \sim 6$ mm $d_{amax} = 300$ mm 顶尖距：0 ~ 420 mm 测量头转角：±45°	可测量直斜齿圆柱齿轮、圆锥齿轮及蜗轮的齿圈径向跳动和轴台的端面跳动
3	3602 型 3603A 型齿轮径向跳动测量仪	哈尔滨量具刃具厂		3602 型 $m_n = 0.5 \sim 8$ mm $d_a = 10 \sim 200$ mm 顶尖距：0 ~ 200 mm 测量头转角：±45° 3603A 型 $m_n = 0.5 \sim 10$ mm $d_a = 50 \sim 300$ mm 顶尖距：0 ~ 650 mm 测量头转角：±45°	精度高，美观耐用；测量力及测量方向可调；纯机械结构，千分表示值，读数直观，操作方便；3603A 型采用滚动导轨，移动灵活；主要用于齿轮加工现场或车间检查站测量圆柱齿轮或圆锥齿轮的径向跳动，同时也可以用于测量回转类零件的径向跳动误差

8.5.4　典型量仪对齿轮偏差测量结果的表征

1. M&M 3525 型齿轮测量中心对测量结果的表征

蔡司齿轮测量解决方案

　　我国早期进口的齿轮测量中心当中，美国 M&M（Metrology & Motion）公司出品的 3525 型齿轮测量中心（见图 8 − 35）占有相当的比重。值得一提的是，M&M 配套提供了膨胀范围 0.38 ~ 25.4 mm、膨胀范围准确性 0.0025 mm、具有罕见灵活性和准确性的三爪膨胀测量心轴，见图 8 − 36。图 8 − 37 ~ 图 8 − 39 为该仪器测量某修形齿轮后打印出来的轮齿同侧齿面偏差曲线，以及根据 GB 10095—1988 进行的精度评定（含径向跳动）。可以看出，齿廓偏差未能按 K 形图、螺旋线偏差未能按鼓形量进行自动偏差评值，还需人工进行。

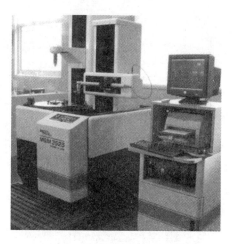

图 8 - 35　M&M 3525 型齿轮测量中心

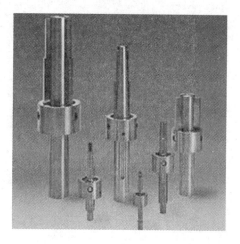

图 8 - 36　三爪膨胀心轴

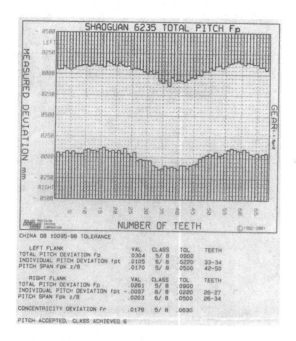

图 8 - 37　齿距偏差曲线及精度评定(径向跳动同时示出)

2. GAMA 软件对测量结果的表征

目前,美国 Gleason - M&M SIGMA 系列齿轮测量系统使用的是 GAMA(格里森自动化测量和分析)应用软件,该软件基于视窗环境,极大地改进了人机界面。通过对计算机进行软件升级和改进标准,可以消除因标准改变而应用软件过时的现象。图 8 - 40 即为 GAMA 软件界面对某齿轮轮齿同侧齿面偏差测量结果的表征。

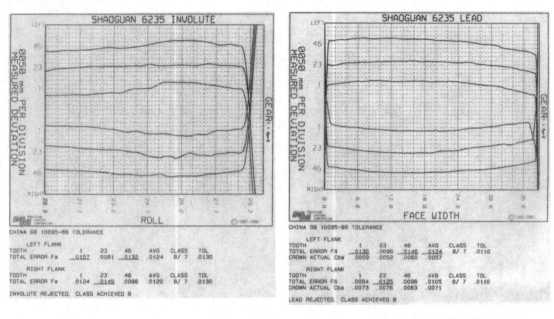

图 8 - 38　齿廓偏差曲线及精度评定　　　　　　图 8 - 39　螺旋线偏差曲线及精度评定

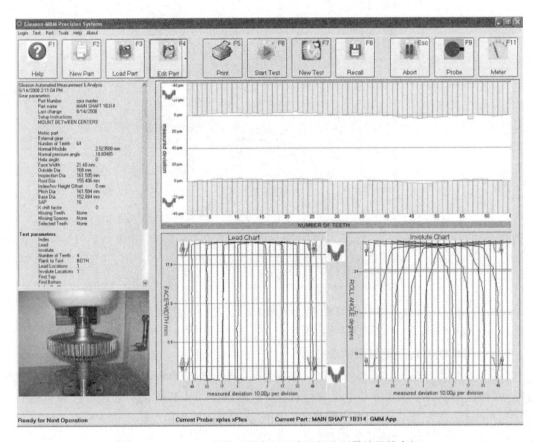

图 8 - 40　GAMA 软件对轮齿同侧齿面偏差测量结果的表征

234

3. SPC 软件对单啮仪测量结果的表征

捷克 GearSpect 单啮仪采用的是 SPC 软件，即 Statistical Process Control（统计过程控制）软件，图 8-41 为其对测量结果的表征。

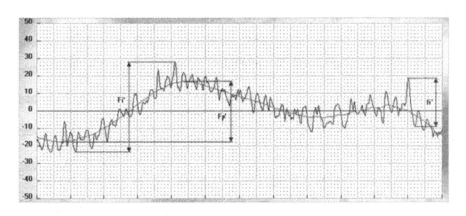

图 8-41　SPC 对单啮仪测量结果的表征

4. ES-4300 上置式齿形仪对测量结果的表征

图 8-42 是瑞士 MAAG 公司 ES-4300 系列上置式齿形仪触摸屏的操作界面，可以输入齿轮参数和设置的齿廓数据，给定公差带、精度标准（ISO，DIN，AGMA 等），进行统计分析的数据准备；图 8-43 是其直接在机床上测量后可存储、亦可通过无线打印机打印出来的测量结果的 PDF 文件。

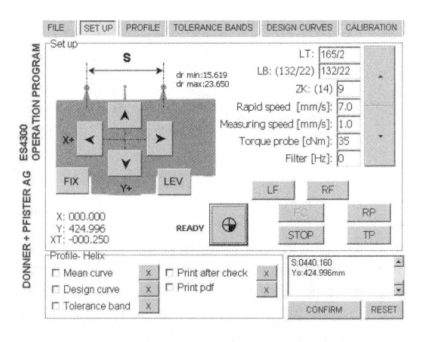

图 8-42　ES-4300 系列上置式齿形仪触摸屏的操作界面

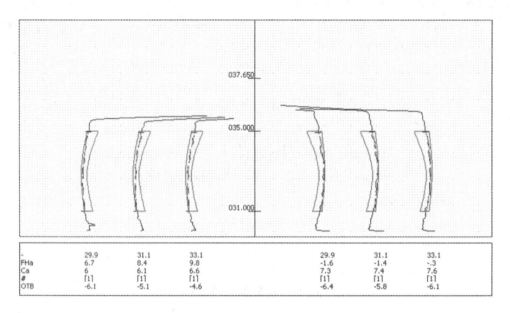

-	29.9	31.1	33.1		29.9	31.1	33.1
FHa	6.7	8.4	9.8		-1.6	-1.4	-.3
Ca	6	6.1	6.6		7.3	7.4	7.6
#	[1]	[1]	[1]		[1]	[1]	[1]
OTB	-6.1	-5.1	-4.6		-6.4	-5.8	-6.1

图 8 - 43　圆形动态齿轮整体偏差曲线

5. 齿轮整体偏差测量仪对测量结果的表征

齿轮测量技术
及其仪器的发展趋势

图 8 - 44 是圆形动态齿轮整体偏差曲线,其中左图为截面整体误差曲线,简称 JZ 曲线;右图为全齿宽整体误差曲线,简称 QZ 曲线。

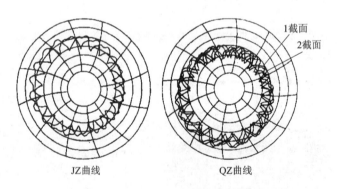

JZ曲线　　　　　　　QZ曲线

图 8 - 44　圆形动态齿轮整体偏差曲线

(1)JZ 曲线。

偏差曲线定义:由齿轮同一轴向位置上,同侧齿面的各条齿形运动偏差曲线组成。

偏差曲线的排列:各条齿廓运动偏差曲线在记录纸的圆周方向按各齿面实际啮合顺序排列。对于右齿面,齿廓偏差曲线由齿顶点至齿根点按顺时针方向排列;左齿面则按逆时针方向排列。在径向方向显示齿轮的偏差大小,即径向方向表示齿面上各点偏差值的大小。

偏差方向规定:凡是凸出齿体的几何位置偏差,偏差点外移,称为正偏差;反之为负偏差,即向外为" + ",向内为" - "。

偏差曲线的用途:JZ 曲线是各种整体偏差曲线中最简单、最基本的一种,是认识其他整

236

体偏差曲线的基础,可用来读取齿廓总偏差、基节偏差、单个齿距偏差以及齿距累积总偏差,还有直齿轮的切向综合总偏差和一齿切向综合偏差;了解上述各项偏差的变化特点和偏差间的相互关系;分析直齿轮的啮合过程、传动精度及齿轮偏差对振动、噪声等传动质量的影响。

(2)QZ 曲线。

偏差曲线定义:由齿轮全齿宽范围内,同侧齿面各条 JZ 曲线组成。

偏差曲线的排列:各条 JZ 曲线在角坐标上的位置是按齿轮实际螺旋角的大小在圆周方向错位排列。同一齿面在同一角坐标上的径向位置按接触线偏差排列。

偏差方向的规定:与 JZ 曲线的规定相同。

偏差曲线的用途为:QZ 曲线是反映齿轮同侧齿面传动质量最完整的偏差曲线,可用来读取 JZ 曲线上取不到的偏差项目,如螺旋线总偏差、接触线偏差、轴向齿距偏差,还有斜齿轮的切向综合总偏差和一齿切向综合偏差;了解上述各项偏差的变化特点和偏差间的相互关系;分析斜齿轮的啮合过程、传动精度及齿轮偏差对振动、噪声等传动质量的影响。

练 习 题

8-1　判断题。

(1)同一个齿轮的齿距累积误差与其切向综合误差的数值是相等的。

(2)当一个齿轮的使用基准与加工基准的轴线重合时,即不存在齿圈径向跳动误差。

(3)齿距累积误差是由径向误差与切向误差造成的。

(4)当几何偏心等于零时,其齿距累积误差主要反映公法线长度变动量。

(5)齿形误差对接触精度无影响。

(6)径向综合误差能全面的评定齿形的运动精度。

8-2　简答题。

(1)齿轮精度如何分级?怎样表示?

(2)规定齿侧间隙的目的是什么?对单个齿轮来讲可用哪些指标控制齿侧间隙?

8-3　综合作业题。

某通用减速器中相互啮合的两个标准直齿渐开线圆柱齿轮,其参数为:模数 $m=4$ mm,齿形角 $\alpha=20°$,齿数分别为 $z_1=45$,$z_2=102$,齿宽 $b=50$ mm,孔径分别为 $D_1=40$ mm,$D_2=70$ mm;传递功率为 7.5 kW,小轮转速 $n_1=1440$r/min;小齿轮的最大轴承跨距为 250 mm;齿轮材料为 20CrMnTi,渗碳淬火处理;箱体材料为铸铁;生产类型为小批量生产。试设计小齿轮的精度,并画出齿轮工作图。

第 9 章

尺寸链

【概述】

◎目的：了解尺寸链理论及其应用。

◎要求：①建立尺寸链概念；②掌握尺寸链的基本分析计算方法。

◎重点：建立正确的尺寸链，掌握尺寸链中各环的判定与性质；熟练掌握运用极值法或统计法计算尺寸链的方法。

◎难点：画出某些复杂或较特殊的尺寸链，正确指出各环之间的关系。

机器或部件是由许多零件组成的，在设计、制造和装配过程中，零件的设计尺寸与工序尺寸之间、各零件与部件或整机之间的精度往往有内在的联系，并相互影响。从几何参数互换的角度出发，对这种内在联系进行全面分析，经济、合理地确定各相关尺寸精度与形位精度，是机械精度设计的基本任务之一。为此，提出了尺寸链的分析计算问题。

9.1 尺寸链的基本概念

9.1.1 尺寸链(dimensional chain)的定义

相互联系的全部尺寸(线性尺寸或角度尺寸)按一定的顺序连接成一个封闭的尺寸组，称为尺寸链。

如图 9-1 所示，车床主轴中心高度 A_1、垫板厚度 A_2、尾座中心高度 A_3 和主轴中心与尾座中心高度差 A_0 顺序连接成一封闭的尺寸组，因此尺寸 A_0 与尺寸 A_1，A_2，A_3 组成一个装配尺寸链。

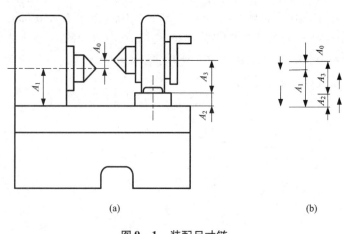

(a)　　　　　　　　　　(b)

图 9-1 装配尺寸链

238

又如图 9-2 所示的轴套零件,依次加工尺寸 A_1 与 A_2,则尺寸 A_0 就随之确定。此时,尺寸 A_0 和 A_1,A_2 也按一定的顺序连接成一个封闭尺寸组,因此尺寸 A_0 与尺寸 A_1,A_2 构成一个加工工艺尺寸链。

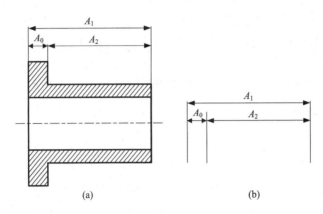

图 9-2 轴套加工工艺尺寸链

可以看出,尺寸链具有以下两个基本特征:

(1)封闭性。组成尺寸链的若干个尺寸按一定顺序连接成一个封闭的尺寸系统,这是尺寸链的表现形式。

(2)相关性。尺寸链中的任一尺寸若发生变动,将导致其他尺寸发生变动,这是尺寸链的实质。

9.1.2 尺寸链的构成及特性

构成尺寸链的每个尺寸都简称为环,也就是说尺寸链是由一个个尺寸环组成的尺寸链。尺寸链的环按其性质的不同可分为封闭环与组成环。

1. 封闭环(closing link)

封闭环是指在机器的装配过程或零件的加工过程中间接获得或最后自然形成的那个尺寸。对于若干零部件的装配而言,封闭环通常是对相关要素间的联系所提出的技术规范要求,如间隙、过盈、位置精度、距离精度等,它是将事先已获得尺寸的零部件进行总装之后才形成并且得到保证的。对单个零件的加工而言,封闭环通常是指零件设计图样上未标注的那个尺寸,也就是最不重要的尺寸。在一个尺寸链中,封闭环有且仅有一个。封闭环一般用加下标 0 的方法表示,如图 9-1 和图 9-2 中的尺寸 A_0 即是封闭环。

2. 组成环(component link)

尺寸链中除封闭环以外的其他任一尺寸均称为组成环。组成环中任意一环的变动必然引起封闭环的变动,按组成环对封闭环的影响,组成环又分为增环与减环。

(1)增环(increasing link)。在其他组成环尺寸不变的条件下,若将某一组成环的尺寸增大(或减小),封闭环的尺寸也随之增大(或减小),则该组成环称为增环。如图 9-1 中的尺寸 A_2 与 A_3、图 9-2 中的尺寸 A_1 都是增环。

(2)减环(decreasing link)。在其他组成环尺寸不变的条件下,若将某一组成环尺寸增大

(或减小)，而封闭环的尺寸却随之减小(或增大)，则该组成环称为减环。如图9-1中的尺寸 A_1、图9-2中的尺寸 A_2 都是减环。

图9-1(b)是将尺寸链中各尺寸依次顺序画出而形成的封闭图形，称为尺寸链图。由于尺寸链图只表达各环尺寸之间的相对位置关系，因此不需要严格按比例画出各尺寸，但各环之间的相互连接关系一定要正确无误，以便分析计算。在分析计算尺寸链时要画出尺寸链图。

在进行尺寸链反计算时，还需将某一预先选定的组成环作为"协调环"，当其他组成环确定后，需通过确定它使封闭环达到规定的要求。在分析协调环时，一般选取对其他尺寸链无影响、自身尺寸又不太重要、加工方便且易于测量的尺寸作为协调环。

9.1.3 尺寸链的分类

按不同的特征可以把尺寸链分为若干种类。

1. 按不同应用场合分类

(1)零件尺寸链——同一个零件的设计图上形成的封闭尺寸组合。

(2)工艺尺寸链——同一零件在加工过程中，某一工序的加工尺寸所构成的封闭尺寸组合。

(3)装配尺寸链——在装配过程中，不同零件或部件间的有关尺寸构成的有相互联系的封闭尺寸组合，如图9-1所示。

2. 按尺寸链中各环所处空间位置分类

(1)直线尺寸链。尺寸链中的各环分布在相互平行的直线上。

(2)平面尺寸链。尺寸链中的各环分布在同一个或几个相互平行的平面内，但各环方向不都平行。

(3)空间尺寸链。尺寸链中的各环分布在若干个不平行的平面内。

平面尺寸链或空间尺寸链都可以先投影到2个或3个方位上的直线尺寸链后，进而转化为直线尺寸链进行求解。需要说明的是，本章节只重点讨论直线尺寸链。

3. 按尺寸链中各环尺寸的几何特征分类

(1)长度尺寸链。尺寸链中各环均为长度尺寸。本章所研究的各尺寸链都属于此类。

(2)角度尺寸链。尺寸链中各环均为角度尺寸。

尺寸链还可以按其他方法进行分类，这里不再赘述。

9.1.4 尺寸链计算的作用

尺寸链计算的作用是为了能在机械设计以及零件的加工工艺设计时正确合理地分配各环的公差和确定极限偏差，并进行各环公差和极限偏差的验算，以确保加工和装配过程经济合理，保证产品的精度要求和技术要求。

9.2 尺寸链建立的方法与步骤

1. 确定封闭环

正确地确定封闭环是求解尺寸链问题的基础。封闭环是加工或装配完成后间接获得或"最后自然形成的"。

【注意】工艺尺寸链的封闭环通常为被加工零件要求达到的设计尺寸或工艺过程需要的余量尺寸,其组成环通常为工序尺寸或毛坯尺寸;而装配尺寸链封闭环通常为装配精度,其代表产品的技术规范或装配要求。

2. 查找组成环

封闭环确定后,必须找出全部的组成环。一般是以封闭环尺寸线的任一端为起点,依次找出各相互连接并形成封闭回路的尺寸环。由于所找的组成环应是对封闭环有直接影响的那些尺寸,因此无关或无直接影响的尺寸应排除在尺寸链之外。为了提高尺寸链封闭环的精度(即减小封闭环公差),可采取两种方法:一是减小组成环公差 T_i;二是减少尺寸链环数 m。第一种方法将会人为增大制造的难度,使制造成本增加,故在结构设计当中主要采用第二种方法,亦即遵循"最短尺寸链原则"。

3. 画尺寸链图

所谓尺寸链图就是由封闭环和组成环构成的一个封闭回路图。当尺寸链的环数较多,且它们之间的关系错综复杂时,应当选好画尺寸链的起点。一般从某一装配(或加工)基准出发,按装配(或加工)顺序依次画出各个环,环与环之间不得间断,最后用封闭环进行首尾衔接,形成封闭系统,即可画出尺寸链图。

4. 判别组成环的性质

判断组成环中的增环与减环,常用以下两种方法。

(1)按增环和减环的定义确定。根据增、减环的定义,逐一分析组成环尺寸的增减对封闭环尺寸的影响,以判别其为增环还是减环。此种方法比较麻烦,尤其是在环数较多、链的结构较复杂时,容易出现差错,通常用于比较简单的尺寸链。

(2)按回路法进行判断。从封闭环 A_0 起始,按任意方向画一箭头,沿尺寸链连接的线路回转一周,即使所画各箭头依次首尾相接。凡所画箭头方向与封闭环相同者为减环,相异者为增环。按此方法可以判定图 9-1(b)所示装配尺寸链中 A_2,A_3 为增环,A_1 为减环。

9.3 尺寸链的计算方法

尺寸链的计算方法有多种,但在实际应用过程中,往往需要结合产品的设计要求、公差大小、结构特征以及生产设备条件等因素,根据不同的情况选择下列方法之一进行尺寸链的分析和计算。

9.3.1 极值法

极值法又称完全互换法,它是从尺寸链各环的极限值出发进行计算的,此方法可以让增环极大值与减环极小值或增环极小值与减环极大值同时出现。因此,按极值法计算的尺寸来加工工件各组成环的尺寸,则无须进行挑选或修配就能将工件装到机器上,并且能满足封闭环的精度要求。它是尺寸链计算中的一种最基本的方法。

1. 用极值法解尺寸链的基本公式和步骤

设 A_0 为封闭环的基本尺寸,A_i 为组成环的基本尺寸,尺寸链的组成环数目为 m,其中有 n 个增环,$m-n$ 个减环,用极值法求解直线尺寸链的基本公式如下:

(1)封闭环的基本尺寸。

封闭环的基本尺寸等于所有增环的基本尺寸之和减去所有减环的基本尺寸之和。即

$$A_0 = \sum_{i=1}^{n} A_{(+)i} - \sum_{i=n+1}^{m} A_{(-)i} \tag{9-1}$$

(2)封闭环的最大极限尺寸。

由增、减环的定义及尺寸链的相关性可知,当所有增环均为最大极限尺寸而所有减环均为最小极限尺寸时,封闭环为最大极限尺寸:

$$A_{0max} = \sum_{i=1}^{n} A_{(+)imax} - \sum_{i=n+1}^{m} A_{(-)imin} \tag{9-2}$$

即封闭环的最大极限尺寸等于所有增环的最大极限尺寸之和减去所有减环的最小极限尺寸之和。

(3)封闭环的最小极限尺寸。

与封闭环的最大极限尺寸分析一样,可知封闭环的最小极限尺寸等于所有增环的最小极限尺寸之和减去所有减环的最大极限尺寸之和,即

$$A_{0min} = \sum_{i=1}^{n} A_{(+)imin} - \sum_{i=n+1}^{m} A_{(-)imax} \tag{9-3}$$

(4)封闭环的上偏差。

由式(9-2)减去式(9-1)可得封闭环的上偏差等于所有增环的上偏差之和减去所有减环的下偏差之和,即

$$ES_0 = \sum_{i=1}^{n} ES_{(+)i} - \sum_{i=n+1}^{m} EI_{(-)i} \tag{9-4}$$

(5)封闭环的下偏差。

由式(9-3)减去式(9-1)可得封闭环的下偏差等于所有增环的下偏差之和减去所有减环的上偏差之和,即

$$EI_0 = \sum_{i=1}^{n} EI_{(+)i} - \sum_{i=n+1}^{m} ES_{(-)i} \tag{9-5}$$

(6)封闭环的中间偏差。

上偏差与下偏差的平均值为中间偏差,用 Δ 表示,即 $\Delta = \dfrac{ES + EI}{2}$, Δ 称为中间偏差。将式(9-4)与式(9-5)求和除2可得

$$\Delta_0 = \sum_{i=1}^{n} \Delta_{(+)i} - \sum_{i=n+1}^{m} \Delta_{(-)i} \tag{9-6}$$

即封闭环的中间偏差等于所有增环的中间偏差之和减去所有减环的中间偏差之和。

(7)封闭环的公差。

由式(9-4)减去式(9-5)可得

$$T_0 = \sum_{i=1}^{m} T_i \tag{9-7}$$

即封闭环的公差等于全部组成环的公差之和。

公式(9-7)也可以作为校核公式,校核计算过程是否有误。

如果不是线性尺寸链,则更一般的表达式应考虑传递系数 ξ,则

$$T_0 = \sum_{i=1}^{m} |\xi_i| T_i \tag{9-8}$$

(8)极限偏差、中间偏差与公差的关系。

由公差带图可看出它们的关系(请画出公差带图自行分析),这里只给出它们的关系公式:

242

$$ES = \Delta + \frac{1}{2}T \tag{9-9}$$

$$EI = \Delta - \frac{1}{2}T \tag{9-10}$$

需要说明的是,对于平面尺寸链或空间尺寸链,上述公式仍然成立,不过在各组成环尺寸 A_i 和公差 T_i 前要考虑误差传递系数 ξ_i。

2. 用极值法解尺寸链的三种常见的计算类型

解尺寸链主要通过计算确定封闭环与组成环的基本尺寸、公差与极限偏差之间的关系,目的是正确合理地确定尺寸链中各环的公差和极限偏差。根据工程应用中的不同要求,用极值法可以解决尺寸链中三种类型的计算问题。

(1)正计算。

已知各组成环的基本尺寸和极限偏差,求封闭环的基本尺寸及极限偏差即为正计算。解正计算方面的问题主要是审核图纸上标注的各组成环的基本尺寸和极限偏差,在零件加工后是否能满足零件总的技术要求,即验证设计的正确性。正计算也常用于审核尺寸标注的正确性。

(2)反计算。

反计算亦称公差分配计算或设计计算。它是已知封闭环的基本尺寸及极限偏差和各组成环的基本尺寸,求各组成环的极限偏差即为反计算。解反计算方面的问题主要是在设计机器或零件时,根据机器的性能要求以及制造的经济性合理分配各零件相关尺寸的公差及确定相应偏差。即解决设计时公差的分配问题。由于零件的公差与零件的制造成本有很大关系,因而反计算时合理分配零件的公差等级显得非常重要,这涉及一个优化的问题。

(3)中间计算。

已知封闭环与其余组成环的基本尺寸及极限偏差,求尺寸链中某一组成环的基本尺寸及极限偏差即为中间计算。中间计算常用于机械加工工艺设计中求解工序尺寸,如制定工序公差,还可用于设计计算等。

【注意】三种计算类型所解决的主要问题分别为:

正计算是审核图纸上标注的各组成环的基本尺寸和极限偏差在加工后是否能满足总的技术要求,即验证设计的正确性。

反计算是在设计机器或零件时,根据总的技术要求以及制造的经济性,合理分配各零件相关尺寸的公差及确定相应偏差,即解决设计时公差的分配问题。由于零件的公差与零件的制造成本有很大关系,因而反计算在合理分配零件的公差等级时显得非常重要。

中间计算是反计算的一种特例,常用于机械加工工艺设计中求解工序尺寸,如制定工序公差及基准换算等。

9.3.2　统计法

前面所讲的极值法是按尺寸链中各环的极限尺寸来计算公差和极限偏差值。但根据概率论原理和生产实践可知,在成批或大批量生产中,零件的实际尺寸出现极值的概率很小,大多数分布于公差带的中间区域。在成批产品装配中,尺寸链各组成环恰为两极限尺寸相结合的概率则更小。因此,在批量生产时,特别是尺寸链环数较多时,用极值法求解尺寸链不经济，且偏于保守。而此时利用统计法则更为合理。统计法的实质是考虑了零件实际尺寸的分布规律，即实际尺寸多在平均尺寸附近，在相同的封闭环公差条件下，可使各组成环公差放大，从而获得良好的技术经济效果。当然，此时封闭环超出技术要求的情况是存在的，但其概率很小。统计法又称大数互换法或概率法。

1. 基本公式

统计法解尺寸链，其基本尺寸的计算方法与极值法相同，所不同的是公差、中间偏差和极限偏差的计算。

（1）封闭环的公差。

在大批量生产中，封闭环 A_0 的变化与组成环 A_i 的变化都可看作随机变量，且封闭环 A_0 是组成环 A_i 的函数，可表示为

$$A_0 = f(A_1, A_2, \cdots, A_i, \cdots, A_m) \tag{9-11}$$

所以，封闭环 A_0 的标准差 σ_0 可按随机函数的标准差求得

$$\sigma_0 = \sqrt{\left(\frac{\partial f}{\partial A_1}\right)^2 \sigma_1^2 + \left(\frac{\partial f}{\partial A_2}\right)^2 \sigma_2^2 + \cdots + \left(\frac{\partial f}{\partial A_i}\right)^2 \sigma_i^2 + \cdots + \left(\frac{\partial f}{\partial A_m}\right)^2 \sigma_m^2} \tag{9-12}$$

式中：$\dfrac{\partial f}{\partial A_1}$，$\dfrac{\partial f}{\partial A_2}$，$\cdots$，$\dfrac{\partial f}{\partial A_i}$，$\cdots$，$\dfrac{\partial f}{\partial A_m}$——误差传递系数，可简记为 ξ_1，ξ_2，$\cdots$，ξ_i，$\cdots$，ξ_m。

因此，式（9-12）可写为

$$\sigma_0 = \sqrt{\sum_{i=1}^{m} \xi_i^2 \sigma_i^2} \tag{9-13}$$

在大批量生产条件下，在调整好的自动机床加工，机械、夹具与刀具在稳定状态工作运转，该批工件尺寸的分布趋近正态分布。那么组成环与封闭环实际偏差均服从正态分布，且实际尺寸分布范围与公差带宽度一致，则有 $T_i = 6\sigma_i$。对式（9-13）两端均乘以 6，则可得封闭环与组成环公差关系为

$$T_0 = \sqrt{\sum_{i=1}^{m} \xi_i^2 T_i^2} \tag{9-14}$$

若各环实际偏差不为正态分布，则应在式（9-14）中考虑相对分布系数 κ（任意分布的相对标准差与正态分布的相对标准差之比。κ 表征了实际尺寸呈任意分布时相对实际尺寸呈正态分布的集中程度。κ 越大，集中程度越高）的影响。可引入封闭环相对分布系数 κ_0 和组成环相对分布系数 κ_i，故式（9-14）变为

$$T_0 = \frac{1}{\kappa_0} \sqrt{\sum_{i=1}^{m} \xi_i^2 \kappa_i^2 T_i^2} \tag{9-15}$$

当组成环数目大于 4，且各组成环分布范围又相差不大时，则不论组成环是否为正态分布，封闭环均趋于正态分布，此时取 $\kappa_0 = 1$。

在直线尺寸链中，对传递系数 ξ（scaling factor）而言，增环 ξ_i 取 $+1$，减环取 -1。故在直线尺寸链中，式（9-15）成为

$$T_0 = \frac{1}{\kappa_0} \sqrt{\sum_{i=1}^{m} \kappa_i^2 T_i^2} \tag{9-16}$$

（2）封闭环的中间偏差。

当各组成环的偏差为对称分布时，封闭环中间偏差为各组成环中间偏差的代数和，即

$$\Delta_0 = \sum_{i=1}^m \xi_i \Delta_i \tag{9-17}$$

当组成环的偏差为偏态分布或其他不对称分布时，此时各环的平均偏差相对中间偏差产生一个偏移量 $e \cdot \dfrac{T}{2}$（e 称为相对不对称系数，它反映了分布曲线的不对称程度，对称分布时 $e=0$），这时 $(9-17)$ 式应改为

$$\Delta_0 = \sum_{i=1}^m \xi_i \left(\Delta_i + e_i \cdot \frac{T_i}{2} \right) \tag{9-18}$$

（3）封闭环的基本尺寸与极限偏差。

假定各组成环尺寸分布中心都与公差带中心重合，如图 9-3 所示，于是各组成环的基本尺寸及极限偏差（A_i，ES_{A_i}，EI_{A_i}）均可改写为 $A_i + \Delta 0_i \pm \dfrac{T_{A_i}}{2}$，封闭环的基本尺寸及极限偏差（$A_0$，$\mathrm{ES}_0$，$\mathrm{EI}_0$）也可改写为 $A_0 + \Delta 0_0 \pm \dfrac{T_0}{2}$。

按原表达式，即

$$A_0 = \sum_{i=1}^n A_{(+)i} - \sum_{i=n+1}^m A_{(-)i}$$

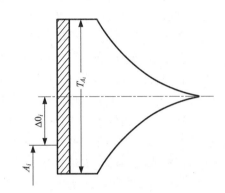

图 9-3 组成环尺寸分布

将原表达式变形后得新表达式，即

$$A_0 + \Delta 0_0 = \sum_{i=1}^n [A_{(+)i} + \Delta 0_{i(+)}] - \sum_{i=n+1}^m [A_{(-)i} + \Delta 0_{i(-)}] \tag{9-19}$$

用新表达式两边分别减去原表达式两边得：

$$\Delta 0_0 = \sum_{i=1}^n \Delta 0_{i(+)} - \sum_{i=n+1}^m \Delta 0_{i(-)} \tag{9-20}$$

式中：$\Delta 0_0$——封闭环的公差带中心到其基本尺寸的偏差量；

$\Delta 0_{i(+)}$——尺寸链中第 i 个增环的公差带中心到其基本尺寸的偏差量；

$\Delta 0_{i(-)}$——尺寸链中第 i 个减环的公差带中心到其基本尺寸的偏差量。

有时上述参数的下角标中注有 A_i，$\dfrac{A_i}{2}$ 等符号，它们表示了尺寸链中有关环的上述参数值，如 $\Delta 0_{\frac{A_1}{2}}$，$\Delta 0_{A_2}$ 分别表示环 $\dfrac{A_1}{2}$，A_2 的公差带中心至其基本尺寸的偏差量。

另外，封闭环的极限偏差也可以用下列表达式：

$$\mathrm{ES}_0 = \Delta_0 + \frac{1}{2}T_0, \ \mathrm{EI}_0 = \Delta_0 - \frac{1}{2}T_0$$

即封闭环上偏差等于中间偏差加二分之一封闭环公差，下偏差等于中间偏差减二分之一封闭环公差。

用统计法与用极值法进行尺寸链计算的基本步骤相同，只是在计算封闭环和组成环的公差、中间偏差等量值时，统计法要显得复杂些。同样，在求解实际问题时可根据解决问题的方便性选用以上公式，但也不一定都用到。

2. 用统计法解尺寸链的三种常见的计算类型

统计法解尺寸链与极值法解尺寸链一样，根据不同要求，也有正计算、反计算和中间计算三种类型。

9.3.3 分组装配法

分组装配法亦称分组法。当某些零件精度较高、生产批量较大时，若封闭环精度要求很高，此时采用极值法解尺寸链得到的组成环公差往往过小，从而导致零件加工困难，很不经济，甚至采用统计法也不能满足要求，此时可考虑采取分组装配法。

分组装配法的实质就是将按封闭环技术要求确定的各组成环公差扩大若干倍，使之达到经济加工精度要求，完毕后按零件的实际偏差将各种零件分成间隔相等的若干组，装配时按大配大、小配小、同组零件具有互换性的原则进行装配（即按孔、轴的相对应组进行互换装配），从而实现保证封闭环配合性质的一种装配方法。利用分组法可显著提高装配精度。

分组装配法既可扩大零件的制造公差，使零件能够按经济要求合理地加工，又可在不减小零件制造公差的条件下保持原有的高装配精度，因此，它在专业化、大批量生产中用得较多。但分组装配法也存在一些缺点如增加了检验费用、只能在同一组内零件进行互换或在一些组内可能有多余零件造成浪费等。故分组装配法一般只适应于大批量生产的高精度、环数少、零件形状简单易测的尺寸链。

9.3.4 修配法

在单件、小批量生产中，当尺寸链环数较多而封闭环装配精度要求很高时，常采用修配法。

修配法是将尺寸链组成环的基本尺寸按加工精度的要求给定公差值，使之方便制造，此时封闭环的公差值比技术条件要求的值有所扩大。为了满足技术条件，在装配时预先选定某一组成环作为协调环，在该环零件上切除少量的一层金属，用以抵消封闭环上产生的累积误差，使封闭环达到规定的装配精度要求。不过应当注意的是在选择协调环时，应使该协调环易于拆装修配且对其他尺寸链没有影响，以提高生产率和发挥更大的经济效益。由此可见，不同尺寸链中的公共环不应选作协调环。

当尺寸链中环数较多、封闭精度要求较高且生产批量不大时，常可采用修配法，它不仅扩大了组成环的制造公差，而且能够得到较高的装配精度。不过修配法也存在装配时增加了修配工作量和费用以及修配时间定额难掌握，不便于组织流水作业等缺点。

9.3.5 调整法

与修配法基本类似，调整法也是将尺寸链组成环的基本尺寸按加工精度的要求给定公差值，使之按经济公差制造。但不同的是调整法不是采用切去协调环材料的方法使封闭环达到规定的装配精度要求，而是通过选用合适的调整件或是通过改变调整件在机器结构中的相对位置来实现这一目的。

调整法一般适用于组成环数较多、封闭环精度很高以及在使用过程中某些零件尺寸会发生变化（如磨损、温度变化或受力变形等）的尺寸链。它不仅扩大了组成环的制造公差，使制造变得容易以及装配时不需修配，容易组织流水作业等优点，同时调整法还改变了补偿环，使封闭环达到预定精度以及调整或更换协调环，使机器恢复原有精度的特点。但调整法的缺点是不具有互换性、需附带补偿件以及装配精度在一定程度上依赖装配工人的技术水平等。

9.4 尺寸链计算示例

9.4.1 正计算问题

1. 用极值法解正计算问题

例 9－1 图 9－4(a)是垫块零件图。要求保证尺寸 $30_{-0.2}^{0}$，10 ± 0.3。加工时先加工 A 面，再以 A 面定位加工 B 面，然后加工 C 面。由于 B 面较小，以 B 面定位加工 C 面比较困难，故工艺上选以 A 面定位加工 C 面。如图 9－4(b)所示，问若将以 A 面定位加工 C 面的尺寸定为 20 ± 0.2 时，能否保证尺寸 10 ± 0.3？

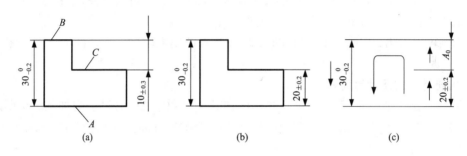

图 9－4 垫块零件图

解：两个直接加工得到的尺寸 $30_{-0.2}^{0}$，20 ± 0.2 与加工后间接得到从 B 面至 C 面的"最后自然形成的"距离尺寸 A_0 构成一个尺寸链，所以这是一个尺寸链问题，而且是一个用极值法解正计算问题。按求解尺寸链问题的一般步骤解题如下：

（1）确定封闭环。

在上述加工方法中，需要直接保证的尺寸是 $30_{-0.2}^{0}$，20 ± 0.2，而加工后间接得到的 B 面至 C 面的距离尺寸 A_0 成为最后自然形成的尺寸，很明显，加工后间接得到的 B 面至 C 面的距离尺寸 A_0 成为封闭环。

（2）查找组成环。

根据组成环的定义，可判断尺寸 $30_{-0.2}^{0}$，20 ± 0.2 是组成环。

（3）画尺寸链图，确定组成环的性质，即判断增、减环。

画出尺寸链图，如图 9－4(c)所示。依照回路判定法（图中采用逆时针方向）判定增环为 $30_{-0.2}^{0}$、减环为 20 ± 0.2。

（4）套用公式，列方程组，进行封闭环量值的计算。

因为要判断此时能否保证 10 ± 0.3 尺寸，而此尺寸由基本尺寸、上偏差、下偏差组成，所以套用式(9－1)、式(9－4)、式(9－5)，列出方程组

$$\left.\begin{aligned} A_0 &= \sum_{i=1}^{n} A_{(+)i} - \sum_{i=n+1}^{m} A_{(-)i} \\ ES_0 &= \sum_{i=1}^{n} ES_{(+)i} - \sum_{i=n+1}^{m} EI_{(-)i} \\ EI_0 &= \sum_{i=1}^{n} EI_{(+)i} - \sum_{i=n+1}^{m} ES_{(-)i} \end{aligned}\right\} \Rightarrow \left.\begin{aligned} A_0 &= 30 - 20 \\ ES_0 &= 0 - (-0.2) \\ EI_0 &= (-0.2) - (+0.2) \end{aligned}\right\}$$

(5)解方程组。

解此方程组得

$$\left.\begin{aligned} A_0 &= 10 \\ ES_0 &= +0.2 \\ EI_0 &= -0.4 \end{aligned}\right\}$$

即以 A 面定位加工 C 面的尺寸定为 20 ± 0.2 时,加工后间接得到的 B 面至 C 面的距离尺寸将成为 $A_0 = 10^{+0.2}_{-0.4}$。

可以看出,以 A 面定位加工 C 面的尺寸定为 20 ± 0.2 时,可以保证 A_0 的基本尺寸为 10,也能保证 A_0 的公差 $T = 0.6$,但是封闭环的偏差不对。

由本例可以看出,在确定工艺尺寸时,尺寸是不能随便定的,否则将不能保证零件的技术要求。

2. 用统计法解正计算问题

例 9 – 2 加工如图 9 – 5 所示的圆套。已知其工序顺序为:通过磨削加工,获得外圆尺寸 $A_1 = \phi 70^{-0.04}_{-0.08}$ mm,然后镗内孔,得内孔尺寸 $A_2 = \phi 60^{+0.06}_{0}$ mm,已知内外圆轴线的同轴度 $A_3 = \phi 0.02$ mm。求壁厚 A_0。

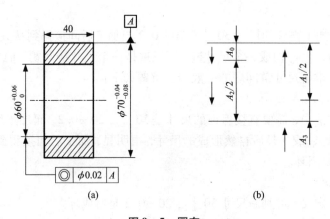

图 9 – 5 圆套

解:在直线尺寸链中,当组成环为定位公差(同轴度、对称度和位置度)时,它们对尺寸的影响可正可负。因此,按公差带对称于零线布置,即 $ES = +\dfrac{t}{2}$,$EI = -\dfrac{t}{2}$,t 为定位公差值。定位公差在尺寸链的计算中,作为增环或减环代入计算均可,结果相同。容易分析本例属于一个工艺尺寸链计算,而且是一个用统计法解正计算的问题。其求解尺寸链问题的一般步骤如下:

（1）确定封闭环。

经过磨外圆和镗内孔后，最后形成了壁厚，因此壁厚 A_0 为加工后"最后自然形成的"尺寸，所以 A_0 成为封闭环。

（2）查找组成环。

根据组成环的定义，可判断尺寸 $\dfrac{A_1}{2}$，A_3，$\dfrac{A_2}{2}$ 是组成环。

（3）画尺寸链图，确定组成环的性质，即判断增、减环。

由于本例 A_1，A_2 尺寸相对加工基准具有对称性，所以可取半值画尺寸链图，同轴度 A_3 可作为一个线性尺寸处理，如图 9-5（b）所示，根据同轴度公差带对实际被测要素的限定情况，以 $A_3 = 0 \pm 0.01$ mm 代入尺寸链，此处以增环代入。

画出尺寸链图，如图 9-5（b）所示。依照回路判定法（图中采用逆时针方向）可判定 $\dfrac{A_1}{2}$，A_3 为增环，$\dfrac{A_2}{2}$ 为减环。

因为 A_1 为 $\phi70^{-0.04}_{-0.08}$ mm，则 $\dfrac{A_1}{2}$ 为 $35^{-0.02}_{-0.04}$ mm；A_2 为 $\phi60^{+0.06}_{0}$ mm，则 $\dfrac{A_2}{2}$ 为 $30^{+0.03}_{0}$。

（4）套用公式，进行封闭环量值的计算。

①先将组成环写成对称偏差形式，并确定各组成环的公差带中心到其基本尺寸的偏差和公差。

对于增环 $\dfrac{A_1}{2}$：可表示为 $\dfrac{A_1}{2} = 35^{-0.02}_{-0.04} = 35 + (-0.03) \pm \dfrac{0.02}{2}$（mm）。故

$$\Delta 0_{1(+)} = \Delta 0_{\frac{A_1}{2}} = -0.03 \text{（mm）}$$
$$T_{\frac{A_1}{2}} = 0.02 \text{（mm）}$$

增环 $A_3 = 0 \pm 0.01 = 0 + 0 \pm \dfrac{0.02}{2}$（mm），则有：

$$\Delta 0_{3(+)} = \Delta 0_{A_3} = 0 \text{（mm）}$$
$$T_{A_3} = 0.02 \text{（mm）}$$

对于减环 $\dfrac{A_2}{2}$：可表示为 $\dfrac{A_2}{2} = 30^{+0.03}_{0} = 30 + (+0.015) \pm \dfrac{0.03}{2}$（mm），故

$$\Delta 0_{2(-)} = \Delta 0_{\frac{A_2}{2}} = +0.015 \text{（mm）}$$
$$T_{\frac{A_2}{2}} = 0.03 \text{（mm）}$$

②求封闭环的基本尺寸。

由式（9-1）即 $A_0 = \sum\limits_{i=1}^{n} A_{(+)i} - \sum\limits_{i=n+1}^{m} A_{(-)i}$ 可知

$$A_0 = \left(\dfrac{A_1}{2} + A_3\right) - \dfrac{A_2}{2} = 35 + 0 - 30 = 5 \text{（mm）}$$

③求封闭环的公差带中心至其基本尺寸的偏差。

由式（9-20）得

$$\Delta 0_0 = (\Delta 0_{\frac{A_1}{2}} + \Delta 0_{A_3}) - \Delta 0_{\frac{A_2}{2}} = [(-0.03) + 0] - (+0.015) = -0.045 \text{（mm）}$$

④求封闭环的公差。

对于线性尺寸链,则有 $|\xi|=1$,故由式(9-14)得

$$T_0 = \sqrt{T_{\frac{A_1}{2}}^2 + T_{A_3}^2 + T_{\frac{A_2}{2}}^2} = \sqrt{(0.02)^2 + (0.02)^2 + (0.03)^2} = 0.04(\text{mm})$$

⑤将封闭环尺寸整理成用极限偏差表达的形式。

$$A_0 = 5 + (-0.045) \pm \frac{0.04}{2} = 4.955 \pm 0.02 = 5^{-0.025}_{-0.065}(\text{mm})$$

(5)校验计算结果。

由计算结果可得:

$$T_0 = \text{ES}_0 - \text{EI}_0 = (-0.025) - (-0.065) = 0.04(\text{mm})$$

由式(9-14)得:

$$\begin{aligned}
T_0 &= \sqrt{T_{\frac{A_1}{2}}^2 + T_{A_3}^2 + T_{\frac{A_2}{2}}^2}\\
&= \sqrt{\left(\text{ES}_{\frac{A_1}{2}} - \text{EI}_{\frac{A_1}{2}}\right)^2 + \left(\text{ES}_{A_3} - \text{EI}_{A_3}\right)^2 + \left(\text{ES}_{\frac{A_2}{2}} - \text{EI}_{\frac{A_2}{2}}\right)^2}\\
&= \sqrt{[(-0.02) - (-0.04)]^2 + [(+0.01) - (-0.01)]^2 + [(+0.03) - 0]^2}\\
&= 0.04(\text{mm})
\end{aligned}$$

校验结果说明计算无误,因此壁厚 A_0 为

$$A_0 = 5^{-0.025}_{-0.065}(\text{mm})$$

本例也可用极值法进行求解(请同学们自己思考),只是用极值法求解的封闭环的公差值要大些,经比较,可以看出在组成环公差未改变的情况下,应用统计法解尺寸使封闭环的公差缩小了,即提高了使用性能。

9.4.2 反计算问题

反计算的关键问题是分配各组成环的公差。由于反计算的未知量多于方程的个数,因此必须附加条件才能求解,这时在分配各组成环公差时常采用等公差法或等精度法。

等公差法又称为等公差数值法,就是将封闭环公差数值平均分配给各组成环。设封闭环公差为 T_0,组成环有 m 个,则由(9-8)式可知:

$$T_0 = \sum_{i=1}^{m} |\xi_i| T_i$$

其组成环平均公差为:

$$T_{av} = \frac{T_0}{\sum_{i=1}^{m} |\xi_i|}$$

对于线性尺寸链,$|\xi_i|=1$,则等公差法组成环平均公差为

$$T_{av} = \frac{T_0}{m} \tag{9-21}$$

当零件的基本尺寸大小和制造的难易程度相近以及对装配精度的影响程度综合考虑平均分配公差值比较经济、合理的时候,可采用等公差法。

等精度法又称为等公差等级法,其特点是所有组成环的公差等级相同,所以各组成环公差等级系数亦相同,且均等于平均公差等级系数 α_{av},即 $\alpha_1 = \alpha_2 = \cdots = \alpha_m = \alpha_{av}$。根据第3章内容可知,当基本尺寸小于 500 mm,且公差等级在 IT5～IT18 时,公差将按式 $T = \alpha i$ 进行计算,其中 $i = 0.45\sqrt[3]{D} + 0.001D$。此时可求得线性尺寸链当中的封闭环尺寸公差为

$$T_0 = \sum_{i=1}^{m} T_i = \sum_{i=1}^{m} \alpha_i i_i = \alpha_{av} \sum_{i=1}^{m} i_i$$

因此,在等精度法中组成环平均公差等级系数为

$$\alpha_{av} = \frac{T_0}{\sum_{i=1}^{m} i_i} = \frac{T_0}{\sum_{i=1}^{m} \left(0.45 \sqrt[3]{D_i} + 0.001 D_i\right)} \qquad (9-22)$$

由式(9-22)求出各组成环平均公差等级系数 α_{av} 后,各组成环平均公差等级就确定了。再按第 3 章中的标准公差表选取最接近的一个公差等级,并按该等级查标准公差表即可得到各组成环的标准公差数值,从而进一步确定各组成环的极限偏差。至此,解决了反计算的关键问题——分配各组成环的公差。

为方便应用,将公差等级系数 α 与公差等级的对应关系列于表 9-1 中,供查用。

表 9-1 公差等级系数 α 与公差等级的对照表

公差等级	IT5	IT6	IT7	IT8	IT9	IT10	IT11	IT12	IT13	IT14	IT15	IT16	IT17	IT18
系数 α	7	10	16	25	40	64	100	160	250	400	640	1000	1600	2500

为了使各组成环公差分配更合理,在上述等公差法或等精度法初步确定各组成环公差的基础上,可根据各零件基本尺寸的大小、不同类零件的结构特点、毛坯生产工艺及热处理要求的差异、材料差别的影响、加工的难易程度以及车间的设备状况等将各环公差加以人为的经验调整,最终确定各组成环的合理公差。

1. 用极值法解反计算问题

例 9-3 如图 9-6 所示为一简化的轴系装配结构。图中齿轮要求能在轴上灵活转动。为此在齿轮两侧加装了两个铜环以减小摩擦。齿轮右侧铜环的右端安装了一个轴用弹性挡圈,以定位与固定此装配结构。为保证齿轮转动灵活,初步要求装配后齿轮与右侧铜环间有 0.1~0.5 mm 的间隙,如图 9-6 所示 A_0 尺寸。试确定该装配尺寸链各组成环的制造精度。已知:$A_1 = 30$ mm,$A_2 = A_5 = 5$ mm,$A_3 = 43$ mm,$A_4 = 3$ mm。

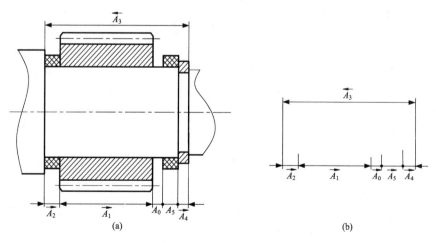

(a)   (b)

图 9-6 齿轮装配结构

解：本例采用等精度法分配各组成环公差。

（1）确定封闭环。

由于装配后齿轮与右侧铜环间的 0.1~0.5 mm 的间隙 A_0 是装配技术要求，是在装配后自然形成的，故该间隙为封闭环。

（2）查找组成环。

依据装配尺寸链中组成环的特点，可判断尺寸 A_1，A_2，A_3，A_4，A_5 为组成环。

（3）画尺寸链图，确定增、减环。

画出尺寸链图，如图 9-6(b)所示。根据回路判定法（图中选择逆时针方向）可知，A_3 为增环，A_1，A_2，A_4，A_5 为减环。

（4）套用公式，列方程组，进行封闭环或组成环量值的计算。

①求封闭环的基本尺寸及公差。

封闭环基本尺寸为

$$A_0 = \sum_{i=1}^{n} A_i - \sum_{i=n+1}^{m} A_i = 43 - (30 + 5 + 3 + 5) = 0 \text{ mm}$$

封闭环公差为

$$T_0 = \text{ES}_0 - \text{EI}_0 = (0.5 - 0.1) \text{ mm} = 0.4 \text{ mm}$$

所以，封闭环可表示为 $0_{+0.1}^{+0.5}$

②求各组成环公差等级系数 α_{av}。

注意到 A_4 为轴用弹性挡圈的尺寸，而轴用弹性挡圈是标准件，其公差由轴用弹性挡圈国标（GB 894—1986）确定。由《机械零件设计手册》查得 $A_4 = 3_{-0.22}^{+0.07}$，即公差 $T_4 = 0.29$ mm

根据第 3 章内容相关知识可计算出对应于基本尺寸 A_1，A_2，A_3，A_5 的公差单位 i 的数值分别为 1.31 μm、0.73 μm、1.56 μm、0.73 μm，则可将式（9-22）变形得 $T_0 = T_1 + T_2 + T_3 + T_4 + T_5 = \alpha_{av}(i_1 + i_2 + i_3 + i_5) + T_4$。求得组成环 A_1，A_2，A_3，A_5 的平均公差等级系数为

$$\alpha_{av} = \frac{T_0 - T_4}{i_1 + i_2 + i_3 + i_5} = \frac{0.4 - 0.29}{\dfrac{1.31 + 0.73 + 1.56 + 0.73}{1000}} = 25.40$$

③确定各组成环公差数值。

查表 9-1 可知，尺寸 A_1，A_2，A_3，A_5 的公差等级基本可取 IT8 级。考虑到尺寸 A_3 加工比较困难，调整该尺寸的公差等级为 IT9 级，相应尺寸 A_1 公差等级减小为 IT7 级，尺寸 A_2，A_5 公差等级仍取为 IT8 级。这里 A_2，A_5 取相同的公差等级，目的是为了减少零件种类，扩大零件批量，降低成本。查第 3 章中的公差数值表可得 A_1，A_2，A_3，A_5 对应的公差数值为 0.021 mm、0.018 mm、0.062 mm、0.018 mm。

④校核封闭环公差 T_0。

$$T_0 = \sum_{i=1}^{m} T_i = (0.021 + 0.018 + 0.062 + 0.29 + 0.018) \text{ mm} = 0.049 \text{ mm}$$

通过计算结果可知，分配公差已超出了封闭环公差 $T_0 = 0.4$ mm 的要求。但是考虑到该超出的数值仅为 9 μm，而该间隙又非特别重要，故不再改动该组成环公差分配方案。相应封闭环公差调整为 $T_0 = 0.409$，即 $A_0 = 0_{+0.1}^{+0.509}$。

需要说明的是，若封闭环精度要求特别重要，则不能随意改动封闭环公差要求，只能对各组成环公差等级重新分配以满足封闭环精度要求。

⑤确定各组成环极限偏差。

各组成环极限偏差分布一般按"入体原则"分布，即公差带的基本偏差数值为0，另一偏差向零件的实体侧分布。即内尺寸(加工过程中尺寸越来越大，如孔径)按基准孔的公差带形式，即 A_0^{+T}，其基本偏差应取用 H；外尺寸(加工过程中尺寸越来越小，如轴径)按基准轴的公差带形式，即 A_{-T}^0，其基本偏差应取用 h。而对于入体方向不明的长度尺寸(中性尺寸)可取对称布置，即取 $A\pm\dfrac{T}{2}$ (也可视具体情况取 A_0^{+T} 或 A_{-T}^0)，其基本偏差一般取用 JS(js)。其原因是机加工工人在加工零件时，若零件实体大于最大实体状态，工人还可进一步对零件加工，直至加工尺寸合格为止；但若所加工零件实体已小于最小实体状态，则零件成为废品。为防止产生过切而造成零件报废，机加工工人在加工零件试切对刀时一般均按零件的最大实体状态对刀，即按最大实体尺寸对刀。而当按"入体原则"分配零件的极限偏差时，最大实体尺寸就是零件的基本尺寸，工人不必另行计算，方便了工人操作。

按照以上"入体原则"，尺寸 A_2，A_5 的基本偏差取为 h，即 $A_2=A_5=5_{-0.018}^0$；A_4 的基本偏差按 GB 894—1986，即 $A_4=3_{-0.22}^{+0.07}$；尺寸 A_3 的基本偏差按 JS，即 $A_3=43_{-0.031}^{+0.031}$。

尺寸 A_1 虽然是"轴"性质的尺寸，但由于尺寸 A_1，A_2，A_3，A_4，A_5 与 A_0 构成尺寸链，故尺寸 A_1 的基本偏差受到尺寸链相关性的制约，不能再定为 h，应由尺寸链公式求出，根据协调环的性质和特点，故可把尺寸 A_1 作为协调环。

⑥ 确定协调环极限偏差。

根据式(9－4)、式(9－5)可得方程组

$$\left.\begin{array}{l}\mathrm{ES}_0=\sum_{i=1}^n\mathrm{ES}_{(+)i}-\sum_{i=n+1}^m\mathrm{EI}_{(-)i}\\[2mm]\mathrm{EI}_0=\sum_{i=1}^n\mathrm{EI}_{(+)i}-\sum_{i=n+1}^m\mathrm{ES}_{(-)i}\end{array}\right\}\Rightarrow$$

$$\left.\begin{array}{l}+0.509=(+0.031)-[\mathrm{EI}_1+(-0.018)+(-0.22)+(-0.018)]\\+0.1=(-0.031)-[\mathrm{ES}_1+(0)+(+0.07)+(0)]\end{array}\right\}$$

解得 $\left.\begin{array}{l}\mathrm{EI}_1=-0.222\\\mathrm{ES}_1=-0.201\end{array}\right\}$，即 $A_1=30_{-0.222}^{-0.201}$。

⑦校核协调环 A_1 公差。

协调环 A_1 公差 $T_1=\mathrm{es}_1-\mathrm{ei}_1=[(-0.201)-(-0.222)]$ mm $=+0.021$ mm，正确。

协调环 A_1 尺寸按"入体原则"可写成 $A_1=29.799_{-0.021}^0$。

(5)全部计算结果如下：

$$A_0=0_{+0.1}^{+0.509},\ A_1=29.799\mathrm{h}7=29.799_{-0.021}^0,\ A_2=A_5=5\mathrm{h}8=5_{-0.018}^0,$$
$$A_3=43\mathrm{JS}9=43\pm0.031,\ A_4=3_{-0.22}^{+0.07}$$

2. 用统计法解反计算问题

例 9－4 对例 9－3 采用概率法进行计算。

解：设该机器大批量生产，则各组成环实际尺寸分布为正态分布。并设生产中调整实际尺寸分布宽度中心与公差带中心重合。按等精度法解尺寸链步骤如下：

(1)确定封闭环，查找组成环，画尺寸链图，确定增、减环。

以上步骤同例 9－3 一样。

（2）套用公式、列方程组、解方程组。

①封闭环的基本尺寸及公差。

封闭环基本尺寸为

$$A_0 = \sum_{i=1}^{n} A_{(+)i} - \sum_{i=n+1}^{m} A_{(-)i} = [43 - (30 + 5 + 3 + 5)] \text{ mm} = 0 \text{ mm}$$

封闭环公差为

$$T_0 = \text{ES}_0 - \text{EI}_0 = (0.5 - 0.1) \text{ mm} = 0.4 \text{ mm}$$

故封闭环可表示为 $0_{+0.1}^{+0.5}$。

② 求各组成环公差等级系数 α_{av}。

轴用弹性挡圈是标准件，其公差由轴用弹性挡圈国标（GB 894—1986）。由《机械零件设计手册》查得 $A_4 = 3_{-0.22}^{+0.07}$，即公差 $T_4 = 0.29$ mm。

对应于基本尺寸 A_1，A_2，A_3，A_5 的公差单位 i 的数值可根据式 $i = 0.45\sqrt[3]{D} + 0.001D$ 求得，分别为 1.31 μm、0.73 μm、1.56 μm、0.73 μm，将式（9-16）变形即可求得组成环 A_1，A_2，A_3，A_5 的平均公差等级系数为

$$\alpha_{av} = \sqrt{\frac{T_0^2 - T_4^2}{i_1^2 + i_2^2 + i_3^2 + i_5^2}} = \sqrt{\frac{(0.4^2 - 0.29^2)}{\frac{1.31^2 + 0.73^2 + 1.56^2 + 0.73^2}{1000^2}}} = 120.635$$

③确定各组成环公差数值。

查表 9-1 可知，尺寸 A_1，A_2，A_3，A_5 的公差等级基本可取 IT11～IT12 级。考虑到 IT11 已是粗加工精度，故可将尺寸 A_1，A_2，A_3，A_5 的公差等级均取为 IT11 级。查第 3 章中的公差数值表可得 A_1，A_2，A_3，A_5 对应的公差数值为 0.130 mm、0.075 mm、0.160 mm、0.075 mm。

④校核封闭环实际尺寸分布宽度。

根据式（9-16）可知，封闭环的实际尺寸分布宽度为

$$T_0' = \frac{1}{\kappa_0}\sqrt{\sum_{i=1}^{m} \kappa_i^2 T_i^2} = \sqrt{0.130^2 + 0.075^2 + 0.160^2 + 0.29^2 + 0.075^2} \text{ mm} = 0.3 \text{ mm} < T_0 = 0.4 \text{ mm}$$

所以公差分配合适。

⑤确定各组成环极限偏差。

结合第③求出的各组成环公差数值，按照"入体原则"，尺寸 A_2，A_5 的基本偏差取为 h，即 $A_2 = A_5 = 5_{-0.075}^{0}$；$A_4$ 的基本偏差按 GB 894—1986，即 $A_4 = 3_{-0.22}^{+0.07}$；尺寸 A_3 的基本偏差按 JS，即 $A_3 = 43_{-0.08}^{+0.08}$。选尺寸 A_1 为"协调环"，偏差待定。

⑥确定协调环极限偏差。

由于各组成环为正态分布，所以封闭环也呈正态分布，即有封闭环中间偏差 $\Delta_0 = \sum_{i=1}^{m} \xi_i \Delta_i$。封闭环中间偏差取为 $\Delta_0 = +0.3$ mm。$\Delta_2 = \Delta_5 = -0.0375$ mm，$\Delta_3 = 0$，$\Delta_4 = -0.075$ mm，则由式（9-18）有

$$\Delta_0 = \sum_{i=1}^{m} \xi_i \left(\Delta_i + e_i \cdot \frac{T_i}{2} \right) \Rightarrow$$

$$+0.3 = 0 - [\Delta_1 + (-0.0375) + (-0.075) + (-0.0375)]$$

解得 $\Delta_1 = -0.15$ mm，则

$$\text{ES}_1 = \Delta_1 + \frac{T_1}{2} = \left(-0.15 + \frac{0.130}{2} \right) \text{ mm} = -0.085 \text{ mm}$$

$$\mathrm{EI}_1 = \mathrm{ES}_1 - T_1 = (-0.085 - 0.130)\ \mathrm{mm} = -0.215\ \mathrm{mm}$$

尺寸 A_1 可表示为 $A_1 = 30^{-0.085}_{-0.215}$，按"入体原则"可写成 $A_1 = 29.915^{\ 0}_{-0.130}$。

⑦校核封闭环的极限偏差

由式(9-18)可得封闭环的实际中间偏差为

$$\begin{aligned}
\Delta_0' &= \Delta_3 - (\Delta_1 + \Delta_2 + \Delta_4 + \Delta_5)\\
&= 0 - [(-0.15) + (-0.0375) + (-0.075) + (-0.0375)]\ \mathrm{mm}\\
&= +0.3\ \mathrm{mm}
\end{aligned}$$

封闭环的实际极限偏差为

$$\mathrm{ES}_0' = \Delta_0' + \frac{1}{2}T' = \left(+0.3 + \frac{0.371}{2}\right)\ \mathrm{mm} = 0.4855\ \mathrm{mm}$$

$$\mathrm{EI}_0' = \Delta_0' + \frac{1}{2}T' = \left(+0.3 - \frac{0.371}{2}\right)\ \mathrm{mm} = 0.1145\ \mathrm{mm}$$

满足封闭环 $A_0 = 0^{+0.5}_{+0.1}$ 的技术要求。

(3)全部计算结果如下:

$$A_0 = 0^{+0.5}_{+0.1},\quad A_1 = \mathrm{h}11 = 29.915^{\ 0}_{-0.13},\quad A_2 = A_5 = \mathrm{h}11 = 5^{\ 0}_{-0.075},$$

$$A_3 = \mathrm{JS}11 = 43 \pm 0.08,\quad A_4 = 3^{+0.07}_{-0.22}(\text{标准件})$$

将本例与例9-3比较,可以看出,统计法求解尺寸链时,组成环公差明显放大,加工成本明显降低,因而带来良好的经济效益。统计法求解装配尺寸链,理论上有0.27%的装配尺寸链达不到装配精度要求。但此例中置信概率为99.73%时的封闭环实际尺寸分布宽度为0.371 mm,较封闭环设计公差0.4 mm小0.029 mm,所以装配尺寸链不合格的概率比0.27%还要小许多。

9.4.3 中间计算问题

1. 用极值法解中间计算问题

例9-5 在例9-1中,设 B 面已加工完毕且其尺寸为 $30^{\ 0}_{-0.2}$,现要求保证设计尺寸 10 ± 0.3,且加工 C 面时以 A 面定位。问以 A 面定位加工 C 面的工艺尺寸应为多少?

解:

(1)确定封闭环。

显然,以 A 面定位加工 C 面时,A 面至 C 面的加工工艺尺寸 A_2 是直接得到的尺寸,而尺寸 A_1($30^{\ 0}_{-0.2}$)是上道工序直接得到的尺寸。因此,加工后 B 面至 C 面的距离尺寸 A_0(10 ± 0.3)成为"最后自然形成的"尺寸,故尺寸 A_0 是封闭环。

(2)查找组成环。

尺寸 A_1 与 A 面至 C 面的加工工艺尺寸 A_2 是组成环。

(3)画尺寸链图,确定增、减环。

画出的垫块尺寸链图如图9-7所示。按回路判定法(按图示逆时针回转方向)可判断出 A_1 为增环,A_2 为减环。

(4)套用公式,列方程组,进行组成环量值的计算。

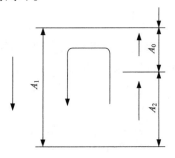

图9-7 垫块尺寸链图

$$\left.\begin{aligned} A_0 &= \sum_{i=1}^{n} A_{(+)i} - \sum_{i=n+1}^{m} A_{(-)i} \\ \mathrm{ES}_0 &= \sum_{i=1}^{n} \mathrm{ES}_{(+)i} - \sum_{i=n+1}^{m} \mathrm{EI}_{(-)i} \\ \mathrm{EI}_0 &= \sum_{i=1}^{n} \mathrm{EI}_{(+)i} - \sum_{i=n+1}^{m} \mathrm{ES}_{(-)i} \end{aligned}\right\} \Rightarrow \left.\begin{aligned} 10 &= 30 - A_2 \\ +0.3 &= 0 - \mathrm{EI}_2 \\ -0.3 &= (-0.2) - \mathrm{ES}_2 \end{aligned}\right\}$$

（5）解方程组。

解此方程组得

$$\left.\begin{aligned} A_2 &= 20 \\ \mathrm{EI}_2 &= -0.3 \\ \mathrm{ES}_2 &= +0.1 \end{aligned}\right\}$$

即以 A 面定位加工 C 面的工艺尺寸应为 $A_2 = 20^{+0.1}_{-0.3}$。

2. 用统计法解中间计算问题

例 9 – 6　在轴上铣一键槽，如图 9 – 8（a）所示。加工顺序为：车外圆 A_1 为 $\phi70^{\ 0}_{-0.1}$ mm，铣键槽深 A_2，磨外圆 $A_3 = \phi70^{\ 0}_{-0.06}$ mm。要求磨完外圆后，保证键槽的深度 $A_0 = 62^{\ 0}_{-0.3}$ mm，求铣键槽的深度 A_2。

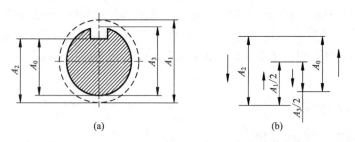

（a）　　　　　　　　　　（b）

图 9 – 8　键槽的尺寸链图

解： 按用统计法求解尺寸链计算的基本步骤解题如下：

（1）确定封闭环。

由于磨完外圆后形成的键槽深 A_0 为加工后"最后自然形成的"尺寸，故 A_0 为封闭环。

（2）查找组成环。

由于本例 A_1，A_3 尺寸相对加工基准具有对称性，所以可取半值代替组成环，故可判断尺寸 $\dfrac{A_1}{2}$，A_2，$\dfrac{A_3}{2}$ 是组成环。

（3）画尺寸链图，确定组成环的性质，即判断增、减环。

画出尺寸链图，如图 9 – 8（b）所示。依照回路判定法（采用图中回转方向）判定增环为 A_2，$\dfrac{A_3}{2}$，减环为 $\dfrac{A_1}{2}$。

（4）套用公式，列方程，进行组成环量值的计算。

①先将已知环写成对称偏差形式，并确定各环的公差带中到其基本尺寸的偏差和公差。

对于封闭环：$A_0 = 63^{\ 0}_{-0.3} = 62 + (-0.15) \pm \dfrac{0.3}{2}$ mm。故

$$\Delta 0_0 = -0.15 \text{ mm}, \quad T_0 = -0.3 \text{ mm}$$

对于增环 $\dfrac{A_3}{2}$：可表示为

$$\frac{A_3}{2} = 35.25 {}_{-0.03}^{0} = 35 + (-0.015) \pm \frac{0.03}{2} \text{ mm}$$

故

$$\Delta 0_{\frac{A_3}{2}} = -0.015 \text{ mm}, \quad T_{\frac{A_3}{2}} = 0.03 \text{ mm}$$

增环 A_2 为所求尺寸。

对于减环 $\dfrac{A_1}{2}$：可表示为

$$\frac{A_1}{2} = 35.25 {}_{-0.05}^{0} = 35.25 + (-0.025) \pm \frac{0.05}{2} \text{ mm}$$

故

$$\Delta 0_{\frac{A_1}{2}} = -0.025 \text{ mm}, \quad T_{\frac{A_1}{2}} = 0.05 \text{ mm}$$

②求增环 A_2 的基本尺寸。

由式 $(9-1)$ 即 $A_0 = \sum\limits_{i=1}^{n} A_{(+)i} - \sum\limits_{i=n+1}^{m} A_{(-)i}$ 可知

$$A_0 = \left(\frac{A_3}{2} + A_2\right) - \frac{A_1}{2} \Rightarrow A_2 = A_0 - \frac{A_3}{2} + \frac{A_1}{2} = 62 - 35 + 35.25 = 62.25 \text{ mm}$$

③求增环 A_2 的公差带中心至其基本尺寸的偏差。

由式 $(9-20)$ 得

$$\Delta 0_{A_2} = \Delta 0_0 - \Delta 0_{\frac{A_3}{2}} + \Delta 0_{\frac{A_1}{2}} = (-0.15) - (-0.15) + (-0.025) = 0.16 \text{ mm}$$

④求增环 A_2 的公差。

对于线性尺寸链,则有 $|\xi| = 1$,故由式 $(9-14)$ 得

$$T_0 = \sqrt{T_{\frac{A_3}{2}}^2 + T_{A_2}^2 + T_{\frac{A_1}{2}}^2}$$

代入数据并整理可得 $T_{A_2} = 0.294 \text{ mm}$。

⑤将增环 A_2 整理成用极限偏差表达的形式。

$$A_2 = 62.25 + (-0.16) \pm \frac{0.294}{2} = 62.09 \pm 0.147 = 62.2 {}_{-0.257}^{+0.037} \text{ mm}$$

(5)校验计算结果。

由计算结果可得:

$$T_0 = \text{ES}_0 - \text{EI}_0 = 0 - (-0.3) = 0.3 \text{ mm}$$

由式 $(9-14)$ 得:

$$\begin{aligned}
T_0 &= \sqrt{T_{\frac{A_3}{2}}^2 + T_{A_2}^2 + T_{\frac{A_1}{2}}^2} \\
&= \sqrt{\left(\text{ES}_{\frac{A_3}{2}} - \text{EI}_{\frac{A_3}{2}}\right)^2 + \left(\text{ES}_{A_2} - \text{EI}_{A_2}\right)^2 + \left(\text{ES}_{\frac{A_1}{2}} - \text{EI}_{\frac{A_1}{2}}\right)^2} \\
&= \sqrt{[0 - (-0.03)]^2 + [(+0.037) - (-0.257)]^2 + [0 - (-0.05)]^2} \\
&= 0.3 \text{ mm}
\end{aligned}$$

校验结果说明计算无误,因此铣键槽的深度 A_2 为

$$A_2 = 62^{+0.037}_{-0.257} \text{ mm}$$

如用极值法进行求解（请同学们自己思考），求出的结果与本例比较后可知，在相同条件下，应用统计法进行计算使组成环的公差扩大了，加工要容易一些。

【注意】尺寸链求解所选用的基本方法及其特点：

极值法是以尺寸链各环的极限值为基础进行计算的，不需考虑实际尺寸的分布情况，装配时全部产品的组成环都不需要挑选、修配或调整，装入后即能达到封闭环的公差要求，即能够保证完全互换性。但是当封闭环公差较小，且组成环环数较多时，选用极值法计算时分摊到各组成环公差将很小，加工很不经济，所以极值法一般用于 3～4 环尺寸链或者环数虽多但精度要求不高的场合。

统计法考虑各组成环尺寸的分布情况，并按统计公差公式进行计算，其计算结果一般会将组成环公差放大，降低了零件的加工难度和成本，同时又能保证封闭环的要求。当用统计法装配时，绝大多数产品的组成环不需挑选、修配或调整，装入后即能达到封闭环的公差要求。统计法是以一定的置信概率为依据来计算尺寸链的，因此封闭环超出技术要求的情况是存在的，若各环都趋向正态分布时，置信概率则为 99.73%。对于大批量生产、精度要求较高而且环数也较多的尺寸链，采用统计法求解较合理。统计法通常用于求解装配尺寸链，但不适用于工艺尺寸链的计算。

在某些情况下，当生产条件不允许提高组成环的制造准确度、装配精度要求又很高以及为了降低成本时，还经常采用分组法、修配法和调整法。

练 习 题

9-1 什么是尺寸链？尺寸链具有什么特征？

9-2 如何确定尺寸链的封闭环和寻找组成环？如何判断增环和减环？

9-3 增环与封闭环有什么关系？减环与封闭环有什么关系？为什么会有这种关系？

9-4 正计算、反计算和中间计算的特点和应用场合是什么？

9-5 某尺寸链如图 9-9 所示，封闭环尺寸 A_0 应在 19.7～20.3 mm 范围内，试校核各组成环公差、极限偏差的正确性。

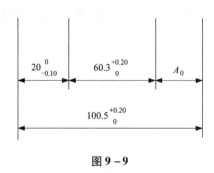

图 9-9

9-6 一轴系结构如图 9-10 所示，图中 $A_1 = 5$ mm，$A_2 = 45$ mm，$A_3 = 50$ mm。要装配后间隙 A_0 在 0.1～0.2 mm 之间。已知该设备大批量生产，试分别按极值法与统计法确定 A_1，

A_2，A_3 的公差及其极限偏差，并分析两种解法的公差有何区别？对比说明：两种解法各有何特点？分别用于什么场合？

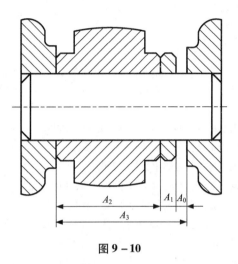

图 9 − 10

参考文献

[1] 徐学林. 互换性与测量技术基础. 长沙：湖南大学出版社, 2006.

[2] 钱云峰. 互换性与技术测量. 北京：电子工业出版社, 2011.

[3] 孙玉芹. 机械精度设计基础. 北京：科学出版社, 2007.

[4] 甘永立. 几何量公差与检查. 上海：上海科学技术出版社, 2010 .

[5] 廖念钊. 互换性与技术测量. 北京：中国计量出版社, 2010.

[6] 李柱. 互换性与技术测量——几何产品技术规范与认证 GPS. 北京：高等教育出版社, 2004.

[7] 杨好学. 互换性与技术测量. 西安：西安电子科技大学出版社, 2006.

[8] 谢铁邦. 互换性与技术测量. 武汉：华中科技大学出版社, 2006.

[9] 温松明. 互换性与测量技术基础. 长沙：湖南大学出版社, 1998.

[10] 马海荣. 几何量精度设计与检测. 北京：机械工业出版社, 2004.

[11] 孙庆群. 机械工程综合训练. 北京：机械工业出版社, 2005.

[12] 齿轮手册编委会. 齿轮手册(第 3 版). 北京：机械工业出版社, 2001.

[13] 辛一行. 现代机械设备设计手册. 第 1 卷：设计基础. 北京：机械工业出版社, 1996.

[14] 蔡安江. 机械工程生产实习. 北京：机械工业出版社, 2005.

[15] 卢鲜. 机械常识 1000 问. 北京：兵器工业出版社, 1988.

[16] GB/T 321—2005 优先数和优先数系.

[17] GB/T 19763—2005 优先数和优先数系的应用指南.

[18] GB/T 2822—2005 标准尺寸.

[19] GB/Z 18620.1—2008 检验实施规范 第 1 部分：轮齿同侧齿面的检验.

[20] GB/Z 18620.2—2008 圆柱齿轮检验实施规范 第 2 部分：径向综合偏差、径向跳动、齿厚和侧隙的检验.

[21] GB/Z 18620.3—2008 圆柱齿轮检验实施规范 第 3 部分：齿轮坯、轴中心距和轴线平行度.

[22] GB/Z 18620.4—2008 圆柱齿轮检验实施规范 第 4 部分：表面结构和轮齿接触斑点的检验.

[23] GB/T 10095.2—2008 渐开线圆柱齿轮精度 第 2 部分：径向综合偏差与径向跳动的定义和允许值.

[24] GB/T 10095.1—2008 渐开线圆柱齿轮精度 第 1 部分：轮齿同侧齿面偏差的定义和允许值.

[25] GB/T 1144—2001 矩形花键尺寸、公差和检验.

[26] GB/T 1804—2000 一般公差未注公差的线性和角度尺寸的公差.

[27] GB/T 3505—2000 产品几何技术规范表面结构轮廓法表面结构的术语、定义及参数.

[28] GB/T 1801—2009 极限与配合公差带和配合的选择.

[29] GB/T 1800.4—1999 极限与配合标准公差等级和孔、轴的极限偏差表.

[30] GB/T 7811—2015 滚动轴承参数符号.

[31] GB/T 273.3—2015 滚动轴承向心轴承外形尺寸总方案.

[32] GB/T 17851—2010 产品几何技术规范(GPS)几何公差 基准和基准体系.

[33] GB/T 17773—1999 形状和位置公差延伸公差带及其表示法.

[34] GB/T 1800.2—2009 极限与配合基础 第 2 部分：公差、偏差和配合的基本规定.

[35] GB/T 1800.3—1998 极限与配合基础 第 3 部分：标准公差和基本偏差数值表.

[36] GB/T 273.2—2006 滚动轴承推力轴承外形尺寸总方案.

[37] GB/T 1800.1—2009 极限与配合基础 第 1 部分：公差、偏差和配合的基础.

[38] GB/T 1182—2008 产品几何技术规范(GPS)几何公差形状、方向、位置和跳动公差标注.

[39] GB/T 1184—1996 形状和位置公差未注公差值.

[40] GB/T 16671—2008 产品几何技术规范(GPS)几何公差最大实体要求、最小实体要求和可逆要求.

[41] GB/T 4249—2008 产品几何技术规范(GPS)公差原则.

[42] GB/T 307.1—2005 滚动轴承向心轴承公差.

[43] GB/T 131—2006 机械制图表面粗糙度符号、代号及其注法.

[44] GB/T 275—2015 滚动轴承 配合.

[45] GB/T 13319—2008 产品几何技术规范(GPS)几何公差位置度公差注法.

[46] GB/T 11336—2004 直线度误差检测.

[47] GB/T 11337—2004 平面度误差检测.

[48] GB/T 5847—2004 尺寸链计算方法.

[49] GB/T 6093—2001 几何量技术规范(GPS)长度标准量块.

[50] GB/T 307.3—2005 滚动轴承通用技术规则.

[51] GB/T 321—2005 优先数和优先数系.

[52] GB/T 197—2003 普通螺纹公差.

[53] GB/T 196—2003 普通螺纹基本尺寸.

[54] GB/T 193—2003 普通螺纹直径与螺距系列.

[55] GB/T 1095—2003 平键键槽的剖面尺寸.

[56] GB/T 1096 2003 普通平键.

[57] GB/T 18780.1—2002 产品几何量技术规范(GPS)几何要素第 1 部分：基本术语和定义.

[58] GB/T 3505—2009 产品几何技术规范(GPS)表面结构 轮廓法 术语、定义及表面结构参数.

[59] GB/T 1031—2009 产品几何技术规范(GPS)表面结构 轮廓法 表面粗糙度参数及其数值.

[60] GB/T 131—2006 产品几何技术规范(GPS) 技术产品文件中表面结构的表示方法.

[61] GB/T 18618—2002 产品几何技术规范(GPS)表面结构 轮廓法 图形参数.

[62] GB/T 10610—2009 产品几何技术规范 表面结构 轮廓法 评定表面结构的规则和方法.

[63] GB/T 7220—2004 产品几何量技术规范(GPS)表面结构 轮廓法表面粗糙度 术语 参数测量.

[64] GB/T 18778.1—2002 产品几何量技术规范(GPS)表面结构 轮廓法 具有复合加工特征的表面 第 1 部分：滤波和一般测量条件.

[65] GB/T 18778.2—2003 产品几何量技术规范(GPS)表面结构 轮廓法 具有复合加工特征的表面 第 2 部分：用线性化的支承率曲线表征高度特征.

[66] GB/T 18778.3—2006 产品几何量技术规范(GPS)表面结构 轮廓法 具有复合加工特征的表面 第 3 部分：用概率支承率曲线表征高度特性.

[67] 庄正辉, 吴先球, 陈浩.贝塞尔公式的推导及其物理意义探讨[J].大学物理实验, 2010, 04：80 – 82.

[68] 田树耀.圆度误差的最小二乘法、最小包容区域法和最优函数法评定精度之比较[J].计量技术, 2008, 07：63 – 65.

[69] 李贤义, 傅建中, 陈俊龙, 盛刚.浅谈三坐标测量机对零件形位误差的测量[J].广西轻工业, 2010, 05：43 – 44.

[70] 邱玉刚.三坐标测量机测量形位公差问题分析[J].计量与测试技术, 2010, 10：18, 21.

[71] GB/T 10952 – 2005 矩形花键滚刀.

图书在版编目(CIP)数据

互换性与测量技术基础 / 李必文主编. —长沙：
中南大学出版社, 2018.8(2022.6 重印)

ISBN 978-7-5487-3264-8

Ⅰ.①互… Ⅱ.①李… Ⅲ.①零部件－互换性 ②零部
件－测量技术 Ⅳ.①TG801

中国版本图书馆 CIP 数据核字(2018)第 108620 号

互换性与测量技术基础

主 编 李必文

副主编 姜胜强 邓清方 周 炬 胡华荣 王志永

周里群 陈文凯 杨 莹 胡良斌

□责任编辑 谭 平

□责任印制 唐 曦

□出版发行 中南大学出版社

社址：长沙市麓山南路 邮编：410083

发行科电话：0731-88876770 传真：0731-88710482

□印 装 长沙雅鑫印务有限公司

□开 本 787 mm×1092 mm 1/16 □印张 17.25 □字数 435 千字

□互联网+图书 二维码内容 字数 2.126 千字 图片 71 张 视频 28 分钟

□版 次 2018 年 8 月第 1 版 □印次 2022 年 6 月第 3 次印刷

□书 号 ISBN 978-7-5487-3264-8

□定 价 45.00 元

图书出现印装问题，请与经销商调换